Illustrator

7.9

8.2.2

让运动与众不同
全新轻松乐趣跑无限
流行的渐变配色
紧跟潮流

8.6
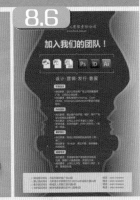

手机音乐播放器界面设计　　　　运动鞋宣传广告设计　　　　点智文化招聘广告设计

9.7

迎圣诞 庆元旦
活动期间全场产品包邮！
有效期：12.15~12.31

连体特效字设计

5.4

6.4.8

Merrz Christmas
京闰温馨平安夜

7.7.5

Transformers: Age of Extinction

菱形网格服装设计　　　　随机波浪特效图形设计　　　　网页视频播放器简约风格界面设计

Illustrator

10.4

《决胜品牌营销》封面设计

11.4.2

狼族男装促销海报设计

12.3

设置不透明度

12.4.1

16种混合模式详解

"情·意·长"广式月饼包装设计　　"桂香月"月饼包装设计　　外发光

双节大乐购易拉宝设计　　图形样式

Illustrator

15.1 花开富贵月饼包装设计

15.2 Iphone手机广告设计

15.3 《大学生心理健康理论与实训》封面设计

15.4 点智互联企业云产品宣传单设计

15.5 点智互联易拉宝设计

课堂实录 DVD ROM

刘翠翠 / 编著

中文版 Illustrator CC
课堂实录

清华大学出版社

北京

内容简介

本书采用设计原理+理论技术+实战操作三合一的方式，以设计理论为引导，以软件技术为基础，讲解深入浅出、循序渐进。内容涵盖Illustrator必学基础知识、图形的绘制、格式化以及修饰，文本的输入、格式化以及高级控制，对象的编辑及特效处理，高级填充设置、画笔与符号、导入与编辑位图、设计与应用样式等；设计领域包括平面设计、构成设计、标志设计、插画设计、服装设计、图形设计、UI设计、广告设计、字效设计、装帧设计、海报设计、包装设计、易拉宝设计、宣传设计等。配套光盘附送相关素材及视频教学文件，帮助读者提高学习效率及学习兴趣。

本书特别适合Illustrator自学者使用。也适合高等院校平面设计、服装设计、UI设计及广告设计类专业作为教材使用。

图书在版编目(CIP)数据

中文版Illustrator CC课堂实录 / 刘翠翠编著. --北京：清华大学出版社, 2015
（课堂实录）
ISBN 978-7-302-39571-3

Ⅰ.①中⋯ Ⅱ.①刘⋯ Ⅲ.①图形软件 Ⅳ.①TP391.41

中国版本图书馆CIP数据核字(2015)第046551号

责任编辑：陈绿春
封面设计：潘国文
责任校对：胡伟民
责任印制：杨　艳

出版发行：清华大学出版社
　　　　　网　　　址：http://www.tup.com.cn，http://www.wqbook.com
　　　　　地　　　址：北京清华大学学研大厦A座　　　　　邮　　编：100084
　　　　　社 总 机：010-62770175　　　　　　　　　　　邮　　购：010-62786544
　　　　　投稿与读者服务：010-62776969，c-service@tup.tsinghua.edu.cn
　　　　　质 量 反 馈：010-62772015，zhiliang@tup.tsinghua.edu.cn
印 刷 者：北京鑫丰华彩印有限公司
装 订 者：三河市吉祥印务有限公司
经　　销：全国新华书店
开　　本：188mm×260mm　　　　印　张：22　　插　页：2　　字　数：635千字
　　　　　(附DVD1张)
版　　次：2015年7月第1版　　　　印　次：2015年7月第1次印刷
印　　数：1～3500
定　　价：59.80元

产品编号：054556-01

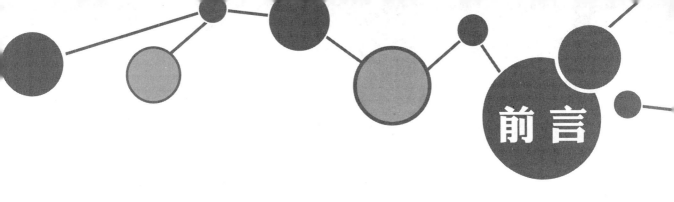

前言

Adobe Illustrator是一款大型的矢量软件，广泛应用于印刷出版、平面、专业插画、网页及UI设计等领域。作为Adobe公司最重要的软件之一，Illustrator拥有极为庞大的用户基础，其简便易用的功能、丰富的资源、人性化的工作流程设计、稳定的性能都是广大用户钟爱它的原因，并在每次升级时，都能够给用户带来惊喜。本书具有以下特色：

核心功能+新功能双管齐下

自1987年Illustrator软件横空出世以来，经历了近30年的升级，Illustrator软件的功能越来越多，但并非所有内容都是工作中常用的。因此，笔者结合多年的教学和使用经验，从中摘选出最实用的知识与功能，掌握这些知识与功能基本能够保证读者应对工作中遇到的与Illustrator相关的80%的问题。

另外，笔者还专门研究了Illustrator CC版本中的新功能，力求最大限度地让读者能够在利用Illustrator核心功能的同时，还能够学习并体会新功能带来的便利。

设计理论+软件技术+实战操作三合一

本书将Illustrator功能讲解划分为15章，并根据每章讲解的内容及其主要应用领域，设计一个主题，配合一定的设计理论知识讲解，使读者对该领域能够有一个初步的认识，从而增强学习的效果。例如在第12章讲解蒙版、混合模式等功能时，虽然在很多领域中都有所运用，但在包装设计领域中较为典型。因此，第12章就是以包装设计为主题，在讲解理论知识的同时，穿插数个典型案例，配合包装设计理论的讲解，让读者能够将学习的理论知识与实践紧密地结合在一起。

另外，本书还在第15章中讲解了包装、广告、封面、宣传单及易拉宝等领域的实例，让读者能够真正将前面所学习的软件技术，熟练地运用在各个领域的实际工作中。

附赠学习视频大幅提高学习效率

作者邀请一线授课讲师为本书录制了240分钟讲解视频，相信在学习过程中通过观看视频，一定能够帮助读者大幅提高学习效率。

附送案例素材及效果文件

本书附赠一张DVD光盘，内容包含案例及素材源文件，读者除了使用它们配合图书中的讲解进行学习外，也可以直接将其应用于商业作品中，以提高作品的质量。

其他声明

限于作者水平与时间所限，本书在操作步骤、效果及表述方面难免会存在不尽如人意之处，希望各位读者来信指正，笔者的邮件是LB26@263.net及Lbuser@126.com，或加入QQ学习群91335958或105841561。

本书是集体劳动的结晶，参与本书编著的包括以下人员：

雷剑、吴腾飞、左福、范玉婵、刘志伟、李美、邓冰峰、詹曼雪、黄正、孙美娜、刑海杰、刘小松、陈红艳、徐克沛、吴晴、李洪泽、漠然、李亚洲、佟晓旭、江海艳、董文杰、张来勤、刘星龙、边艳蕊、马俊南、姜玉双、李敏、邰琳琳、卢金凤、李静、肖辉、寿鹏程、管亮、马牧阳、杨冲、张奇、陈志新、孙雅丽、孟祥印、李倪、潘陈锡、姚天亮、葛露露、李阗琪、陈阳、潘光玲、张伟等。

本书光盘中的所有素材图像仅允许本书的购买者使用，不得销售、网络共享或做其他商业用途。

作　者

目录

第1章　平面设计——Illustrator CC入门

第2章　构成设计——Illustrator必学基础知识

第3章 标志设计——绘制图形

第4章 插画设计——格式化图形

第5章 服装设计——高级填充设置

第6章 图形设计——修饰图形

第7章 UI设计——编辑对象

第8章 广告设计——输入与格式化文本

第9章 字效设计——文本高级控制

第10章 装帧设计——画笔与符号

第11章 海报设计——导入与编辑位图

第12章 包装设计——对象的融合处理

第13章 易拉宝设计——对象的特效处理

第14章 宣传品设计——设计与应用样式

第15章 综合案例

附录 练习题答案

第1章 平面设计
——Illustrator CC入门

Illustrator是一款功能非常强大的矢量绘图软件，它同时也兼备了很多位图编辑功能。本章从认识Illustrator CC的工作界面入手，讲解Illustrator中关于文档的基础操作，如文档操作、修改文档属性、设置页面视图、纠错、创建与应用模板以及位图与矢量图的相关概念。

1.1 平面设计概述

1.1.1 平面设计的概念

　　平面设计是一个非常广泛的设计门类，具体来说，它是一种二维空间艺术，主要由文字、图形、图案、色彩、版面等元素构成。因此在表现形式上，不但具有鲜明的视觉化信息传播功能，还具有深层次的文化传播功能。例如封面、包装、广告、易拉宝等，都可以归纳到平面设计的门类当中。也正因如此，它们在某些方面的设计原则是相通的，如对于文字的造型与编排、版面的安排、图像与色彩的运用等。图1.1所示就是一些优秀的平面设计作品。

图1.1　平面设计作品欣赏

1.1.2 实现创意平面设计的42个技巧

　　对于Illustrator这样的矢量软件来说，无法像在Photoshop中那样，随意地进行各种图像融合来实现创意设计，但这不代表无法设计出具有创意的作品来。下表就是一些常用的创意平面设计技巧，读者可经常看看它们，甚至可以在设计时阅读它们，从而找到创意设计的灵感。

1.把它颠倒过来	2.把它缩小/放大	3.把颜色变换一下	4.使它更大更小或更长更短
5.使它发出火花	6.使它发光	7.把它放进文字里	8.使它沉重
9.不要图画	10.不要文字	11.把它分割开	12.使它重复
13.使它变成立体	14.变换它的形态	15.发现新用途	16.只变更一部分
17.把要素重新配置	18.降低/提高调子	19.使它相反	20.改用另一种形式表现
21.增添怀旧的诉求	22.使它的速度加快/变慢	23.使它看起来流行	24.使它看起来像未来派
25.使它更强壮	26.运用象征	27.运用新艺术形式	28.使它凝缩
29.变为摄影技巧	30.使拟人化	31.使它弯曲	32.使它倾斜
33.使它对称/不对称	34.把它框起来	35.用不同背景	36.用不同环境
37.变更密度	38.使它更滑稽	39.用简短的文案	40.把以上各项任意组合

1.1.3 常用设计尺寸一览

下表所列是一些平面设计中常见的设计尺寸。

类型	尺寸
名片（横）	90mm × 55mm（方角） 85mm × 54mm（圆角）
名片（方）	90mm × 90mm 90mm × 95mm
IC卡	85mm × 54mm
三折页广告（A4）	210mm × 285mm
易拉宝	W80cm × H200cm W100cm × H200cm W120cm × H200cm

类型	尺寸
文件封套	220mm × 305mm
手提袋	400mm × 285mm × 80mm
信封	小号：220mm × 110mm 中号：230mm × 158mm 大号：320mm × 228mm D1：220mm × 110mm C6：114mm × 162mm
CD/DVD	外圆直径≤118mm 内圆直径≥22 mm

1.1.4 常用印刷分辨率一览

在印刷时往往使用线屏（lpi）而不是分辨率来定义印刷的精度。在数量上线屏是分辨率的1/2，见下例。了解这一点有助于在知道图像的最终用途后，确定图像在扫描或制作时的分辨率数值。例如，如果一个出版物以线屏175印刷，则意味着出版物中的图像分辨率应该是350dpi。换言之，在扫描或制作图像时应该将分辨率设定为350dpi或者更高一些。

下面列举了一些常见的印刷品图像所使用的分辨率。

★ 报纸印刷所用网屏为85lpi，因此报纸用的图像分辨率范围就应该是125dpi~170dpi。

★ 杂志／宣传品通常以133lpi或150lpi网屏进行印刷，因此杂志／宣传品的分辨率为300dpi。

★ 大多数印刷精美的书籍在印刷时用175lpi~200lpi网屏印刷，因此高品质书籍分辨率范围为350dpi~400dpi。

★ 对于远看的大幅面图像（如海报），由于观看的距离非常远，因此可以采用较低的分辨率，其范围是72dpi~100dpi。

1.2 了解Illustrator CC的界面

在正确安装并启动Illustrator CC后，将显示如图1.2所示的工作界面。

选项卡式文档窗口　菜单栏　应用程序栏　工作区切换器

"控制"面板

工具箱

画布

状态栏

面板

画板

图1.2　Illustrator CC工作界面

下面来分别介绍工作界面各部分的功能。

1.2.1 菜单栏

在Illustrator中，共包括9个菜单，其简介如下。

★ "文件"菜单：包含文档、模板等对象的相关命令，如新建、保存、关闭、导出等。

★ "编辑"菜单：包含文档处理中使用较多的编辑类操作命令。

★ "对象"菜单：包含有关对象混合、转换、编组、锁定及绕排等处理命令。

★ "文字"菜单：包含与文字对象相关的命令。

★ "选择"菜单：包含各种选择对象的命令。

★ "效果"菜单：包含Illustrator效果和Photoshop效果两大部分，可以制作各种特殊的图形或图像效果。

★ "视图"菜单：包含改变当前文档的视图命令。

★ "窗口"菜单：包含显示或隐藏不同面板及对文档窗口进行排列等命令。

★ "帮助"菜单：包含各类帮助及软件相关信息。

在这些菜单中，包括数百个命令。用户在使用时，应根据各菜单的上述基本作用，准确选择需要的命令。另外，虽然这些菜单中的命令数量众多，但实际上，常用的命令并不多，且大部分都可以在各类面板及配合快捷键使用，在后面的相关讲解中会逐一提到。

> **提示**
>
> 在菜单上以灰色显示的命令，为当前不可操作的菜单命令；对于包含子菜单的菜单命令，如果不可操作则不会弹出子菜单。

1.2.2 "控制"面板

1. "控制"面板简介

"控制"面板的作用就是显示并设置当前所选对象的属性，使用户可以快速、直观地进行相关参数设置。例如图1.3所示是选中了一个矩形对象后的"控制"面板。图1.4所示则是选择文字工具 T 后的"控制"面板。

图1.3　选择矩形对象后的"控制"面板

图1.4　选择文字对象后的"控制"面板

2. "控制"面板使用技巧

对于"控制"面板中的一些参数，除了可以直接设置以外，很多参数是以蓝色且带有下划虚线的文字显示的，此时单击该文字即可调出相应的面板并在其中进行参数设置。例如单击"不透明度"文字，可以弹出"透明度"面板中的参数，如图1.5所示。

图1.5　"控制"面板

3. 自定义"控制"面板中的项目

若要自定义"控制"面板中显示的内容，可以单击该面板右侧的"面板"按钮 ，在弹出的菜单中根据需要选择显示或隐藏某些参数，如图1.6所示。

图1.6 自定义"控制"面板设置

1.2.3 工具箱

Illustrator提供了数量众多的工具，它们全部位于工具箱中，掌握各个工具的正确、快捷的使用方法，有助于加快操作速度，提高工作效率。下面来讲解一下与工具箱相关的基础操作。

1. 选择工具

要在工具箱中选择工具，可直接单击该工具的图标或按下快捷键，操作步骤如下。

1. 将光标置于要选择的工具图标上。

2. 停留2s左右，即可显示工具的名称及快捷键，如图1.7所示。

3. 单击鼠标左键即可选中该工具。

2. 选择隐藏工具

在Illustrator中，同类的工具被编成组置于工具箱中，其典型特征就是在该工具图标的右下方有一个黑色小三角图标，当选择其中某个工具时，该组中的其他工具就暂时隐藏起来。下面以选择矩形工具为例，讲解如何选择隐藏工具。

1. 将鼠标置于矩形工具图标上，该工具图标呈高亮显示。

2. 在工具图标上按住鼠标左键不放约2s左右。

3. 此时会显示出该工具组中所有工具的图标，如图1.8所示。

4. 拖动鼠标指针至椭圆工具上，如图1.9所示，即可将其激活为当前使用的工具。

图1.7 将鼠标指针放置在工具图标上

图1.8 单击右键

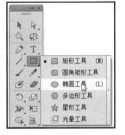

图1.9 选择新工具

另外，若要按照软件默认的顺序来切换某工具组中的工具，可以按住Alt键，然后单击该工具组中的图标。

3. 独立显示一组工具

在Illustrator中，允许用户将一组工具以小工具箱的形式单独显示出来，下面以选择矩形工具为例，讲解如何独立显示工具组。

1. 在矩形工具的图标上按住鼠标左键不放约2s左右。

2. 此时会显示出该工具组中所有工具的图标，然后将光标置于工具组右侧的三角按钮上，如图1.10所示。

3. 单击鼠标左键即可将其独立为一个单独的小工具箱，如图1.11所示。

图1.10　摆放光标位置　　图1.11　独立出来的小工具箱

4. 拆分工具箱

默认情况下，工具箱是附着在工作界面的左侧，用户也可以根据需要将其拖动出来，使其变为浮动状态，操作步骤如下。

1. 将光标置于工具箱顶部的灰色区域，如图1.12所示。

2. 按住鼠标左键向外拖动，如图1.13所示。

3. 确认工具箱与界面边缘分离后，释放鼠标左键即可。

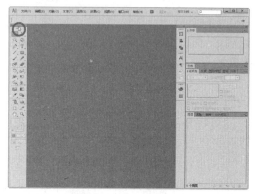

图1.12　摆放光标位置

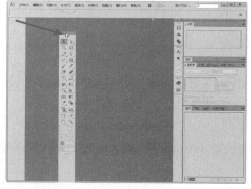

图1.13　拖动工具箱

5. 合并工具箱

与拆分工具箱刚好相反，合并工具箱是指将处于浮动状态的工具箱改为附着状态，操作步骤如下。

1. 将光标置于工具箱顶部的灰色区域。

2. 按住鼠标左键向软件界面左侧拖动，直至边缘出现蓝色高光线，如图1.14所示。

3. 释放鼠标左键即可将工具箱附着在软件界面的左侧，如图1.15所示。

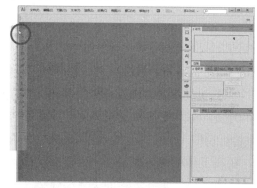

图1.14　显示蓝色高光线

图1.15　附着状态下的工具箱

6. 调整工具箱显示方式

在Illustrator中，工具箱可以以单栏、双栏2种状态显示。用户单击工具箱顶部的显示控制按钮进行切换，如图1.16所示。

例如在默认情况下，工具箱是附着在工作界面的左侧，这样可以更好地节省工作区中的空间。单击工具箱的显示控制按钮即可将其切换为双栏状态。

显示控制按钮

图1.16　工具箱的单栏与双栏

1.2.4 面板

在Illustrator中，面板具有无可替代的重要地位，它除了可以实现部分菜单命令的功能外，还可以完成工具箱或菜单命令无法完成的操作及参数设置，其使用频率甚至比工具箱还要高。下面学习与面板相关的基础操作。

值得一提的是，面板也支持收缩、扩展操作，其方法与工具箱基本相同，故不再详细讲解。

1. 调整面板栏的宽度

要调整面板栏的宽度，可以将鼠标指针置于某个面板伸缩栏左侧的边缘位置上，此时鼠标指针变为↔状态，如图1.17所示。

向右侧拖动可减少本栏面板的宽度，反之则增加宽度，如图1.18所示。

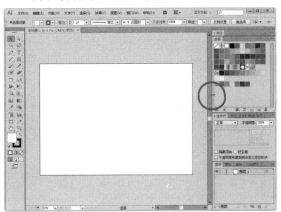 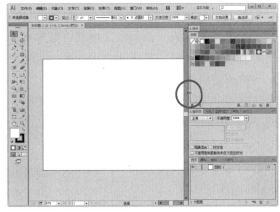

图1.17 光标状态　　　　　　　　图1.18 增加面板的宽度

受面板装载内容的限制，每个面板都有最小的宽度设定值，当面板栏中的某个面板已经达到最小宽度值时，该栏宽度将无法再减少。

2. 拆分与组合面板

拆分面板操作与前面讲解的拆分工具箱是基本相同的，按住鼠标左键拖动要拆分的面板标签，将其拖至工作区中的空白位置，如图1.19所示，释放鼠标左键即可完成拆分操作，图1.20所示为拆分出来的面板。

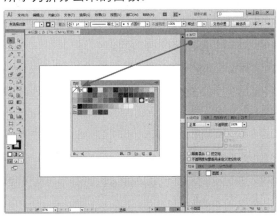 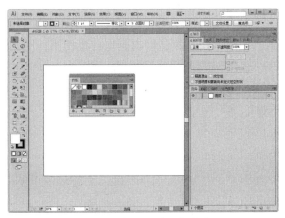

图1.19 拖向空白位置　　　　　　　图1.20 拆分后的面板状态

组合面板操作，也与组合工具箱基本相同。不同的是，可以向不同的位置进行面板组合。要组合面板，可以拖动位于外部的面板标签至想要的位置，直至该位置出现蓝色反光时，如图1.21所示。释放鼠标左键即可完成面板的拼合操作，如图1.22所示。

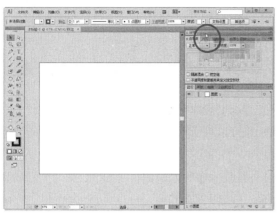

图1.21　出现蓝色高光线状态

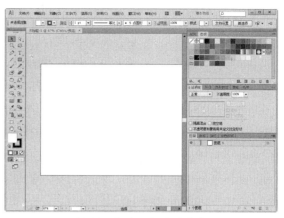

图1.22　组合面板后的状态

3. 创新的面板栏

在Illustrator中，用户可以根据实际需要创建多个面板栏，可以拖动一个面板至原有面板栏的最左侧边缘位置，其边缘会出现灰蓝相间的高光显示条，如图1.23所示。释放鼠标即可创建一个新的面板栏，如图1.24所示。

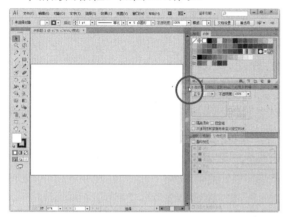

图1.23　出现蓝色高光线

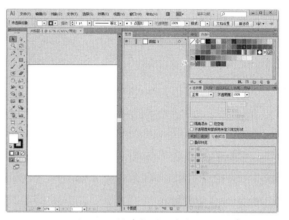

图1.24　创建新的面板栏后的状态

读者可以尝试按照上述方法，在上下位置创建新的面板栏。

4. 面板菜单

单击面板右上角的面板按钮■即可弹出面板的命令菜单，如图1.25所示。不同的面板，弹出的菜单命令的数量、功能也各不相同。利用这些命令，可增强面板的功能。

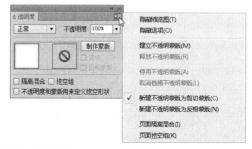

图1.25　弹出的面板菜单

5. 隐藏/显示面板

在Illustrator中，按Tab键可以隐藏工具箱及所有已显示的面板，再次按Tab键可以全部显示。如果要隐藏所有面板，可按Shift+Tab快捷键，同样，再次按Shift+Tab快捷键可以全部显示。

6. 关闭面板/面板组

要关闭面板或面板组，可以按照以下方法操作。

当面板为附着状态时，可以在要关闭的面板标签上单击右键，在弹出的菜单中选择"关闭"或"关闭选项卡组"命令，即可关闭当前的面板或面板组。

当面板为浮动状态时，单击面板右上方的关闭按钮，即可关闭当前面板组。也可以按照上一项目的方法，单独关闭某个面板或整个面板组。

1.2.5 状态栏

状态栏能够提供当前所在面板、面板导航、显示比例、在Behance上共享及当前选择工具等提示信息。

1.2.6 选项卡式文档窗口

默认情况下，所有在Illustrator中打开的文档，都以选项卡的方式显示在"控制"面板的下方，用户可以轻松地查看和切换当前打开的文档。当选项卡无法显示所有的文档时，可以单击选项卡式文档窗口右上方的展开按钮，在弹出的文件名称选择列表中选择要操作的文件，如图1.26所示。

图1.26 在列表中选择要操作的图像文件

> **提示**
>
> 按Ctrl+Tab快捷键，可以在当前打开的所有图像文件中从左向右依次进行切换；如果按Ctrl+Shift+Tab快捷组合键，可以逆向切换这些图像文件。

使用这种选项卡式文档窗口管理文档文件，可以对这些图像文件进行如下各类操作，从而更加快捷、方便地对文档进行管理。

改变文档的顺序，在文档的选项卡上按住鼠标左键不放，将其拖至一个新的位置再释放后，可以改变该图像文件在选项卡中的顺序。

取消图像文件的叠放状态，在图像文件的选项卡上按住鼠标左键不放，将其从选项卡中拖出来，如图1.27所示，可以取消该图像文件的叠放状态，使其成为一个独立的窗口，如图1.28所示。

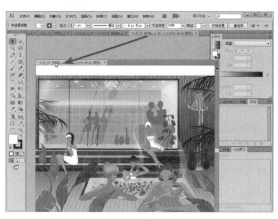

图1.27 从选项卡中拖出来

图1.28 成为独立的窗口

1.2.7 画板

画板是指新建文档后的纸张区域，是编辑内容的地方。只有在画板内的文本和图像等内容才能被打印，故在对文档进行编排时，要注意文本和图像的位置。在Illustrator中可以根据需要设置多个画板。

1.2.8 画布

画布是指除页面以外的空白区域，它可以在不影响文档内容的同时，对文本或图片进行编辑后添加到文档页面中，避免操作中出现失误。

1.2.9 工作区切换器

在此处可以根据需要选择适合的工作区域，如图1.29所示。

图1.29 工作区切换器的下拉菜单

1.2.10 保存工作界面

按照前面讲解的自定义界面中工具箱、面板等方法，用户可以按照自己的偏好布置工作界面，然后将其保存为自定义的工作界面。

用户也可以单击工作区切换器，在弹出的菜单中执行"新建工作区"命令，或执行"窗口－工作区－新建工作区"命令，弹出图1.30所示的对话框，在其中输入自定义的名称，然后单击"确定"按钮退出对话框，即

完成新建的工作环境的操作并可将该工作区存储起来。

图1.30 "新建工作区"对话框

1.2.11 载入工作区

要载入已有的或自定义的工作区，可以单击工作区切换器，在弹出的菜单中选择现有的工作区，或选择"窗口－工作区"子菜单中的自定义工作界面的名称即可。

1.2.12 重置工作区

若在应用了某个工作区后，改变了其中的界面布局，此时若想恢复至其默认的状态，可以单击工作区切换器，或执行"窗口－工作区－重置***"命令，其中的"***"代表当前所用工作区的名称。以默认的工作区"基本功能"为例，就可以在工作区切换器菜单中执行"重置基本功能"命令。

1.2.13 应用程序栏

在应用程序栏中，包括转到Bridge按钮 与排列文档按钮，如图1.31所示。

图1.31 应用程序栏

应用程序栏中各选项的含义解释如下。

转到Bridge按钮：单击此按钮即可启动Bridge。Adobe Bridge 作为整个CC系列套件中的文件浏览与管理工具，可以完成浏览以及管理图像文件的操作，如搜索、排序、重命名、移动、删除和处理图像文件等。

排列文档按钮：当打开多个文档时，用该按钮可以设置它们的排列方式，以便快速进行文档的布局和查看。

1.3 文件基础操作

文档的基础操作主要包括新建、打开、保存、关闭和导出文档等，是日常工作中必不可少的。在本节讲解相关的操作。

1.3.1 新建文档

在Illustrator中，可以执行"文件－新建"命令或按Ctrl+N快捷键，在弹出的对话框中设置新文档的相关参数，如图1.32所示。

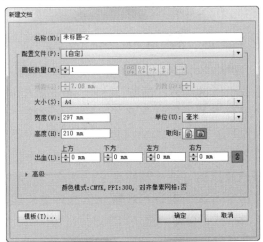

图1.32 "新建文档"对话框

"新建文档"对话框中的重要参数如下所述。

★ 名称：新建文档的名字。

★ 配置文件：在此项目的下拉列表中，可以选择当前新建的文档的最终用途。默认情况下是选择"打印"选项，此时，新建的文档可用于最终的打印输出；若选择其他的配置文件选项，则对话框中的各个参数都会发生相应的变化，从而与配置文件相匹配。

★ 画板数量：新文档中用于绘图的画板数量，例如在设计双面印刷的宣传单时，就可以在此设置数值为2，图1.33所示是创建2个画板时的新文档状态。在某个画板范围内单击即可将其选中，白底、黑框的为当前选中的画板，白底、灰框的则是未选中的画板。当此数值大于1时，其后面的各个按钮将被激活，以用于设置网格的属性。

图1.33　2个画板的新文档

★ 间距：当"画板数量"数值大于1时，此参数将被激活。该数值用于定义两个画板之间的水平距离。

★ 列数：当"画板数量"数值大于1时，此参数将被激活。该数值用于定义每列显示画板的数量。

★ 大小：新建文档的尺寸。选择不同的选项，则"宽度"、"高度"等参数会发生相应的变化。在"画板数量"中选择不同选项时，此下拉列表中的项目、单位也不相同。

★ 宽度/高度：新文档宽度/高度的具体数值。

★ 取向：在此可以设置文档为竖向或横向。在默认情况下，当用户新建文件时，页面方向为直式的，但用户可以通过选取页面摆放的选项来制作横式页面。选择 选项，可创建直式页面；选择 选项，可创建横式页面。

★ 出血：在其后面的4个文本框中输入数值，可以设置出版物的出血数值。若单击链接按钮 ，则设置其中一个参数的时候，另外3个参数也会发生相同的变化。

★ 高级：展开高级参数后，可以设置文档的颜色模式、栅格效果及预览模式等参数。

1.3.2　存储文档

　　存储，是最为重要的基础操作之一，用户所做的所有工作，都需要使用此功能存储到磁盘中。在Illustrator中，存储操作可分为直接存储与另存两种，下面分别讲解一下其作用。

1.直接存储

　　直接存储是指执行"文件－存储"命令或按Ctrl+S快捷键，将对当前文档所做的修改保存起来。若当前文档是第一次执行存储操作，会弹出图1.34所示的对话框。如果当前文档自打开后还没有被修改过，则该命令呈现灰色不可用状态。

图1.34　"存储为"对话框

　　此对话框中各选项的含义说明如下。

★ 存储路径：在对话框顶部可以选择图像的保存位置。

★ 文件名：在文本框中输入要保存的文件名称。

★ 保存类型：在下拉列表中选择图像的保存格式。

2.另存

　　执行"文件－存储为"命令可以用另一名字、路径或格式保存出版物文件。

1.3.3　存储为PDF格式

　　PDF(Portable Document Format的简称，意为"便携式文件格式"")文件格式是Adobe公司开发的电子文件格式。这种文件格式与操作系统平台无关，也就是说，PDF文件不管是在Windows、UNIX还是Mac OS操作系统中都是通用的。这一特点使它成为在因特网上进行电子文档发行和数字化信息传播的理想文档格式。目前，使用PDF进行打印输出，也是极为常见的一种方式。

　　PDF文件格式具有以下特点。

★ 是对文字、图像数据都兼容的文件格式，可直接传送到打印机、激光照排机。

★ 是独立于各种平台和应用程序的高兼容性文件格式。PDF文件可以使用各种平台之间通用的二进制或ASCII编码，实现真正的跨平台作业，也可以传送到任何平台上。

★ 是文字、图像的压缩文件格式。文件的存储空间小，经过压缩的PDF文件容量可缩小到原文件量的1/3左右，而且不会造成图像、文字信息的丢失，适合网络快速传输。

★ 具有字体内周期、字体替代和字体格式的调整功能。PDF文件浏览不受操作系统、网络环境、应用程序版本、字体的限制。

★ PDF文件中，每个页面都是独立的，其中任何一页有损坏或错误，不会导致其他页面无法解释，只需要重新生成新的一页即可。

在很多时候，使用Illustrator制作的印刷品，都需要导出成为PDF格式，然后再进行印刷，下面特别讲解导出时参数设置的要点。执行"存储为"命令，在弹出对话框中设置"保存类型"为"Adobe PDF"格式，然后单击"保存"按钮，弹出"存储Adobe PDF"对话框，如图1.35所示。

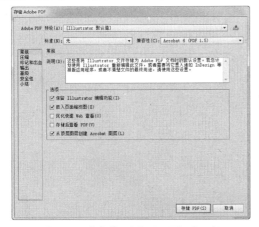

图1.35 "存储Adobe PDF"对话框

在"存储 Adobe PDF"对话框中重要选项的含义解释如下。

★ Adobe PDF预设：在此下拉列表中可以选择已创建好的 PDF 处理的设置。

★ 标准：在此下拉列表中可以选择文件的PDF/X格式。

★ 兼容性：在此下拉列表中可以选择文件的 PDF 版本。

1. 常规

在左侧选择"常规"选项，可设置导出后PDF文档页面所包含的元素、PDF文档页面的优化等选项。

★ 保留Illustrator编辑功能：选中此复选项后，将最大限度保留Illustrator的可编辑性。

★ 嵌入页面缩览图：选中此复选项，将生成一个相应的缩览图，以便在Adobe Reader或Adobe Acrobat Pro软件中查看PDF过程中，快速显示其相应的缩览图。

★ 优化快速Web查看：选择此复选项，将通过重新组织文件，以使用一次一页下载来减小PDF文件的大小并优化PDF文件，以便在Web浏览器中更快地查看。

★ 存储后查看PDF：选择此复选项，在生成PDF文件后，应用程序将自动打开此文件。

★ 从顶层图层创建Acrobat图层：选中此复选项后，将按照从上至下的顺序创建用于Acrobat的图层。

2. 压缩

在左侧选择"压缩"选项，可设置用于控制文档中的图像在导出时是否要进行压缩和缩减像素采样。其选项设置窗口如图1.36所示，包括对彩色、灰度及单色位图图像的压缩设置，其中的选项都是相同的。

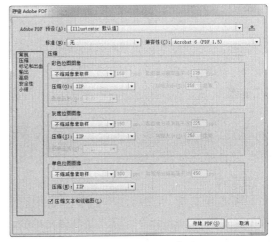

图1.36 "压缩"选项

各压缩选项的含义解释如下。

★ 不缩减像素取样：即使图像的分辨率超出指定的值，也不会进行缩减。

★ 平均缩减像素采样至：选择此选项，计算样本区域中的像素平均数并使用指定分辨率的平均像素颜色替换整个区域。

★ 次像素采样至：选择此选项，选择样本区域中心的像素并使用此像素颜色替换整个区域。

★ 双立方缩减像素采样至：选择此选项，使用加权平均数确定像素颜色这种方法产生的效果通常比缩减像素采样的简单平均方法产生的效果更好。

> **提示**
> 双立方缩减像素采样是速度最慢但最精确的方法，可产生最平滑的色调渐变。

★ 压缩：在此下拉列表中，可选择图像的压缩方式，其中的"自动 (JPEG) 选项"将自动确定图像的最佳品质。对于多数文件，此选项会生成满意的结果。

★ 压缩文本和线稿图：选中此复选项，将纯平压缩（类似于图像的 ZIP 压缩）应用到文档中的所有文本和线稿图，且不损失细节或品质。

3. 标记和出血

在左侧选择"标记和出血"选项，用于控制导出的PDF文档页面中的打印标记、色样、页面信息、出血标志与版面之间的距离。

4. 输出

在左侧选择"输出"选项，用于设置颜色转换。描述最终RGB或CMYK颜色的输出设备，以及显示要包含的配置文件。

5. 高级

在左侧选择"高级"选项，用于控制字体、OPI 规范、透明度拼合和 JDF 说明在 PDF 文件中的存储方式。

6. 安全性

在左侧选择"安全性"选项，用于设置 PDF 的安全性，比如是否可以复制PDF中的内容、打印文档或其他操作。

7. 小结

在左侧选择"小结"选项，用于将当前所做的设置用列表的方式提供查看并指出在当前设置下出现的问题，以便进行修改。

1.3.4 关闭文档

要关闭文档，可以执行以下的操作之一。

★ 按Ctrl+W快捷键。

★ 单击文档右上方的按钮 ⊠ 。

★ 选择"文件—关闭"命令。

若要同时关闭多个文档，可以执行以下的操作之一。

★ 在任意一个文档选项卡上单击鼠标右键，在弹出的菜单中选择"全部关闭"命令。

★ 按Ctrl+Alt+W快捷组合键。

执行以上操作后，如果对文档做了修改，就会弹出提示框，如图1.37所示。单击"是"按钮会保存修改过的文档并关闭，单击"否"按钮则会不保存修改过的文档并关闭，单击"取消"按钮则会放弃关闭文档。

图1.37 提示框

1.3.5 打开文档

选择"文件—打开"命令或按Ctrl+O快捷键，在弹出的"打开文件"对话框中选择需要打开的文件，如图1.38所示。

图1.38 "打开文件"对话框

另外，直接将文档拖至Illustrator工作界面中也可以打开，可以执行以下的操作方法之一。

★ 在界面中没有任何打开的文档时,可直接将要打开的文档拖至软件的空白处。

★ 若当前打开了文档,则可以将文档拖动到菜单栏、应用程序栏处。

1.3.6 导出文档

通过导出文档,能够将当前文档导出为其他的文件格式。选择"文件"|"导出"命令,弹出"导出"对话框,如图1.39所示。

图1.39 "导出"对话框

选择保存位置后,在"文件名"下拉框中输入所要导出的文件名,在"保存类型"下拉列表框中选择要导出的文件类型。单击"导出"按钮后,系统会根据当前输出的文件类型,弹出一个相关的参数设置对话框,在其中进行保存参数的设置。最后单击"确定"按钮即可。

在选中JPEG、SWF及PSD等保存类型时,下面的"使用画板"复选项将被激活。选中该复选项后,可以仅输出画板+出血范围内的内容;选择"全部"选项时,会输出所有画板中的内容,并将每个画板单独输出为一个文件;若选择"范围"选项并在下面输入数值,将仅输出指定画板的内容。反之,若不选中"使用画板"复选项,则系统输出当前文档中的所有内容。

例如,要将一个封面设计方案输出并得到一个JPEG格式的小样图,就可以按照以下方法操作。

01 打开要导出的封面设计文档。在本例中,打开"素材.ai",如图1.40所示。

02 选择"文件—导出"命令,在弹出的对话框中选择JPEG保存类型。

03 选中"使用画板"及其下方的"全部"选项。

04 单击"导出"按钮,此时弹出"JPEG选项"对话框。

05 在"颜色模型"下拉列表中,默认参数为CMYK,这是由于当前文档的颜色模式为CMYK模式。但由于当前是输出为JPEG格式的图片,若以CMYK模式保存,在Windows系统中查看时,可能会出现颜色变异的问题,因此应将其修改为RGB模式。

06 在"分辨率"下拉列表中选择72/150/300 ppi的输出分辨率,通常使用96ppi或150ppi即可。在本例中选择"其他"选项,然后在后面的文本框中输入96。

07 在"消除锯齿"下拉列表中,默认情况下显示的是"优化文字(提示)"选项,但由于当前文档中的位图图像较多且是以较低分辨率输出的小图,若选择此选项,可能会出现位图边缘显示大量锯齿的问题,因此应将其修改为"优化图稿(超像素取样)"选项,从而针对位图图像进行优化输出。

> **提示**
>
> 在选择"优化图稿(超像素取样)"选项时,不建议使用150 ppi以上的分辨率,否则可能会由于位图过多,导致无法输出。

08 设置完成"JPEG选项"对话框后,单击"确定"按钮输出即可,如图1.41所示。可以看出,该图片只输出了画板以内的内容。

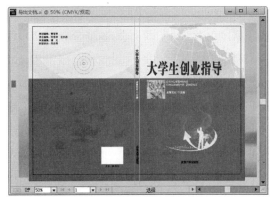

图1.40 封面设计文件

图1.41 输出后的小样图

1.3.7 打包文档

一个Illustrator文档，常常会涉及多项资源的综合运用，如中文字体、英文字体、矢量图形、位图图像等。如果要将文档发送到其他计算机，就需要其他计算机中也包含这些资源，才能够正常地显示和输出，但这些资源往往是位于计算机中不同的位置，若要逐一检查并整理，无疑是非常费力的一件事情，此时就可以使用Illustrator提供的打包功能。

通过对文件进行打包，可创建包含Illustrator 文档、任何必要的字体、链接的图形、文本文件和自定报告的文件夹。此包（存储的文本文件）包括对话框中的信息、打印文档需要的所有使用的字体、链接状态、专色对象以及打印设置等。

要打包文档，可以按照以下方法操作。

01 确认当前文档中的链接、字体、专色等内容无误。

02 按Ctrl+Alt+Shift+P快捷组合键或选择"文件—打包"命令，弹出图1.42所示的对话框。

图1.42 "打包"对话框

"打包"对话框中的参数解释如下。

★ 位置：单击后面的文件夹按钮□，在弹出的对话框中可以选择打包文件的存放位置。

★ 文件夹名称：在此可输入打包文件夹的名称。

★ 复制链接：选中此复选项后，可复制文档中的链接对象至打包文件夹中。选中"收集不同文件夹中的链接"复选项，可将所有的链接对象复制到打包文件夹中，反之则仅复制文档当前所在文件夹中的链接。选中"将已链接的文件重新链接到文档"选项，则当前已经成功链接的对象会在打包后按照新的位置重新链接。

★ 复制文档中使用的字体（CJK除外）：选中此复选项，仅打包CJK字体以外的字体。其中的CJK 是中文（Chinese）、日文（Japanese）、韩文（Korean）三国文字的缩写。

★ 创建报告：选中此复选项后，会在打包文件夹的根目录创建一个名为"***报告.txt"文件，用于记录本次打包的信息，其中的"***"是指当前文档的名称。

03 根据需要设置参数后，单击"打包"按钮即可。此时可能会弹出图1.43所示的提示框，单击"确定"按钮即可。

04 在打包完成后，弹出图1.44所示的提示框，可单击"确定"按钮完成打包，或单击"显示文件包"按钮以打开打包的文件夹。

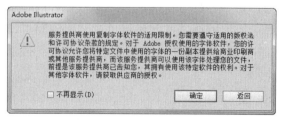

图1.43 打包提示框

图1.44 打包完成提示框

1.4 设置文档属性

在前面讲解新建文档时，已经讲解了对文档属性进行设置的方法。若要修改已经创建完成的文档属性，则可以按照以下方法操作。

1.4.1 文档设置

若要修改已有文档的属性，则可以执行"文件－文档设置"命令，或按Ctrl+Alt+P快捷组合键，将调出图1.45所示的对话框。

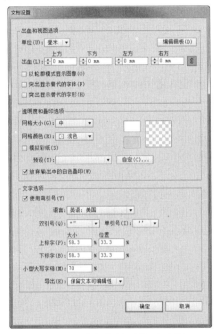

图1.45　"文档设置"对话框

在"文档设置"对话框中，用户可以修改当前文档的单位、出血数值、文字显示方式、透明度与叠印等参数。

1.4.2 文档颜色模式

在"文件－文档颜色模式"子菜单中，可以设置当前文档的颜色值为"CMYK颜色"或"RGB颜色"，其中CMYK颜色模式主要用于印刷品制作，如宣传单、广告、封面、海报、包装、易拉宝等领域，而RGB颜色模式则主要用于在计算机上显示、网络应用、UI设计、插画设计等领域。

1.4.3 创建与编辑画板

画板用于表示可打印图稿的区域，在Illustrator中，最多可以设置100个画板，从而满足多页设计作品的需求。若要编辑画板，可以结合画板工具■及"画板"面板进行操作。下面讲解相关的知识。

> **提示**
>
> 画板功能是由Illustrator CS4中新增的一项功能，若打开Illustrator CS3或更早期版本的文件并创建了裁剪区域，则裁剪区域将会转换为画板，并提示用户选择转换裁剪区域的方式。

1. 新建画板

要新建画板，可以按照以下方法操作。

选择画板工具■此时文档变为类似图1.46所示的状态，然后在"控制"面板中单击"新建画板"按钮■，再将光标移至要添加新画板的位置，如图1.47所示，单击鼠标左键即可。

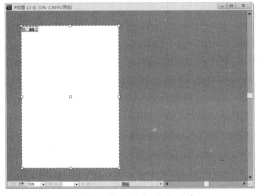

图1.46　编辑画板时的状态

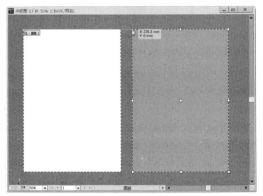

图1.47　摆放光标位置以创建新画板

★ 单击"画板"面板中的"新建画板按"钮，即可以默认的尺寸及位置创建一个新的画板。图1.48所示是创建3个画板后的状态，对应的"画板"面板如图1.49所示。

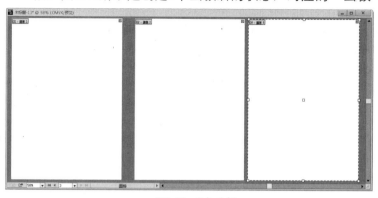

图1.48　3个画板

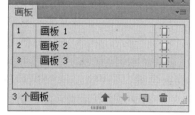

图1.49　"画板"面板

2. 选择画板

当文档中存在多个画板时，可以使用以下方法选择画板。在Illustrator中，只能有一个画板被选中。

★ 使用选择工具 在要选择的画板内单击。

★ 选中其中的某个对象。

★ 在"画板"面板中单击要选择的画板名称。若双击画板名称前面的位置，则可以将该画板居中显示。

3. 改变画板尺寸

在Illustrator中，可以存在多个大小不同的画板，要改变其尺寸，可以选择画板工具 以进入画板编辑状态，然后按照以下方法操作。

选中要改变尺寸的画板，此时其周围会显示控制框，如图1.50所示。拖动控制框上的各个控制句柄即可改变其大小，此时会在光标的附近显示改变后的尺寸，如图1.51所示，释放鼠标即可确认尺寸的修改。

图1.50　选择要编辑的画板

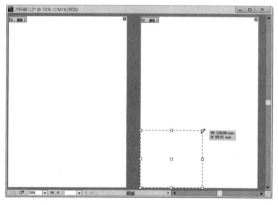

图1.51　拖动改变画板尺寸

★ 在"控制"面板中的"预设"下拉列表中选择一个预设的尺寸。

★ 在"控制"面板后面设置"宽"和"高"数值，以精确改变画板尺寸，如图1.52所示。

图1.52　精确设置画板尺寸

1.5 创建与应用模板

当需要以固定的元素为基础制作一系列的作品时，如文档尺寸、样式、色板等，就可以将其存储为模板，当以该模板创建新文档时，就会自动包含这些元素以避免一些重复的工作。

下面讲解关于模板的相关操作。

1.5.1 将当前文档保存为模板

要制作模板，首先应该创建一个文档并将需要的信息，如文档尺寸、画板数量、色板等要统一的设计元素全部设置好，然后执行"文件－存储为模板"命令，此时自动跳转至Illustrator默认的文档保存位置，并设置保存类型为Illustrator Template，如图1.53所示，然后指定存储的位置和文件名，单击"保存"按钮即可。

图1.53 保存模板

> **提示**
>
> Illustrator CC自带的模板存放于"\Illustrator CC\Cool Extras\zh_CN\模板\空白模板"文件夹中，其中包括一些常用的模板，用户可以直接使用。

1.5.2 依据模板新建文档

要依据现有的模板创建新文档，可以使用以下方法之一。

★ 执行"文件－从模板新建"命令，自动打开Illustrator默认保存模板的位置，选择一个模板，然后单击"新建"按钮即可。

★ 直接双击Illustrator模板文件或使用"打开"命令来打开模板文件，即可以此为基础创建一个新文档。

1.5.3 编辑现有模板

当用户对模板中的元素不满意，需要进行修改时，可以依据此模板创建一个新文档，在完成编辑后，重新以模板格式将其保存并覆盖原来的模板文件即可。

1.6 基本的页面视图操作

1.6.1 多文档显示

当用户需要同时显示多个文档的内容时，可以借助Illustrator提供的排列文档功能快速实现。其方法就是单击应用程序栏中的"排列文档"按钮，在弹出的菜单中，即可根据当前打开的文档数量选择不同的排列方式，如图1.54所示。图1.55所示是将当前打开的3个文档进行排列后的状态。

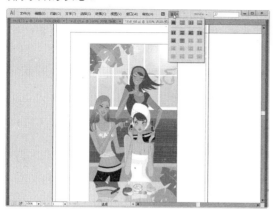

图1.54　排列文档下拉列表

图1.55　排列文档后的状态

1.6.2　切换文件窗口

当只打开一个文档时，它总是默认为当前操作的文档；当打开多个文档时，如果要将某个文档激活为当前操作的文档，则可以执行下面的操作之一。

★　在文档标题栏或文档中单击即可切换至该文档，并将其设置为当前操作的文档。

★　按Ctrl+Tab快捷键可以在各个文档之间进行切换，并将其激活为当前操作的文档，但该操作的缺点是在文档较多时，操作较为烦琐。

★　执行"窗口"菜单命令，在菜单的底部出现当前打开的所有文档的名称，选择需要激活的文档名称，即可将其设置为当前操作的文档。

1.6.3　设置显示比例

根据不同的查看和编辑需求，常常在操作过程中要设置不同的显示比例。下面介绍各种设置显示比例的方法。

1. 使用菜单命令设置显示比例

用户可以使用以下菜单命令设置显示比例。

★　执行"视图－放大"命令或者按Ctrl+"+"快捷键，将当前页面的显示比例放大。

★　执行"视图－缩小"命令或者按Ctrl+"-"快捷键，将当前页面的显示比例缩小。

★　执行"视图－画板适合窗口大小"命令或按Ctrl+0快捷键，可将当前的页面按屏幕大小进行缩放显示。

★　执行"视图－全部适合窗口大小"命令或按Ctrl+Alt+0快捷组合键，将当前的跨页按屏幕大小进行缩放显示。

★　执行"视图－实际大小"命令或按Ctrl+1快捷键将当前的页面以100%的比例显示。

2. 使用工具设置显示比例

在工具箱中选择缩放工具 后，可以执行以下操作以设置显示比例。

当光标为 状态时，在当前文档页面中单击鼠标左键，即可将文档的显示比例放大；保持缩放工具 为选择状态，按住Alt键，当光标显示为 状态时在文档页面中单击鼠标左键，即可将文档的显示比例缩小。

　　用缩放工具 🔍 在文档页面中拖曳矩形框，可进行页面缩放，拖曳的矩形框越小，显示比例越大；拖曳的矩形框越大，显示比例越小。

1.6.4　视图模式

　　在Illustrator CC中有4种视图模式："轮廓"、"预览"、"叠印预览"、"像素预览"。系统默认的是"预览"视图模式。可以在"视图"菜单中进行选择所需要的视图模式。

　　"预览"视图模式可以显示图形的所有信息，包括填充色、路径等直观信息，如图1.56所示。在这种视图模式下显示的效果和最终的打印效果一致的。只有在当前屏幕模式为"轮廓"时，此命令才会显示出来。

　　"轮廓"视图模式只显示图片路径。只有线条，图形就会显得更为抽象。这个模式主要是用来观察辨认每一条路径，如图1.57所示。只有在当前屏幕模式为"预览"时，此命令才会显示出来。

图1.56　预览视图模式

图1.57　轮廓视图模式

 提示
　　在"预览"和"轮廓"视图模式间可以通过快捷键Ctrl＋Y来进行切换。

★　叠印预览：此视图模式可以制作分色效果，此时画布区域将以白色显示。
★　像素预览：选择此模式后，系统会将当前文档中的内容以位图的形式显示，当显示比例超过100时，会显示为马赛克。

1.6.5　移动视图

　　当使用较大的显示比例查看时，往往无法显示文档中的所有内容，就需要调整当前的显示范围。下面讲解调整显示范围的几种方法。

★　使用抓手工具 ✋：在工具箱底部选择抓手工具 ✋ 后，在页面中进行拖动即可调整文档的显示范围。
★　在选择文字工具 T 并在文档中插入光标，按住Alt键可暂时切换为抓手工具 ✋。除此之外，还可以按住空格键，暂时将其他工具切换为抓手工具 ✋ 以调整页面的显示范围。
★　拖动文档边缘的水平或垂直滚动条。
★　使用鼠标滚轮前、后滚动，可在上、下方向上移动视图；按住Ctrl键并使用鼠标滚轮前、后滚动，可在右、左方向上移动视图。

1.7 纠正操作失误

1.7.1 "恢复"命令

执行"文件—恢复"命令，可以返回到最近一次保存文件时图像的状态，但如果刚刚对文件进行保存则无法执行"恢复"操作。如果当前文件没有保存到磁盘，则"恢复"命令也是不可用的。

> **提示**
>
> 由于使用"恢复"命令时，是将文档关闭并重新打开，以读取最近一次保存的状态，因此在执行"恢复"命令后，所有的历史操作都将被清空，因此在执行此操作前要特别注意确认。

1.7.2 "还原"与"重做"命令

在Illustrator中，当执行了错误的操作时，可以执行"编辑—还原"命令或按Ctrl+Z快捷键，将刚刚操作的动作撤销。多次执行该命令，可以撤销多个操作。

若要恢复刚刚撤销的操作，则可以执行"编辑—重做"命令，或按Ctrl+Shift+Z快捷组合键。

要注意的是，一些视图操作如调整显示比例、显示或隐藏参考线等，是不会被记录下来的，因此也就无法通过"还原"与"重做"命令进行撤销或重做。另外，在关闭文档后，所有的历史操作都将被清空，也无法"还原"或"重做"关闭前的操作。

1.8 了解位图与矢量图的相关概念

1.8.1 位图的概念

位图图像由一个个像素点组合生成，不同的像素点以不同的颜色构成了完整的图像，所以位图图像可以表达出色彩丰富、过渡自然的图像效果，一般由Photoshop和PhotoImpact、Paint等图像软件制作生成。除此之外，使用数码相机所拍摄的照片和使用扫描仪扫描的图像也都以位图形式保存。

位图的缺点表现在保存位图时计算机需要记录每个像素点的位置和颜色，所以图像像素点越多（即分辨率越高），图像越清晰，文件所占硬盘空间也越大，在处理图像时计算机运算速度相应也越慢。同时，一幅位图图像中所包含的图像像素数目是一定的，如果将图像放大，其相应的像素点也会放大，当像素点被放大到一定程度后，图像就会变得不清晰，边缘会出现锯齿。图1.58所示为位图图像的原始效果，图1.59所为图像被放大后的效果，可以看到图像放大后显示出非常明显的像素块。

常见的位图图像文件格式有PSD、JPEG、TIFF、BMP及PNG等。

图1.58　位图图像的原始效果

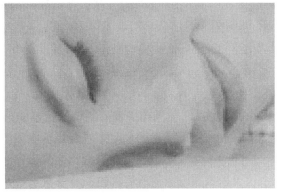

图1.59　被放大后的效果

1.8.2　矢量图的概念

矢量图形由一系列线条所构成，而这些线条的颜色、位置、曲率、粗细等属性都是通过许多复杂的数学公式来表达的。因此文件大小与输出打印的尺寸几乎没有什么关系，这一点与位图图像的处理正好相反。矢量图形的线条非常光滑、流畅，即使放大观察，也可以看到线条仍然保持良好的光滑度及比例相似性。图1.60所示为使用矢量软件Illustrator所绘制的图形原始效果，图1.61所示为图形被放大后的效果。

矢量图形的另一个优点是它们所占磁盘空间相对较小，其文件尺寸取决于图形中所包含的对象的数量和复杂程度，此类文件的尺寸通常是十几KB、几十KB，上百KB甚至几MB的文件比较少。最常见的矢量图形是企业的LOGO、卡通以及漫画等。

图1.60　矢量图形的原始效果

图1.61　被放大后的效果

在平面设计中经常接触到的矢量文件格式有EPS、Illustrator和CDR等。

1.9　学习总结

本章主要讲解了Illustrator中的入门基础知识。通常本章的学习，读者应能够掌握新建、保存、关闭、打开、导出及设置文档属性等基础操作，同时还要掌握对于页面视图的设置、纠正操作失误，了解位图与矢量图等知识，为后面学习其他知识，打下良好的基础。

1.10 练习题

一、选择题

1. 下列关于位图与矢量图的说法正确的是：（　　　）

A.位图图像由一个个像素点组合生成，不同的像素点以不同的颜色构成了完整的图像，所以位图图像可以表达出色彩丰富、过渡自然的图像效果

B.位图图像中所包含的图像像素数目是一定的，如果将图像放大，其相应的像素点也会放大，当像素点被放大到一定程度后，图像就会变得不清晰

C.矢量图可以被无限地放大，而不会影响其质量

D.矢量图形由一系列线条所构成，而这些线条的颜色、位置、曲率、粗细等属性都是通过许多复杂的数学公式来表达的

2. 如何才能以100%的比例显示图像？（　　　）

A.在图像上按住Alt键的同时单击鼠标　　　　　　　C.双击抓手工具🖐

B.选择"视图－满画布显示"命令　　　　　　　　　D.双击缩放工具🔍

3. 要连续撤销多步操作，可以按（　　　）键。

A.Ctrl+Alt+Z　　　　　　B.Ctrl+Shift+Z　　　　　　C.Ctrl+Z　　　　　　D.Shift+Z

4. 在Illustrator中，下列哪些不是表示宽度/高度尺寸的单位：（　　　）

A.厘米　　　　　　B.毫米　　　　　　C.像素／厘米　　　　　　D.像素／毫米

5. 下列关于Illustrator打开文件的操作，哪些是正确的？（　　　）

A.选择"文件－打开"命令，在弹出的对话框中选择要打开的文件

B.选择"文件－最近打开文件"命令，在子菜单中选择相应的文件名

C.如果图像是Illustrator软件创建的，直接双击该图像图标

D.将图像图标拖放到Illustrator软件图标上。

6. 当选择"文件－新建"命令，在弹出的"新建文档"对话框中可设定下列哪些选项？（　　　）

A.高度和宽度　　　　　　B.颜色模式　　　　　　C.取向　　　　　　D.标尺单位

7. 下列关闭图像文件的方法，正确的是：（　　　）

A.选择"文件"|"关闭"命令，如果对图像做了修改，就会弹出提示对话框，询问是否保存对图像的修改

B.单击图像文件右上方的 ✕ 按钮

C.按Ctrl+W快捷组合键

D.双击图像的标题栏

二、填空题

1. Illustrator中的（　　　）和（　　　）均可通过伸缩栏进行放大或缩小显示控制。

2. 通常情况下，按（　　　）键可以快速切换至抓手工具🖐以改变显示范围。

3. 按（　　　）键可以执行"存储为"命令。

三、上机题

1. 以210mm×297mm尺寸为例，创建一个带有3mm出血的竖幅广告文件，并将其保存在"我的文档"中。

2. 打开随书所附光盘中的文件"\第1章\1.10 练习题-上机题2-素材.ai"，如图1.62所示，通过编辑画板，使画板与文档中的内容相匹配。

图1.62 素材文档

3. 打开随书所附光盘中的文件"\第1章\1.10 练习题-上机题3-素材.ai"，将其导出为出血的PDF文件，其预览效果如图1.64所示。

图1.63 素材文档

图1.64 导出后的预览效果

提示

本章所用到的素材及效果文件位于随书所附光盘"\第1章"的文件夹内，其文件名与章节号对应。

第2章 构成设计
——Illustrator必学基础知识

在继续深入学习Illustrator知识之前，我们还应该对Illustrator的图层管理、设置标尺及参考线等辅助功能有所了解。尤其要注意的是，图层对于Illustrator来说，具有非常特殊的重要意义，通过它，可以帮助我们更好地进行对象的编辑与管理。下面就来讲解这些知识。

2.1 构成设计概述

2.1.1 构成的概念

构成就是指将不同形态的几个元素，以一定的形式美法则及规律，将其重组成为一个新的元素。通俗地说，构成的法则就像是一个数学公式，可以将一个值导入到公式中进行运算，最终得到一个结果，在这里要导入到公式中的"值"就代表了所使用的元素，而运算得到的结果就是我们所设计出来的作品。当然这个结果也会由于个人理解与掌握程度不同出现千差万别的变化。

从维度方面区别，构成主要有二维方向上的平面构成及三维立体空间的立体构成两种。

如果依据构成的内容来划分，主要有三大构成，即平面构成、立体构成和色彩构成。

2.1.2 平面构成的概念及特点

平面构成是造型设计中的一项基础内容，是一种最基本的造型活动。所谓"平面"是指造型活动在二维空间中进行。所谓"构成（Composition）"是将造型要素按照某种规律和法则组织、建构理想形态的造型行为，是一种科学的认识和创造的方法。因此平面构成就是在二维平面内创造理想形态，或是将既有形态按照一定法则进行分解、组合，从而构成理想形态的造型设计基础。

平面构成反映出了自然界的运动变化的规则，因此它具有以下两个特点。

★ 以知觉为基础：平面构成将自然界中的复杂过程及内容，以最为简单的点线面，通过分解、变化及组合等方式将其表现出来，从而反映出客观现实所具有的规律。

★ 以理性思维为导向：平面构成运用了视觉反应及数学逻辑等思维过程，依据主观意识对图形图像进行重新设计，从而表现出各种不同形状的画面。

2.1.3 平面设计与平面构成的关系

要了解平面设计与平面构成之间的关系，我们首先应该了解一下平面设计的概念。

平面设计是指在二维空间内，将文字、色彩及图像三大要素，以构成形式美的规律及法则为基础，按照一定的创意构思及诉求点等内容，将各个元素结合在一起，以达到一定的视觉传达目的。

平面设计领域非常广泛，最为常见的是平面广告及招贴设计、包装设计、装帧设计、宣传册设计、图形/图像/文字视觉艺术设计、插画设计、VI设计等。图2.1所示为一些优秀的平面设计作品。

图2.1　优秀平面设计作品欣赏

简单地说，平面构成与平面设计的关系可以理解为，平面构成是平面设计的理论设计基础。虽然平面设计被划分为很多个不同的领域，如前面提到过的广告设计、包装装帧设计及插画设计等，通过在上面所展示的各领域的优秀作品足以看出，这些作品中的内容都可以用平面构成的元素（例如点、线、面等）及形式（例如对称、发散等）解释出来，这也就充分证明了二者之间的关系。

> **提示**
>
> 在此所提到的平面构成的元素及形式，将在本书后面的章节中进行讲解，所以在此处有无法理解的内容，可以先学习本书后面关于平面构成的相关内容，直至对其有一个大致的认识以后，再来理解平面构成与平面设计之间的关系，这样更容易达到事半功倍的效果。

另外，从广义上来讲，我们完全可以将平面构成理解成为平面设计，因为它们同样都需要以美的秩序和规则来构成画面，最终目的都是为了达到一个理想形态的设计。

不同的是，平面构成作品仅是为了展示各元素之间的关系，从某一角度上可以将其理解成为非常抽象的东西。而平面设计则不然，无论是广告设计、图形图像视觉艺术设计、插画设计以及包装装帧设计等其他任意一个设计领域，从其内容或目的上来说，都是带有很强的具象性。

2.1.4　色彩构成的概念

色彩构成作为一种设计语言，包含许多前人对色彩概念、色彩属性认识过程中总结性的知识，通过学习能够使设计师在较短的时间内掌握色彩的基础理论，掌握色彩科学与艺术的规律，如果能够应用到艺术设计实践中，则可以大幅度提高设计作品的美感。

色彩学家约翰内斯·伊顾曾说过：对色彩的认真学习是人类的一种极好的修养方法，因为它可以导致人们对自然万物内在必然性具有一种知觉力。要掌握住这些东西，就要去体验整个自然界生物的永恒规律，要认识这个必然性，就要抛弃个人的任性以遵循自然规律，从而适应人类环境。

今天每个人都生活在色彩斑斓的信息世界里，通过系统地学习、研究色彩构成知识，理解每种颜色之间的关系，每个人都能够创造出五彩缤纷的颜色。。

2.1.5 色彩的三要素

虽然我们能够看到与辨识的色彩可以达到百万数量级，但依靠个人的主观感觉与语言是无法清晰地给他人传递这些颜色信息的，因此必须要根据色彩最本质的共性将这些颜色加以归纳与综合。所有颜色都具有的共性是这些颜色都具有色相、纯度、明度的性质，对于任意一种颜色而言，它的任意一种属性发生变化时，这种颜色本身就发生了变化。下面详细讲解色彩的这三种属性。

1. 色相

色相的英文全称为Hue，简写为H。简单地说，它决定了我们看到的色彩是"何种颜色"，例如赤（红）、橙、黄、绿、青、蓝、紫就是几种最具有代表性的、各自具不同色相的颜色。例如图2.2所示为使用不同色相的插画作品。

图2.2 不同色相示例

2. 纯度

纯度的英文全称为Value，简写为C，亦被称为色度或饱和度。它是指某颜色的纯净程度，主要用于表现在某颜色中，是否包括黑、白及灰色成分在内，如果不包括任何黑白灰色，就可以将其理解成为在该色相下纯度最高的颜色，反之则纯度就会下降。例如图2.3所示为不同饱和度的作品示例。

图2.3 不同饱和度示例

不同纯度的颜色会给人以非常不同的心理感受，例如高色度颜色给人感觉积极、冲动、热

烈，有膨胀、外向、活泼、生气的感觉；低色度颜色给人感觉消极、无力、陈旧、安静、无争的感觉；居于中间的中纯度颜色体现了中庸、可靠、温润的感受。

3. **明度**

明度的英文全称为Chroma，简写为V。它主要用于表示色彩的明暗程度，不同的颜色反射的光量不一，因而会产生不同程度的明暗。例如对于暗黄色、黄色以及淡黄色等色彩名称，就是我们依据该颜色在亮度上的差异而进行命名的，所有颜色中明度最高的是白色，明度最低的是黑色。

有彩色也有各种不同的明度，在可见光谱中，黄色最亮，紫色最暗，其他颜色处于黄紫之间，即便是同一个色系，也会有各自的明暗变化。如在颜料中有较亮的朱红、有较暗的深红，还有大红、玫瑰红。这些颜色虽然都属于同一个红色系中，但每一种颜色的明度都有所不同。

有彩色不断加入白色时，明度就会提高，而如果不断加入黑色，明度就会随之降低。

与纯度相同，不同明度的色彩也会给人以不同的心理感受，高明度基调给人以明亮、清爽、纯净、唯美等感受，而中明度基调给人带来的是朴素、稳重、平凡、亲和的心理感受，低明度基调则会让人感觉压抑、沉重、浑厚、神秘。

2.2 图层的基本操作

使用图层功能，可以创建和编辑文档中的特定区域或者各种内容，而不会影响其他区域或其他种类的内容，以便于我们将图层中的对象锁定或调整顺序等操作。下面就来讲解一下与图层相关的知识。

2.2.1 认识图层

简单地说，我们可以将每一个图层都看作是一张透明的胶片，将对象分类置于不同的透明胶片上，最后将所有胶片按顺序叠加起来观察，便可以看到完整的作品。而在Illustrator中，图层就是上面所提到的"透明胶片"。图2.4所示为胶片形式展示各图层内容时的状态，及其对应的"图层"面板。

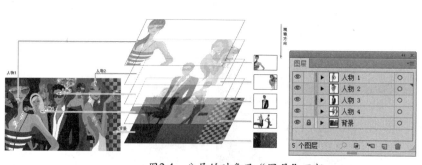

图2.4　分层的对象及"图层"面板　　　　图2.5　"图层"面板

通过上面的实例图可以看出，使用图层进行工作，可以将组成作品的部分分别放在不同的图层中，通过分层管理的方法进行工作，在需要的情况下，可以移动各个图层的顺序，从而得到不同的图像效果。

值得一提的是，在Illustrator中，图层中的每个对象都会以列表的形式展示出来，如果对象是编组、混合等状态，还会有子一级的列表，其原理也和上面展示的图层原理相同。但严格来说，它们并不是Illustrator中的图层，而是一个个的对象而已，如图2.5所示。

2.2.2 了解"图层"面板

按F7键或执行"窗口－图层"命令即可打开"图层"面板，如图2.6所示。单击面板中的▶按钮可展开图层，展开后可以看到图层下可包含多个选项，这些选项包括路径、编组、复合路径等。而再次单击▼按钮则可以折叠该图层，从而隐藏这些选项以方便操作。

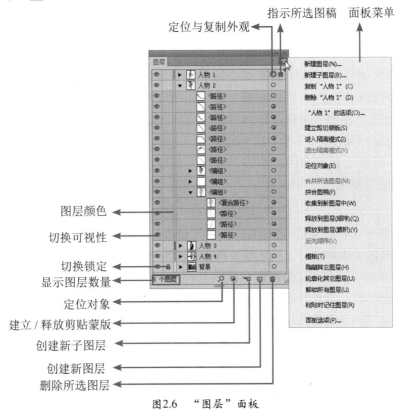

图2.6 "图层"面板

"图层"面板中各选项的含义解释如下。

★ 面板菜单：可以利用该菜单中的命令进行新建、复制、排序及拼合等操作。

★ 定位与复制外观图标◎：单击此图标，将变为◎状态且其后方出现■图标。此时可在画板中选定相应的对象；若拖动该图标至其他对象上，可复制外观至目标对象上。

★ 指示所选图稿图标■：显示此方块时，表示当前图层上有选定的图形对象。拖动此方块，可以实现不同图层图形对象的移动和复制。

★ 切换可视性图标👁：单击此图标，可以控制当前图层的显示与隐藏状态。

★ 切换锁定图标🔒：单击此图标，可控制图层的锁定或解锁。

★ 图层颜色图标｜：该图标用于显示当前图层的主题颜色，在当前图层中的对象被选中时，会以相应颜色显示控制框等。

★ 显示图层数量：显示当前文档中的图层个数。

★ 定位对象按钮🔍：在画板中选中某个对象后，单击此按钮可以跳转至相应的图层、子图层或对象列表。

★ 建立/释放剪贴蒙版按钮▣：单击此按钮后，将使用当前图层中的第一个路径对象创建剪贴蒙版，再次单击即可释放该剪贴蒙版。

★ 创建新子图层按钮 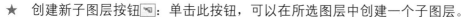 ：单击此按钮，可以在所选图层中创建一个子图层。

★ 创建新图层按钮 ：单击此按钮，可以创建一个新的图层。

★ 删除选定图层按钮 ：单击此按钮，可以将选择的图层删除。

2.2.3 新建图层

默认情况下，创建一个新文档后，都会包含一个默认的"图层1"。如果要创建新的图层，可以执行以下操作之一。

直接单击"图层"面板底部的"创建新图层"按钮 ，从而以默认的参数创建一个新的图层。

单击"图层"面板右上角的"面板"按钮 ，在弹出的菜单中执行"新建图层"命令，或按Alt键单击"图层"面板底部的"创建新图层"按钮 ，弹出图2.7所示的"图层选项"对话框。参数设置完毕后，单击"确定"按钮即可创建新图层。

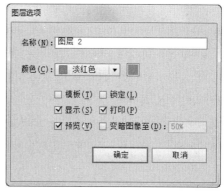

图2.7 "图层选项"对话框

下面详细讲解各选项的用处。

★ 名称：此选项的文本框中可以用来输入用户新建图层的名称。

★ 颜色：此选项用于控制图层的颜色，用户可以在下拉列表框中选择颜色，也可以单击后面的颜色块来选择自己喜欢的颜色。所选颜色即为该图层上对象选择框的颜色。

★ 模板：此复选项用来创建图层模板，选中后，系统将把该图层创建为图层模板，此时名称前的 图标显示为 且变为锁定状态。

★ 锁定：此复选项用来锁定图层。选中后，该图层将被锁定，锁定后，图层将不可被编辑，图层上还会显示 图标。

★ 显示：此复选项被选中后，视图中将会显示该图层所包含的全部选项，名称前还会显示 图标。

★ 打印：此复选项被选中后，该图层将可以打印输出。

★ 预览：此复选项被选中后，可以预览画面的整体效果，否则将只显示画面的轮廓线。

★ 变暗图像至：此选项后的参数值的大小，决定了位图图像的亮度。该选项只用于屏幕显示，输出或打印时图像将恢复原状，不会影响打印的效果。

> **提示**
>
> 要在某个图层上方新建图层，可以将其选中再执行新建图层操作；按住Ctrl键并单击"创建新图层"按钮 ，可以在所有图层上方创建一个新图层。

2.2.4 选择图层

在页面中选中某个对象后，系统会自动选中其所在的图层，如果要选择其他图层或多个图层，则可以执行下面的操作。

1. 选择单个图层

要选择某个图层，在"图层"面板中单击该图层的名称即可，此时该图层的底色由灰色变为蓝色，如图2.8所示。

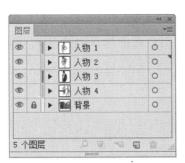

图2.8 选中图层前后的对比效果

2. 选择多个连续图层

要选择连续的多个图层，在选择一个图层后，按住Shift键的同时在"图层"面板中单击另一图层的名称，则两个图层间的所有图层都会被选中，如图2.9所示。

图2.9 选择连续图层

3. 选择多个非连续图层

如果要选择不连续的多个图层，在选择一个图层后，按住Ctrl键的同时在"图层"面板中单击另一图层的图层名称，如图2.10所示。

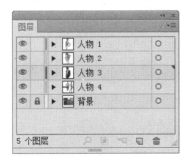

图2.10 选择非连续图层

4. 取消选中图层

要取消选中任何图层，可在"图层"面板的空白位置单击。

2.2.5 复制图层

要复制图层，首先要将其选中，然后按照下述方法操作。

将选中的一个或多个图层拖至"图层"面板底部的"创建新图层"按钮上，即可创建选中图层的副本，图2.11所示为操作的过程。

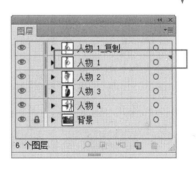

图2.11 拖动复制图层

★ 在选中要复制的单个图层后，可单击"图层"面板右上角的"面板"按钮，在弹出的菜单中选择"复制'***'"命令（***代表当前的图层名称），即可将当前图层复制一个副本。

★ 在选中多个图层时，可单击"图层"面板右上角的"面板"按钮，在弹出的菜单中则需要选择"复制所选图层"命令，即可为所有选中的图层创建副本。

2.2.6 显示/隐藏图层

在"图层"面板中单击图层最左侧的图标，使其显示为灰色，即隐藏该图层，再次单击此图层可重新显示该图层。

如果在图标列中按住鼠标左键不放向下拖动，可以显示或隐藏拖动过程中所有掠过的图层。按住Alt键，单击图层最左侧的图标 ◉ ，则只显示该图层而隐藏其他图层；再次按住Alt键，单击该图层最左侧的图标 ◉ ，即可恢复之前的图层显示状态。

另外，只有可见图层才可以被打印，所以对当前图像文件进行打印时，必须保证要打印的图像所在的图层处于显示状态。

> **提示**
>
> 若取消选中"打印"复选项，则无论该图层是显示或隐藏，都不会打印出来。

2.2.7　改变图层顺序

通过调整图层的上下顺序，可以改变图层间各对象的上下覆盖关系。以图2.12所示的原图像为例，只需要按住鼠标左键将图层拖动至目标位置，如图2.13所示，当目标位置显示出一条粗黑线时释放鼠标按键即可。图2.14所示就是调整图层顺序后的效果及对应的"图层"面板。

图2.12　原图像

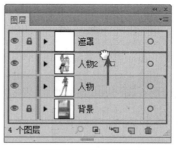

图2.13　拖动图层图

图2.14　调整后的效果及其"图层"面板

2.2.8 锁定与解锁图层

为了避免误操作，我们可以将一些对象置于某个图层上，然后将其锁定。锁定图层后，就不可以对图层中的对象进行任何编辑处理了，但不会影响最终的打印输出。

要锁定图层，可以单击图层名称左侧的 █ 图标，使之变为 █ 状态，表示该图层被锁定。图2.15所示为锁定图层前后的状态。再次单击该位置，即可解除图层的锁定状态。

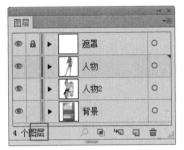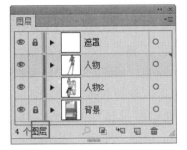

图2.15 锁定图层"背景"前后的状态

2.2.9 合并图层

合并图层是指将选中的多个图层合并为一个图层，图层中的对象也会同时随之被合并到新图层中，并保留原有的叠放顺序。

要合并图层，可以将其（两个以上的图层）选中，然后单击"图层"面板右上角的"面板"按钮 █，在弹出的菜单中选择"合并所选图层"命令，即可将选择的图层合并为一个图层。图2.16所示为合并图层前后的"图层"面板状态。

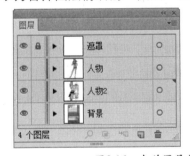

图2.16 合并图层前后的"图层"面板状态

2.2.10 删除图层

对于无用的图层，用户可以将其删除。要注意的是，在Illustrator中，可以根据需要删除任意图层，但最终"图层"面板中至少要保留一个图层。

要删除图层，可以执行以下的操作之一。

在"图层"面板中选择需要删除的图层，并将其拖至"图层"面板底部的"删除选定图层"按钮 █ 上即可。

在"图层"面板中选择需要删除的图层，直接单击"图层"面板底部的"删除选定图层"按钮 █，若图层中不包含任何对象，则可以直接删除图层；若图层中含有对象，则会弹出图2.17所示的提示框，单击"确定"按钮即可删除图层。

在"图层"面板中选择需要删除的一个图层或多个图层，单击"图层"面板右上角的"面板"按钮 █，在弹出的菜单中选择"删除图层'当前图层名称'"命令或"删除所选图层"命令。

图2.17　提示框

▌2.2.11　图层的高级参数选项

在Illustrator中，用户可以根据需要来设置图层的名称、颜色、显示、锁定以及打印等属性，此时可以双击要改变图层属性的图层，或选择要改变图层属性的图层，单击"图层"面板右上角的"面板"按钮▼☰，在弹出的菜单中选择"'***'的选项"命令（***代表当前图层的名称），弹出"图层选项"对话框，如图2.18所示。

"图层选项"对话框中的选项设置与创建新图层时的"图层选项"对话框中的参数基本相同，故不再重述。

图2.18　"图层选项"对话框

2.3 设置标尺

使用Illustrator中的标尺功能，可以帮助我们进行各种精确的定位操作。在本节中，就来讲解一下与之相关的操作及使用技巧。

▌2.3.1　显示与隐藏标尺

要使用标尺，首先要将其显示出来，当然，在不需要的时候也可以将其隐藏。下面就来讲解其具体操作方法。

1.显示标尺

用户可以执行以下操作之一，以显示出标尺。

★　选择"视图－显示标尺"命令。

★　按Ctrl+R快捷键。

默认情况下，执行上述操作之后即可以显示出标尺。标尺会在文档窗口的顶部与左侧显示出来，如图2.19所示。

2.隐藏标尺

若要隐藏标尺，可以执行以下操作之一。

★　选择"视图－隐藏标尺"命令。

★　按Ctrl+R快捷键。

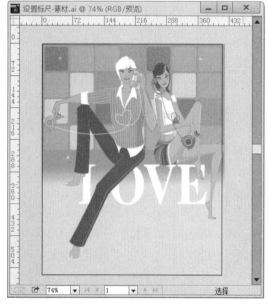

图2.19　显示标尺

执行上述操作之一后即可隐藏标尺，如图2.20所示。

图2.20　隐藏标尺

2.3.2　改变标尺单位

通常情况下，我们使用的标尺单位为厘米或毫米，用户也可以根据需要，选择其他的单位。在水平或垂直标尺的任意位置上单击鼠标右键，即可调出图2.21所示的菜单，在其中选择需要的单位即可。

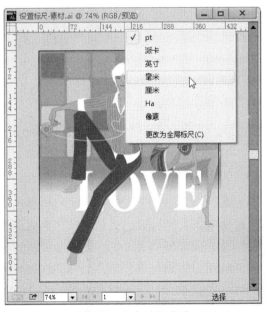

图2.21　零点下拉菜单

2.3.3　改变标尺零点

标尺零点是指在水平和垂直标尺上显示数值为0的位置，通常情况下，该零点是位于文档的左上角位置，用户也可以根据需要进行修改。

在零点位置上按住左键不放并向页面中拖动，如图2.22所示，即可改变零点位置，如图2.23所示。

若要复位零点至默认的位置，在左上角的标尺交叉处双击即可。

图2.22　向文档中拖动

图2.23　改变零点后的状态

2.4 设置参考线

参考线是Illustrator中非常重要的一个辅助功能，它可以帮助我们在进行多元素的对齐或精确定位时，起到关键性的作用。其共性就是，参考线只是用于辅助进行页面编排和设计，而不会在最终打印时出现。本节就来讲解一下参考线的类型及其相关操作。

2.4.1 参考线的分类

在Illustrator中，参考线可分为很多种，如图2.24所示。

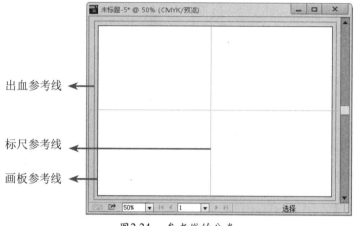

图2.24 参考线的分类

各种参考线的解释如下。

★ 出血参考线：在"新建文档"或"文档设置"对话框中设置了"出血"数值后，该处会显示红色的参考线。

> **提示**
>
> 在传统印刷行业中，印刷完成后，会使用专门的模具对印刷好的出版物，按照所设置的尺寸进行裁剪，该处理操作并不是非常精确，通常是会有一点误差，因此，如果页面中的内容超出了页面边缘，为避免出现误差时页面边缘出现的"露白"，因此要在页面边缘以外增加几毫米（通常为3毫米），这样即使在裁剪时出现误差，也不用担心边缘有"露白"的问题了。

★ 画板参考线：在指定了文档的尺寸后，就会在文档边缘显示黑色的参考线，以用于指示文档的边缘。

★ 智能参考线：顾名思义，智能参考线是由软件自动提供的一种用于自动对齐对象的参考线。用户可以选择"视图—智能参考线"命令，以启用或禁用智能参考线。启用智能参考线后，当用户拖动对象时，会自动根据页面中已有的对象，自动生成参考线，以提示当前对象与其他对象之间的关系，如交叉、对齐、分布等。默认情况下，智能参考线以绿色显示。以图2.25所示的文档为例，向下移动圆形至与矩形对齐的位置时，它与原图形和矩形之间就自动产生了智能参考线，提示用户对齐信息，如图2.26所示。

★ 标尺参考线：指从标尺中拖动出来得到的参考线（也可以使用命令创建，后面的讲解中会详细说明），标尺参考线是最常用的参考线类型之一，通常我们所说的参考线，都是指标尺参考线，它可以非常灵活、自由地添加到文档的任意位置，以便于控制某些元素的对齐方式，或划分页面的各个区域。

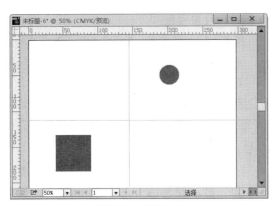

图2.25 素材文档

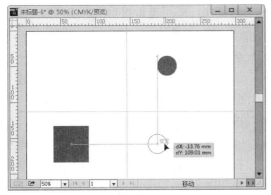

图2.26 移动圆形时产生的智能参考线

提示

要修改参考线的颜色及线型，用户可以选择"编辑—首选项—参考线和网格"命令，在弹出的"首选项"对话框中进行设置，如图2.27所示。

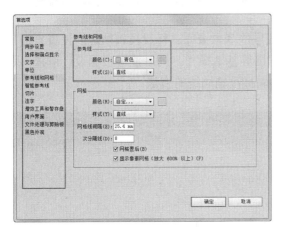

图2.27 "首选项"对话框

2.4.2 创建标尺参考线

下面来讲解一下标尺参考线的基本操作。

1. 直接创建标尺参考线

在显示标尺的情况下，可以根据需要添

加标尺参考线。其操作方法很简单，只需要在左侧或者顶部的标尺上进行拖动即可向图像中添加标尺参考线了，如图2.28所示。

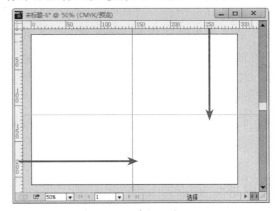

图2.28 创建标尺参考线

2. 创建任意形态的参考线

在Illustrator中，用户可以绘制任意形态的图形，然后按Ctrl+5快捷键或选择"视图—参考线—建立参考线"命令，即可将其转换为参考线。以前面示例中使用的方形和圆形为例，图2.29所示是将其转换为参考线后的状态。

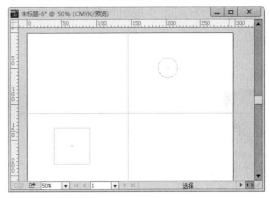

图2.29 转换得到的方形及圆形辅助线

对于由图形对象转换得到的参考线，可以将其选中，然后按Ctrl+Alt+5快捷组合键 或选择"视图—参考线—释放参考线"命令，即可将其还原为原始的图形效果。

2.4.3 选择与编辑标尺参考线

在本小节中，将讲解一些选择及编辑标尺参考线的方法。

1. 选择标尺参考线

要选择标尺参考线，可以在确认未锁定

标尺参考线的情况下，执行以下操作。

★ 使用选择工具 ![图标] 单击标尺参考线，标尺参考线显示为蓝色状态表明已将参考线选中。

★ 对于多条标尺参考线的选择，可以按住Shift键，然后分别单击各条标尺参考线。

★ 按住鼠标左键不放并拖拉出一个框然后将与框有接触的标尺参考线都选中。

★ 若当前页面中完全空白，只有参考线，也可以按Ctrl+A快捷键选中所有的标尺参考线。

> **提示**
>
> 在Illustrator中，标尺参考线可以与文本、图形、图像等对象同时选中，因此在操作过程中，要注意避免误操作。

2. 移动标尺参考线

使用选择工具 ![图标] 选中标尺参考线后，拖动鼠标可将标尺参考线移动。

若要精确调整标尺参考线的位置，可以在将其选中后，在"控制"面板中调整X、Y数值 X ÷ 148.696 ▼ Y ÷ 112.536 ▼ 即可。

3. 删除标尺参考线

要删除标尺参考线，可以执行以下操作之一。

★ 使用选择工具 ![图标] 选择需要删除的标尺参考线，直接按Delete键即可。

★ 选择"视图－参考线－清除参考线"命令，即可删除当前文档中所有的标尺参考线。

4. 显示/隐藏参考线

在显示参考线的状态下，选择"视图－参考线－显示参考线"命令或按Ctrl+;快捷键，即可隐藏所有类型的参考线。再次执行相同的操作，即可重新显示所有参考线。

5. 锁定/解锁参考线

要锁定参考线，可以执行下列操作之一。

★ 选择"视图－参考线－锁定参考线"命令。

★ 按Ctrl+Alt+;快捷组合键。

★ 使用选择工具 ![图标] 在标尺参考线上单击右键，在弹出的菜单中选择"锁定参考线"命令。

执行上述任意一个操作后，都可以将当前文档的所有标尺参考线锁定。再次执行上述前两个操作，即可解除标尺参考线的锁定。

2.5 学习总结 ————————○

在本章中，主要讲解了图层的基本操作、标尺及辅助线的设置方法。通过本章的学习，读者应掌握添加、删除、复制图层等基本操作，同时能够根据设计需求，利用各类型的参考线辅助进行设计，尤其是创建、编辑标尺辅助线的方法。

2.6 练习题 ————————○

一、选择题

1. 下列关于Illustrator标尺和参考线描述不正确的是（　　　）

　　A.将光标放到水平或垂直标尺上，按下鼠标，从标尺上拖出参考线到页面上，一旦将参考线放到某个位置，就再也不能移动

　　B.参考线的颜色可以更改）

　　C.路径和参考线之间可以任意转化

　　D.参考线可以锁定或解锁。

2. 在Illustrator中，下列关于参考线的描述哪个是不正确的？（　　）

　　A.任意形状的路径都可以转换为参考线

　　B.参考线可以设定成实线显示，也可设定为虚线显示

　　C.参考线是不能被锁定的

　　D.参考线可以转变成普通的路径

3. 下列有关Illustrator图层的描述不正确的是？（　　）

　　A.通过"图层"面板可以显示或者隐藏单个的图层

　　B.在图层选项对话框中，选择打印选项，该图层不但在屏幕中显示，还可以在打印稿中出现

　　C.按住Ctrl键的同时，单击"图层"面板中的眼睛图标，可将图形以线稿形式显示

　　D.在图层选项对话框中选择模板选项，可令该图层不能输出但是可以打印

4. 下列关于Illustrator参考线的描述哪个是不正确的？（　　）

　　A.参考线是不能被隐藏的　　　　　　　B.参考线的颜色是可以改变的

　　C.参考线是不能被删除的　　　　　　　D.参考线是不能移动的

5. 在Illustrator中，下列哪种方式可以用来删除参考线？（　　）

　　A.通过视图—参考线—清除参考线命令　　B.选中参考线后直接按键盘上的Del键

　　C.选中参考线后，通过"编辑—清除"命令D.通过"视图—参考线—隐藏参考线"命令

6. 在标尺上单击鼠标右键后，在弹出的菜单中可以（　　）

　　A.设置文档的单位　　　　　　　　　　B.设置文档的尺寸

　　C.设置当前选中对象的大小　　　　　　D.设置当前选中参考线的位置

二、填空题

1. 按（　　）组合键，可以显示/隐藏标尺。

2. 在Illustrator的"图层"面板中，若要同时选中两个以上连续的图层，应按住（　　）键。

3. 显示"图层"面板的快捷键是（　　）。

三、上机题

1. 假设某封面开本尺寸为185*230，书脊厚度为18mm，无勒口，创建一个完整的封面文件，然后为其书脊部分添加辅助线。

2. 以上一题创建的封面文件为基础，将当前图层重命名为"参考线"，再新建3个图层，分别命名为"正封"、"书脊"和"封底"。

3. 随书所附光盘中的文件"\第2章\2.6　练习题-上机题3-素材.ai"，如图2.30所示，通过调整图层的顺序，将其调整为图2.31所示的效果。

图2.30　素材图形　　　　　　图2.31　调整后的效果

本章所用到的素材及效果文件位于随书所附光盘"\第2章"的文件夹内，其文件名与章节号对应。

第3章 标志设计
——绘制图形

Illustrator提供了非常丰富的图形绘制功能，除了绘制标准几何图形，如矩形、圆形、星形及多边形外，还提供了更多更高级的自定义图形绘制工具，其中以钢笔工具 ✐、画笔工具 ✐ 及铅笔工具等最为常用，本章将针对这些常用的图形绘制工具，以及一些常用的路径编辑与修饰功能进行讲解。

3.1  标志设计概述

3.1.1 标志设计的概念与特性

在了解标志的概念之前，首先应该了解一下VI系统。VI又称为VIS，是英文Visual Identity system的缩写，指将企业的一切可视事物进行统一的视觉识别表现和标准化、专有化，通过VI将企业形象传达给社会公众。视觉识别是理念识别的外在表现，理念识别是视觉识别的精神内涵。没有精神理念，视觉传达只能是简单的装饰品；没有视觉识别，理念识别也无法有效地表达和传递，因此两者相辅相成。

在VI的各种要素中，标志是第一形象要素，也称为LOGO，指那些造型美观、意义明确的统一、标准的视觉符号，它不仅是发动所有视觉设计要素的主导力量，也是所有的视觉要素的中心，更是大众心目中的企业、品牌的象征。如图3.1所示。

图3.1 标志示例

鉴于在VI系统的各种要素中均将出现企业的标志，因此在某种程度上说，标志的设计成功与否决定了整个VI系统是否能够成功。一个优秀的标志具有以下特征，这些特征也同时成为了判断一个企业的标志是否优秀适用的标准。

★ 识别性，识别性是标志的基本功能。借助独具个性的标志，来区别本企业及其产品的识别力，是现代企业市场竞争的"利器"。因此经过设计的标志，必须具有独特的个性和强烈的视觉冲击力。

★ 领导性，标志是企业视觉传达要素的核心，也是企业开展信息传达的主导力量。标志的领导地位是企业经营理念和经营活动的集中表现，贯穿和应用于企业的所有相关的活动中，还体现在视觉要素的一体化和多样性上，其他视觉要素都以标志构成整体为中心而展开。

★ 同一性，标志代表着企业的经营理念、企业的文化特色、企业的规模、经营的内容和特点，因而是企业精神的具体象征。因此，可以说社会大众对于标志的认同等于对企业的认同。只有企业的经营内容或企业的实态与外部象征——标志相一致时，才有可能获得社会大众的一致认同。

★ 显著性，显著是标志的又一重要特点，绝大多数标志的目的是引起人们注意，因此色彩强烈醒目，图形简练清晰。

★ 准确性，无论标志采取什么样的设计方式及什么形式的构成，其含义必须准确。首先要易懂，符合人们的认知规律。其次要准确，以避免出现意料之外的多解或误解，让人在极短的时间内一目了然、准确领会。

★ 艺术性，标志应该具有某种程度上的艺术性，既符合实用要求，又符合美学原则，给予人美感，这也是人们越来越高的文化素养的体现和审美心理的需要。

★ 时代性，现代企业面对发展迅速的社会，日新月异的生活和意识形态，不断的市场竞争形势，其标志形态必须具有鲜明的时代特征。

3.1.2 标志设计的基本原则

标志设计是一种图形艺术设计，它与其他图形艺术表现手段既有相同之处，又有其独特的艺术规律。简单地说由于标志的设计对简练、概括、完美的要求十分苛刻，基本上要达到几乎找不到更好的替代方案的程度，因此其设计难度比之其他任何图形艺术设计都要大得多。

另外，以下设计原则应该贯穿整个设计，这样才能够得到比较好的作品。

VI中标志设计要素与一般商标不同，最重要的区别在于VI中设计要素是借以传达企业理念、企业精神的重要载体，而脱离了企业理念、企业精神的符号只能称作普通的商标而已。优秀的VI设计无不是在表达企业理念方面取得成功的。

设计应在详尽明了设计对象的使用目的、适用范畴及有关法规等有关情况和深刻领会其功能性要求的前提下进行。

★ 设计要符合作用对象的直观接受能力、审美意识、社会心理和禁忌。

★ 构思须慎重，力求深刻、巧妙、新颖、独特，表意准确，能经受住时间的考验。

★ 构图要凝练、美观，有艺术性。

★ 色彩要单纯、强烈、醒目。

在各应用项目中，标志运用最频繁，它的通用性便不可忽视。标志除适应商品包装、装潢外，还要适宜电视传播、霓虹灯装饰、建筑物、交通工具等，以及各种工艺制作及有关材料，包括各种压印、模印、丝网印和彩印等，在任何使用条件下确保其清晰、可辨。

总之，遵循图形设计的艺术规律，创造性地设计出能够完美表现企业经营理念、性质的标志，锤炼出具有高度美感的标志，是标志设计艺术追求的准则。

3.1.3 标志的常用设计手法

1. 重复

重复手法是指在标志中多次利用相同或相似的元素，并以一定的规律进行位置、颜色上的调整，给人以一种节奏感和秩序感，如图3.2所示。

图3.2 重复设计手法示例

2. 重叠

在一个标志设计作品中，我们可以使用很多元素，以获得千变万化的标志设计，此时往往需要将几个元素重叠在一起摆放，以构成新的图像，并能够让标志更加层次化、

立体化，如图3.3所示。

图3.3 重叠设计手法示例

3. 对比

在标志设计中，一个恰当的对比，可以给人留下很深刻的印象。从数量上来说，我们可以采用一种或多种元素进行对比，而在对比的形式上则比较多样化，比如大小、色彩、位置及方向等，以强调同一种造型中不同部分的差异性，如图3.4所示。

4. 对称

对称是构成形式美最常见也最常用的法

则之一，简单来说，就是力求标志中的元素以均衡的形态展现出来，如图3.5所示。

图3.4 对比设计手法示例

图3.5 对称设计手法示例

5. 渐变

渐变主要是以某一元素作为基础，可以是形态、色彩及数量等，在不发生根本性变化的同时进行过渡，比如从大到小、从某一颜色过渡到另外一个颜色等，如图3.6所示。

图3.6 渐变设计手法示例

6. 突破

简单来说，突破手法是以中规中矩的元素作为基础，然后在某一个位置做突破性的

变化处理，使这一部分变得更加引人注目，如图3.7所示。

图3.7 突破设计手法示例

7. 连形

又称为连接、一笔手法，较常见于文字型标志中，即将文字的笔画连接在一起，从始至终连绵不断、一气呵成，如图3.8所示。

图3.8 一笔设计手法示例

8. 维度

带有维度的事物总能给人以强烈的立体感和空间感，因此在视觉上很容易抓住人们的目光，如图3.9所示。

图3.9 维度设计手法示例

3.2 图形对象的基本属性设置

在Illustrator中，对象的基本属性设置主要包括填充与描边两部分，并可以为其设置多种多样的属性。为了便于后面知识的讲解，这里先介绍最基本的纯色填充与描边的方法。

3.2.1 用工具箱设置填充

要使用工具箱为对象设置纯色填充，可以先使用选择工具 单击对象以将其选中，然后双击工具箱中的填充色块，在弹出的"拾色器"中选择颜色，如图3.10所示，然后单击"确定"按钮即可。

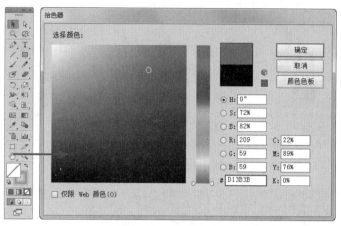

图3.10 设置填充色

3.2.2 用工具箱设置描边

要使用工具箱为对象设置纯色描边，可以先使用选择工具 单击对象以将其选中，然后双击工具箱中的描边色块，在弹出的"拾色器"中选择颜色，如图3.11所示，然后单击"确定"按钮即可。

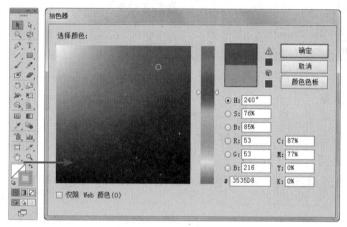

图3.11 设置描边色

3.2.3 实战演练：祥和.如意居标志设计

在本例中，将利用设置填充色及描边色功能，设计祥和.如意居的标志。

01 打开随书所附光盘中的文件"\第3章\3.2.3实战演练：祥和.如意居标志设计-素材.ai"，如图3.12所示。下面来为该标志设置颜色。

02 使用选择工具 选中鱼头位置的图形，如图3.13所示。

图3.12 素材图形

图3.13 选中图形

03 双击工具箱底部的填充颜色块，在弹出的对话框中设置其颜色值为E50011，如图3.14所示。

04 单击"确定"按钮退出对话框，以改变选中图形的填充色，如图3.15所示。

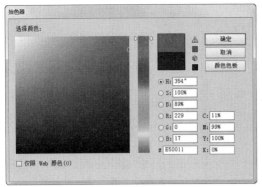

图3.14 设置颜色

图3.15 设置后的颜色

05 分别选中鱼身后面的几个图形，分别设置其填充色的颜色值为EC7F32、FBD000、AACD2B和009E3F，得到图3.16所示的效果。

06 下面来设置鱼身上3个线条的颜色。首先选择从左下角至右上角的线条，然后双击工具箱底部的描边色块，设置弹出的对话框，如图3.17所示。

07 单击"确定"按钮退出对话框，得到图3.18所示的效果。

图3.16 设置颜色后的效果

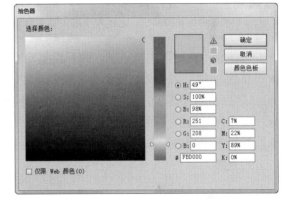

图3.17 设置颜色

08 按照第6~7步中的方法，再为另外2个线条设置颜色，得到图3.19所示的效果。

图3.18 设置后的颜色

图3.19 最终效果

3.3 线条工具

3.3.1 直线段工具

直线段工具 ✏ 是Illustrator中最简单的线条绘制工具，其快捷键为"\"。在将光标置于要绘制线条的起始点后，光标变为 ┽ 状态，然后按住鼠标拖动，到需要的位置释放鼠标，即可绘制一条任意角度的直线。

　　使用直线段工具 ⁄ 在画板中单击，将弹出图3.20所示的对话框，在其中可以设置绘制的参数。

图3.20　"直线段工具选项"对话框

　　"直线段工具选项"对话框中的参数及直线段工具 ⁄ 的使用技巧如下所述。

★　长度：在此文本框中，可设置绘制直线的长度。

★　角度：在后面的图示中拖动或在文本框中输入数值，可改变绘制直线的角度。

★　弧线填色：选中此选项后，将会为绘制得到的弧线设置当前定义的填充色。若当前的填充色为无，则绘制得到的弧线填充色也为无。

> **提 示**
>
> 以下各种快捷键操作，也适用于很多其他的绘图工具，笔者将不再一一介绍，读者可自行尝试操作。

★　按住Shift键后再进行绘制，即可绘制出水平、垂直或45度角及其倍数的直线。

★　按住Alt键可以以单击点为中心绘制直线。

★　按住Shift+Alt键则可以以单击点为中心绘制出水平、垂直或45度角及其倍数的直线。

★　在绘制过程中，可以按住～键，同时绘制出多条直线，如图3.21所示。

★　在绘制过程中，按空格键会停止正在绘制的直线，可以随意拖动，松开空格键可以继续绘制直线。

 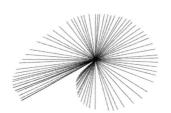 

图3.21　绘制多条直线

3.3.2　实战演练：东建世纪康城标志设计

　　下面将使用直线段工具 ⁄ 来完成东建世纪康城的标志设计。

01 打开随书所附光盘中的文件"\第3章\3.3.2 实战演练：东建世纪康城标志设计-素材.ai"，如图3.22所示。

东建 | 世纪康城

Century Healthy City

图3.22　素材图形

02 选择直线段工具 ⁄ ，在文字的左上方，按住Shift键从上至下绘制一条垂直直线，如图3.23所示。

03 在"控制"面板中修改线条的描边宽度 ，得到图3.24所示的效果。

图3.23　绘制线条　　　　　　　　　　　图3.24　设置线条粗细后的效果

04 保持线条为选中状态，在工具箱中双击描边色块，在弹出的对话框中设置其颜色值为942128，得到图3.25所示的效果。

05 按照第2~4步的方法，继续绘制其他的线条，得到图3.26所示的效果。

图3.25　设置颜色后的效果图　　　　　　图3.26　绘制其他线条后的效果

06 完成基本轮廓后，下面来制作另外一个颜色的线条。选中第1步中绘制的线条，按Ctrl+C快捷键进行复制，再按Ctrl+F快捷键进行原位粘贴，然后修改其颜色值为F39C1A，得到图3.27所示的效果。

07 使用选择工具 从下向上拖动控制框，以缩小黄色线条的高度，得到图3.28所示的效果。

图3.27　设置颜色后的效果　　　　　　　图3.28　修改线条高度后的效果

08 使用选择工具 按住Alt键拖动上一步调整后的黄色线条，将其拖至方框的中间，如图3.29所示。

09 至此，已经完成了一个图形的制作，下面来制作另外3个图形。使用选择工具 拖动一个选择框，如图3.30所示，以将当前图形选中，如图3.31所示。

图3.29　复制线条后的效果　　　　　　　　　　图3.30　绘制选择框

10 使用选择工具 按住Alt+Shift快捷键向右侧拖动，以创建得到其副本，如图3.32所示。

图3.31　选中多个对象　　　　　　　　　　　图3.32　向右复制对象

11 选择"窗口－变换"命令，以调出"变换"面板，单击其面板按钮 ，在弹出的菜单中选择"水平翻转"命令，如图3.33所示，得到图3.34所示的效果。

图3.33　水平翻转后的效果　　　　　　　　　图3.34　翻转后的效果

12 按键盘上的向下光标键多次，以调整其位置，如图3.35所示。

图3.35　移动对象位置　　　　　　　　　　　图3.36　调整颜色后的效果

13 使用选择工具 ⬆，分别选中复制得到的图形中的各个线条，将其中原来的红色修改为黄色，将原来的黄色线条改为红色，得到图3.36所示的效果。

14 按照第9~10步的方法，选中现有的2个图形，并向右侧复制，得到图3.37所示的最终效果。

图3.37 最终效果

3.3.3 弧形工具

弧线工具 ⌒ 是用来绘制各种开放或者闭合的圆弧的工具，用户可以在文档中拖动以绘制出弧形，例如图3.38所示是拖动以绘制弧形时的状态，图3.39所示是绘制得到的弧线效果。

图3.38 绘制弧线

使用弧线工具 ⌒ 在画板中单击，将弹出图3.40所示的对话框，在其中可以设置绘制的参数。

"弧线段工具选项"对话框中的参数及弧线工具 ⌒ 的使用技巧如下所述。

★ X/Y轴长度：在此可以设置弧线的宽度与高度。

图3.39 绘制得到的线条

图3.40 "弧线段工具选项"对话框

★ 类型：在此下拉列表中，可以选择绘制的弧线为"开放"或"闭合"。在绘制过程中，也可以按C键在这两个选项之间进行切换。

★ 基线轴：在此下拉列表中，可以选择以X轴或Y轴作为弧线的基线轴。在绘制过程中，也可以按F键在这两个选项之间进行切换。

★ 斜率：拖动此滑块或输入数值，可以设置其凸出或凹陷的强度。在绘制过程中，可以按向上或向下方向键改变斜率。其数值范围为−100~100。数值小于0时，弧形为凹，数值大于0时，弧形为凸，等于0时没有凹凸，为直线。图3.41所示的两条弧线是分别以不同斜率绘制得到的线条。

★ 弧线填色：选中此选项后，将会为绘制

得到的弧线设置当前定义的填充色。若当前的填充色为无，则绘制得到的弧线填充色也为无。

按住～键可以在同时得到多条弧线，图3.42所示是连续绘制多个线条后的状态。

图3.41　绘制不同弧度的线条

图3.42　绘制多个线条

3.3.4　螺旋线工具

螺旋线工具 用于绘制各种螺旋线，是一种复杂优美的曲线，可以构成优美简

洁的图案。选中此工具后直接在画板内拖动即可。

使用弧线工具 在画板中单击，将弹出图3.43所示的对话框，在其中可以设置绘制的参数。

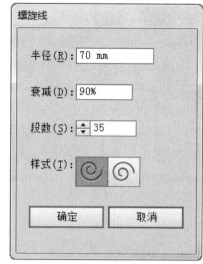

图3.43　"螺旋线"对话框

"螺旋线"对话框中的参数及螺旋线工具 的使用技巧如下所述。

★ 半径：在此文本框中可以设置螺旋线的大小。

★ 衰减：在此文本框中，可以设置螺旋线在收缩时的衰减程度。在绘制过程中，可用按住Ctrl+Shift快捷键并拖动的方式来调整此参数。

★ 段数：用于控制螺旋形中相差的比例，数值越小也就是百分比越小，就意味着螺旋形之间的差距越小。在绘制过程中，可按向上或向下方向键来调整其段数。

★ 样式：选择所绘制的螺旋线顺时针或者逆时针。在绘制过程中，可以按R键在这两个选项之间切换。

3.3.5　实战演练：娆美妆标志设计

在本例中，将以螺旋线工具 为主，设计娆美妆女性用品的标志，其操作步骤如下所述。

01 打开随书所附光盘中的文件"\第3章\3.3.5 实战演练：娆美妆标志设计-素材.ai"，如图3.44所示。

02 选择螺旋线工具 并在画板中单击，设置弹出的对话框，如图3.45所示。

03 单击"确定"按钮退出对话框，得到图3.46所示的线条效果。

图3.44 素材图形　　　　　图3.45 "螺旋线"对话框　　　　　图3.46 创建得到的螺旋线

04 使用选择工具 选中上一步绘制的螺旋线，然后将光标置于控制框的右上角，如图3.47所示。

05 按住鼠标左键将其逆时针旋转一定角度，使其起始位置与素材图形连接在一起，再适当调整其位置，得到图3.48所示的效果。

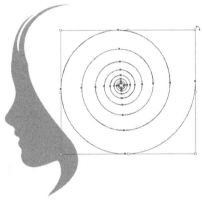

图3.47 选中螺旋线　　　　　　　　　图3.48 调整线条的角度

06 按F5键显示"画笔"面板，并在其中选择图3.49所示的画笔，得到图3.50所示的效果。

07 保持上一步设置了画笔后的对象为选中状态，然后选择"对象－路径－轮廓化描边"命令，以将原来的路径转换成为图形，如图3.51所示。

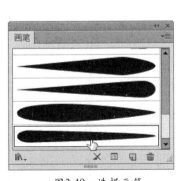

图3.49 选择画笔　　　　图3.50 得到的螺纹线效果　　图3.51 将描边转换为填充后的状态

08 设置上一步转换的图形的填充色为76AD2C，描边色为无，得到图3.52所示的效果。图3.53所示是将螺旋图形设置为渐变填充并添加文字后的效果，读者在学习了相关知识后可以尝试制作。

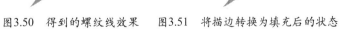

图3.52　设置填充色后的效果　　　　　　　　图3.53　设置渐变填充后的效果

3.3.6　矩形网格工具

矩形网格工具▦可以绘制各种矩形网格，用户可以在工作页面上单击，并以对角线方向拖动鼠标，得到需要的图形后松开鼠标，便可绘制出一个矩形网格图形。

使用矩形网格工具▦在画板中单击，将弹出图3.54所示的对话框，在其中可以设置绘制的参数。

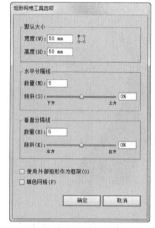

图3.54　"矩形网格工具选项"对话框

"矩形网格工具选项"对话框中的参数及矩形网格工具▦的使用技巧如下所述。

★　默认大小：在此区域中，可设置矩形网格的宽度和高度。

★　水平分隔线：设置"数量"数值，可以控制水平分隔线的数量，按向左或向右方向键，可减少、增加水平分隔线的数量；设置"倾斜"数值，可控制分隔线与网格水平边缘的倾斜比例，该数值越大，则每条分隔线偏移的数值就越大。在绘制过程中，按F键可使水平网格线之间的距离由下向上以10％为增量递增，按V键可使水平网格线之间的距离由下往上以10％为增量递减。图3.55所示是在其他参数不变的情况下，设置不同"倾斜"数值时绘制得到的结果。

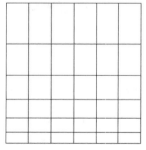 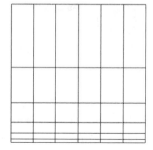 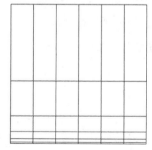

图3.55　设置不同"倾斜"数值时的绘制结果

★　垂直分隔线：该区域中的参数功能用于垂直分隔线，其功能与"水平分隔线"区域中的参数功能相同。在绘制过程中，按X键可使垂直网格线的间距由左至右以10%为增量递增，按C键可使垂直网格线的间距由左至右以10%为增量递减。

★ 使用外部矩形作为框架：选中此选项时，可使用最外部的水平与垂直分隔线，构成一个矩形，从而可以为其设置填充及描边颜色。

3.3.7 实战演练：福星·城市花园标志设计

在本例中，将主要使用矩形网格工具设计福星·城市花园的标志，其操作步骤如下所述。

01 打开随书所附光盘中的文件"\第3章\3.3.7 实战演练：福星·城市花园标志设计-素材.ai"，如图3.56所示。

图3.56 素材图形

02 选择矩形工具在文字的上方绘制一个与文字宽度基本相同的矩形，并设置其填充色的颜色值为004B9A，描边色为无，得到图3.57所示的效果。

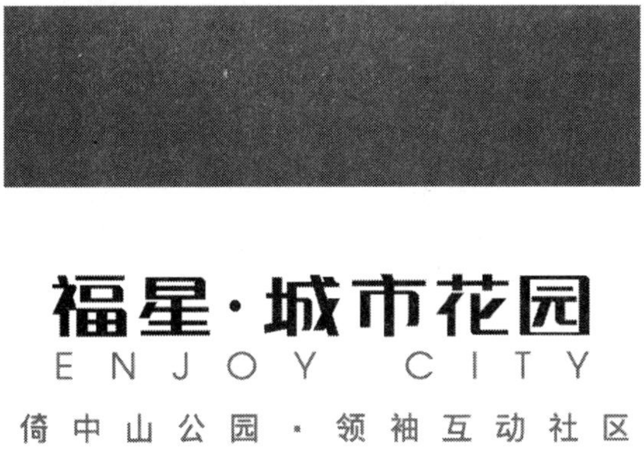

图3.57 绘制蓝色矩形

03 为避免误操作，此时可显示"图层"面板，并锁定其中的"图层2"，然后新建得到"图层3"，以继续绘制其他图形。

04 按D键将填充色和描边色恢复为默认值，使用矩形网格工具在画板中单击，设置弹出的对话框，如图3.58所示，单击"确定"按钮，使用选择工具将创建得到的矩形网格置于蓝色矩形内，如图3.59所示。

05 选中矩形网格，选择"对象－路径－轮廓化描边"命令，以将其中的描边转换为图形。

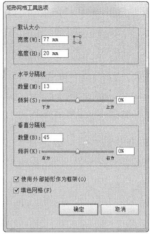

图3.58 "矩形网格工具"对话框

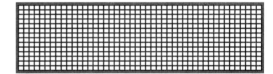

图3.59 绘制并摆放矩形网格

06 保持矩形网格的选中状态，选择"窗口－路径查找器"命令以显示该面板，并单击图3.60所示的按钮，得到图3.61所示的效果。

图3.60 "路径查找器"面板

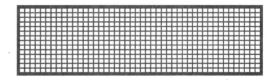

图3.61 运算后的矩形网格

07 设置运算后的网格填充色的颜色值为0068B7，描边色为无，得到图3.62所示的效果。然后按Ctrl+Shift+G快捷组合键取消当前矩形网格的编组状态。

图3.62　设置颜色后的效果

图3.63　拖动选择框

08 使用选择工具 ![]拖动出一个选择框，如图3.63所示，以选中左上方的部分矩形块，如图3.64所示。

09 按Delete键删除选中的矩形块，得到图3.65所示的效果。

图3.64　选中的矩形

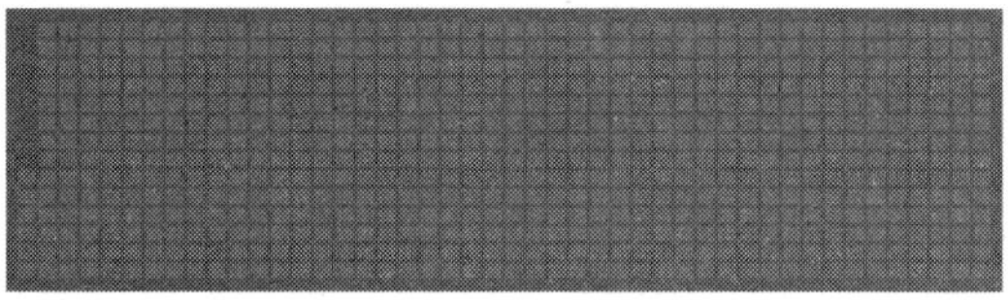

图3.65　删除矩形后的效果

10 按照第8~9步的方法，继续选中、删除其他的矩形并得到类似图3.66所示的效果。

11 最后，结合矩形工具 ![]和椭圆工具 ![]在其中绘制其他不同颜色的图形，直至得到图3.67所示的最终效果。

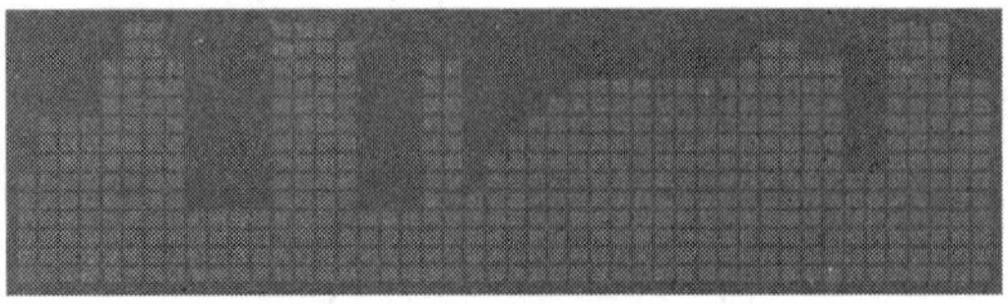

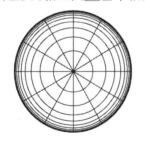

图3.66　删除其他对象后的效果

图3.67　最终效果

3.3.8　极坐标网格工具

使用极坐标网格工具 ![]可以绘制出类似经纬线的网格图形，其绘制方法、快捷键的使用等，都与矩形网格工具 ![]基本相同，图3.68所示是绘制得到的不同的极坐标网格。

图3.68　绘制完成的极坐标网格

3.3.9　实战演练：宏马财务标志设计

在本例中，将主要使用极坐标网格工具 ![]来设计宏马财务的标志，其操作步骤如下所述。

01 按Ctrl+N快捷键新建一个文档，设置弹出的对话框，如图3.69所示，单击"确定"按钮退出对话框。

图3.69 "新建文档"对话框

02 按D键将填充色和描边色恢复为默认值，然后使用极坐标网格工具 ⊚ 在画板中单击，设置弹出的对话框，如图3.70所示。

图3.70 "极坐标网格工具选项"对话框

03 单击"确定"按钮退出对话框，得到图3.71所示的极坐标网格。

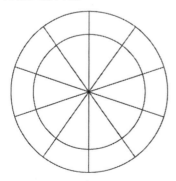

图3.71 创建得到的网格

04 按Ctrl+Shift+G快捷组合键取消当前网格的编组状态，再使用选择工具 ▶ 选中外围的圆环，如图3.72所示。

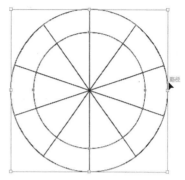

图3.72 选中圆环

05 设置圆环的填充色的颜色值为008D86，描边色为无，得到图3.73所示的效果。

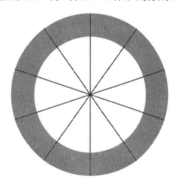

图3.73 设置颜色后的效果

06 下面来编辑放射状的线条，首先应使用选择工具 ▶ 将其选中，如图3.74所示。

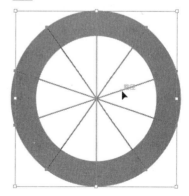

图3.74 选中放射线

07 在"控制"面板中设置其"描边"数值 描边 ⬧ 4 pt ▼ ，得到图3.75所示的效果。

08 保持放射状线条的选中状态，选择"对象—路径—轮廓化描边"命令，从而将其转换为图形，得到图3.76所示的效果。

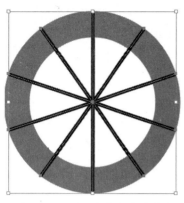

图3.75 设置线条宽度后的效果

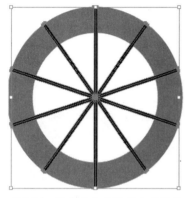

图3.76 转换线条为图形后的效果

09 按Ctrl+A快捷键选中当前所有的对象，选择"窗口－路径查找器"命令以显示该面板，并单击图3.77所示的按钮，得到图3.78所示的效果。

10 最后，在图形的中间绘制线条并输入字母及文字，得到图3.79所示的最终效果。

图3.77 "路径查找器"面板

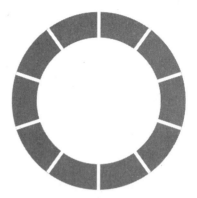

图3.78 运算后的效果

图3.79 最终效果

3.4 几何图形工具

3.4.1 矩形工具

矩形工具 是最常用的几何图形绘制工具之一，下面就来讲解其绘制方法。

选择矩形工具 后，此时光标变为 状态，在页面中按住鼠标左键拖动，即可绘制一个矩形，矩形图形的一个角由开始拖动的点所决定，而对角的位置则由释放鼠标键的点确定。

若要以精确的尺寸绘制矩形，可以在选择矩形工具 后，在文档中单击，将弹出"矩形"对话框，如图3.80所示。

图3.80 "矩形"对话框

"矩形"对话框中的参数解释如下所述。

★ 在"宽度"和"高度"文本框中分别输入数值，单击"确定"按钮，将按照所设置的宽度与高度数值创建一个矩形。

★ 约束宽度和高度比例按钮⬙：选中此按钮时，将变为⬙状态，修改"宽度"或"高度"任意一个数值时，另外一个数值也随之发生变化；若未选中此按钮，则其状态为⬚，此时可任意修改"宽度"与"高度"数值。

3.4.2 实战演练：渡一堤旅行网标志设计

在本例中，将主要使用矩形工具▣来设计渡一堤旅行网的标志，其操作步骤如下所述。

01 按Ctrl+N快捷键新建一个文档，设置弹出的对话框，如图3.81所示，单击"确定"按钮退出对话框。

02 使用矩形工具▣按住Shift键在画板中绘制一个正方形。

03 使用选择工具▶选中上一步绘制的矩形，将光标置于其右上角，直至光标变为图3.82所示的状态。

04 按住Shift键将矩形逆时针旋转45度，得到图3.83所示的效果。

图3.81 "新建文档"对话框

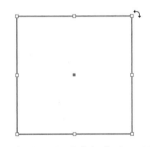

图3.82 摆放光标位置

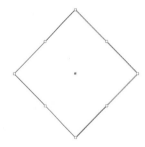

图3.83 旋转后的矩形

05 设置矩形的填充色的颜色值为C30D22，描边色为无，得到图3.84所示的效果。

06 按照第2~5步的方法再绘制一个正方形，并旋转其角度，注意在旋转角度时，可不用按住Shift键，并将正方形微旋转一些角度即可，设置其填充色的颜色值为8A5992，描边色为无，得到图3.85所示的效果。

07 按照上一步的方法，再绘制其他的多个矩形，并为其设置不同的角度及颜色，得到图3.86所示的效果。

图3.84 设置颜色后的效果　　　图3.85 制作另外一个矩形　　　图3.86 制作其他矩形后的效果

08 下面来将中间的红色矩形调整至最顶部。使用选择工具▶选中中间的红色矩形，如图3.87所示。

09 按Ctrl+Shift+]快捷组合键将其移至最顶部，得到图3.88所示的效果。

图3.87　选中红色矩形

图3.88　调整顺序后的效果

🔟 下面来为红色矩形以外的小矩形设置透明效果。按Ctrl+A快捷键选中所有对象，再使用选择工具 🔺 ，在按住Shift键的情况下，单击中间的红色矩形，以取消其选中状态，如图3.89所示。

⓫ 选择"窗口—透明度"命令以显示该面板，在其中设置其"不透明度"参数，如图3.90所示，得到图3.91所示的效果，图3.92所示是输入相关文字后得到的最终效果。

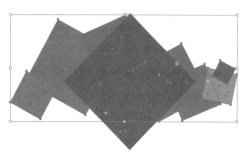

图3.89　选中多个矩形

图3.90　"透明度"面板

图3.91　调整"不透明度"后的效果

图3.92　最终效果

3.4.3　圆角矩形工具

　　选择圆角矩形工具 ▣ ，可以绘制圆角矩形，其使用方法及参数基本与矩形工具 ▣ 相似。不同的是，圆角矩形工具 ▣ 多了一个"圆角半径"选项，如图3.93所示，在该数值框中输入数值，可以设置圆角的半径值。数值越大，角度越圆滑，如果该值为0，就可创建矩形。

　　另外，在绘制过程中，可以按向上、向下光标键，以调整圆角的大小。

图3.93　"圆角矩形"对话框

3.4.4 实战演练：12生树标志设计

在本例中，将主要使用圆角矩形工具▣设计12生树的标志，其操作步骤如下所述。

01 按Ctrl+N快捷键新建一个文档，设置弹出的对话框，如图3.94所示，单击"确定"按钮退出对话框。

02 设置填充色的颜色值为EF820A，描边色为无，使用圆角矩形工具▣在画板中单击，设置弹出的对话框，如图3.95所示。

03 单击"确定"按钮退出对话框，得到图3.96所示的圆角矩形。

图3.94 "新建文档"对话框

图3.95 "圆角矩形"对话框

图3.96 创建得到的圆角矩形

04 使用选择工具▶，按住Alt键向左上方拖动圆角矩形，以创建得到其副本，如图3.97所示。

05 将光标置于上一步复制的圆角矩形的左上方控制句柄上，如图3.98所示。

06 按住Shift键缩小圆角矩形，得到图3.99所示的效果。

图3.97 向左上方复制圆角矩形

图3.98 摆放光标位置

图3.99 缩小圆角矩形

07 按照第4~6步的方法，向上、下位置分别复制一个圆角矩形，并适当调整其大小，直至得到类似图3.100所示的效果。

08 按Ctrl+A快捷键选中所有的图形，按Ctrl+G快捷键将其编组，以便于后面对其进行操作。

09 按照第4~6步的方法，分别向各个方向复制矩形群组，并分别为其指定黄、绿、蓝、灰等颜色，直至得到类似图3.101所示的效果。

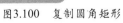

图3.100 复制圆角矩形

图3.101 复制多个图形组

10 下面来制作各对象的透明效果。按Ctrl+A快捷键全选画板中的所有对象，选择"窗口－透明度"命令以显示该面板，在其中设置其"不透明度"参数，如图3.102所示，得到图3.103所示的效果。

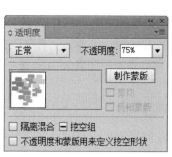

图3.102 设置"不透明度"参数

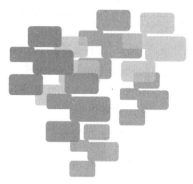

图3.103 透明效果

11 下面来制作所有图形的倾斜效果。按Ctrl+A快捷键全选画板中的所有对象,选择倾斜工具 并将光标置于所有对象的右侧,然后按住Shift键向上拖动,如图3.104所示。

12 释放光标键完成倾斜处理,得到图3.105所示的效果。图3.106所示是添加文字后的最终效果。

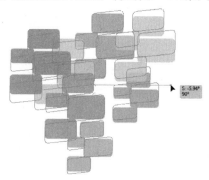

图3.104 倾斜对象

图3.105 倾斜后的效果

图3.106 最终效果

3.4.5 椭圆工具

"椭圆工具" 可以绘制正圆或椭圆形,其使用方法与矩形工具 基本相同,图3.107所示就是一些以圆形为主的作品。

图3.107 以圆形为主的作品

3.4.6 实战演练：oinkgreek标志设计

在本例中，将主要使用椭圆工具 设计oinkgreek的标志，其操作步骤如下所述。

01 按Ctrl+N快捷键新建一个文档，设置弹出的对话框,如图3.108所示，单击"确定"按钮退出对话框。

02 首先来制作标志的背景方块图形。设置填充色的颜色值为EF820A，描边色为无，使用矩形工具在画板中单击，设置弹出的对话框，如图3.109所示。

03 单击"确定"按钮退出对话框，得到图3.110所示的矩形。

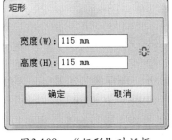

图3.108 "新建文档"对话框　　　　图3.109 "矩形"对话框　　　　图3.110 创建得到的矩形

04 为了便于操作，可锁定当前的"图层1"，然后新建得到"图层2"。按D键将填充及描边属性恢复为默认，选择矩形工具并绘制得到图3.111所示的矩形。

05 设置上一步绘制的矩形的描边为6pt 描边 6 pt ，得到图3.112所示的效果。

06 下面来绘制眼睛。选择椭圆工具，设置其填充色为285EA3，描边色为无，按住Shift键在镜框内绘制眼睛图形，如图3.113所示。

图3.111 绘制矩形　　　　图3.112 设置描边后的效果　　　　图3.113 绘制椭圆

07 按照上一步的方法，分别以18254A和白色绘制圆形，得到图3.114所示的效果。

08 按Ctrl+A快捷键全选所有对象，使用选择工具，按住Alt+Shift快捷键向右侧拖动，以创建其副本，如图3.115所示。

图3.114 绘制完成后的眼睛　　　　图3.115 向右复制图形

09 保持上一步复制得到的对象为选中状态，显示"变换"面板，并在其面板菜单中选择"水平翻转"命令，如图3.116所示，得到图3.117所示的效果。

图3.116 选择"水平翻转"命令　　　　图3.117 翻转后的效果

10 设置填充色为黑色，描边色为无，使用矩形工具 在两个眼镜之间绘制一个连接的矩形，如图3.118所示。

11 下面来绘制标志中的鼻子部分。选择椭圆工具 ，设置其填充色为无，描边色为黑色，描边粗细为6pt，然后绘制得到图3.119所示的椭圆。

12 下面来让椭圆与眼镜框之间进行运算。首先，选中上一步绘制的椭圆，按Ctrl+C快捷键作为备用，然后按住Shift键选择右侧的眼镜框，如图3.120所示。

图3.118 绘制连接矩形　　　图3.119 绘制椭圆框　　　图3.120 选中2个对象

13 显示"路径查找器"面板，并单击图3.121所示的按钮，得到图3.122所示的运算结果。

图3.121 "路径查找器"面板　　　图3.122 运算后的效果

14 按Ctrl+F快捷键将第12步复制的椭圆进行原位粘贴，并按照第12~13步的方法进行运算，得到图3.123所示的效果。

15 选中左、右两个眼镜框，并按Ctrl+Shift+[快捷组合键将其调整至底部，以显示出原来的眼睛图形，如图3.124所示。

16 按Ctrl+F快捷键就第12步复制的椭圆进行原位粘贴，得到图3.125所示的效果。

图3.123　运算另一个眼镜框后的效果　图3.124　调整顺序后的效果　图3.125　粘贴椭圆框后的效果

17 下面来绘制标志中的鼻孔。使用椭圆工具 ，绘制一个竖向的椭圆形。再选择选择工具 ，并将光标置于控制框的任意一个边角，然后将其顺时针旋转一定角度，得到类似图3.126所示的效果。

18 按Ctrl+C快捷键复制倾斜的椭圆，按Ctrl+F快捷键进行原位粘贴，然后使用选择工具 拖动控制框，以放大该椭圆，如图3.127所示。

19 显示"透明度"面板，并为放大后的椭圆设置参数，如图3.128所示，得到图3.129所示的效果。

  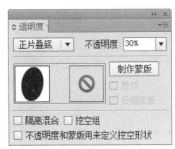

图3.126　绘制并旋转椭圆　图3.127　放大椭圆　图3.128　"透明度"面板

20 按照第8~9步的方法，向右复制鼻孔图形并水平翻转，得到图3.130所示的效果。

21 最后，结合钢笔工具 及文字工具 ，绘制眼镜腿并输入文字，得到图3.131所示的最终效果。

 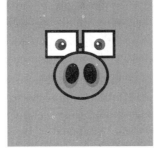 

图3.129　设置模式与不透明度后的效果　图3.130　复制后的效果　图3.131　最终效果

3.4.7　多边形工具

使用多边形工具 可以绘制多边形，使用多边形工具 在文档中单击，将弹出"多边形"对话框，如图3.132所示，在其中可以指定多边形的"半径"与"边数"。

图3.132　"多边形"对话框

3.4.8 实战演练：Covenant标志设计

在本例中，将主要使用椭圆工具 设计Covenant的标志，其操作步骤如下所述。

01 按Ctrl+N快捷键新建一个文档，设置弹出的对话框，如图3.133所示，单击"确定"按钮退出对话框。

02 使用多边形工具 按住Shift键在文档中绘制一个默认颜色的六边形，如图3.134所示。

03 下面来设置多边形的填充色，显示"渐变"面板，并为其设置填充色为渐变，如图3.135所示，再设置其描边色为无，得到图3.136所示的效果。

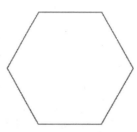

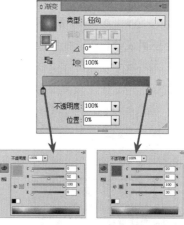

图3.133 "新建文档"对话框   图3.134 绘制的六边形   图3.135 设置渐变填充色

04 下面来制作多边形内部的线条。选中当前的矩形，按Ctrl+C快捷键进行复制，再按Ctrl+F快捷键进行原位粘贴，然后将光标置于右上角，并按住Shift键将其缩小，得到类似图3.137所示的效果。

05 设置副本多边形的填充色为无，描边色为白色，描边粗细为1pt，得到图3.138所示的效果。

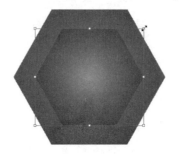

图3.136 填充渐变后的效果   图3.137 缩小多边形   图3.138 修改颜色后的效果

06 按照第4~5步的方法，再向内复制2个多边形，其中，最内部的多边形的填充色为白色，描边色为无，得到图3.139所示的效果。

07 最后，使用矩形工具 从多边形的中心向外部绘制矩形，得到图3.140所示的效果。图3.141所示是输入标志文字后的最终效果。

图3.139 制作另外2个多边形   图3.140 绘制白色矩形   图3.141 最终效果

3.4.9 星形工具

使用星形工具 ☆ 可以绘制星形，使用星形工具 ☆ 在文档中单击，将弹出"星形"对话框，如图3.142所示，在其中可以设置星形的半径和角点数。

图3.142 "星形"对话框

"星形"对话框中的参数解释如下所述。

★ 半径1/2：在此设置参数，可改变星形外部与内部的半径值。在绘制过程中，按住Alt键可保持这两个半径之间的比例。例如图3.143所示是绘制得到的图形。

图3.143 按住Alt键绘制的星形

★ 角点数：该数值可设置星形的边数。在绘制过程中，按上、下光标键可改变角点数。

3.4.10 实战演练：Dearmtree标志设计

在本例中，将主要使用星形工具 ☆ 设计Dearmtree的标志，其操作步骤如下所述。

01 按Ctrl+N快捷键新建一个文档，设置弹出的对话框，如图3.144所示，单击"确定"按钮，退出对话框。

02 首先来制作标志的背景方块图形。设置填充色的颜色值为3E5027，描边色为无，使用矩形工具 ▢ 在画板中单击，设置弹出的对话框，如图3.145所示。

03 单击"确定"按钮，退出对话框，得到图3.146所示的矩形。

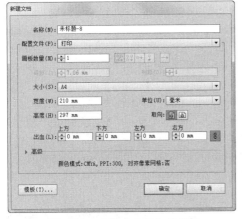

图3.144 "新建文档"对话框

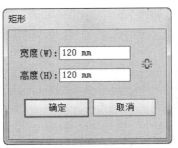

图3.145 "矩形"对话框

图3.146 创建得到的矩形

04 下面来绘制标志中的星形。选择星形工具 ☆ ，设置其填充色为EDEF9F，描边色为无，按住Alt+Shift快捷键绘制一个五角星形，如图3.147所示。

05 使用选择工具 按住Alt键向右上方拖动星形，以得到其副本，如图3.148所示。

06 将光标置于控制框的右上角，并按住Shift键，对星形进行缩放，并适当调整其位置，得到图3.149所示的效果。

图3.147　绘制星形

图3.148　复制星形

图3.149　缩小并调整星形位置

07 按照第5~6步的方法，继续复制星形并缩放其大小，然后适当调整其位置，直至得到类似图3.150所示的效果。

08 最后，结合钢笔工具 、矩形工具 及文字工具 添加其他图形，完成后的效果如图3.151所示。

图3.150　制作得到多个星形的效果

图3.151　最终效果

3.4.11　光晕工具

光晕工具 是可以绘制出具有光辉闪耀效果的工具。在绘制时，可在合适的地方按住鼠标左键并拖动，鼠标单击点就是中心句柄，而鼠标拖动的距离为射线的长度，如图3.152所示，再继续使用此工具在光晕中心拖动，即可创造出光斑效果，如图3.153所示。

图3.152　绘制光晕

图3.153　调整得到光斑

双击光晕工具 或在画板中单击，打开"光晕工具选项"对话框，如图3.154。

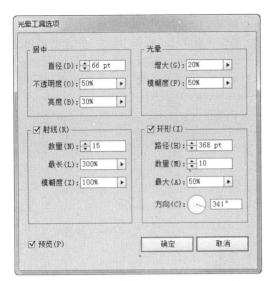

图3.154 "光晕工具选项"对话框

与所有射线平均长度的百分比；"模糊度"参数用于控制射线的模糊程度。

★ 环形："路径"是指以光晕中心和最圆的光环间的距离；"数量"是指光环的数目；"最大"是指最大光环的大小与所有光环平均大小的百分比。"方向"是指光环的角度，从0~360度。

图3.155 以不同直径绘制时的效果对比

★ 居中："直径"参数可以指定为0~1000pt间的数值，数值越大，光晕图形的明亮部分也越大；"不透明度"和"亮度"的值均为0~100%，可控制光晕的透明与亮度属性。图3.155所示是以不同直径绘制时的效果对比。

★ 光晕："增大"参数越大，光晕越大；"模糊度"参数越大，模糊程度越高。

★ 射线："数量"参数用于控制射线的数量；"最长"参数用于控制射线的长度

3.5 任意图形工具

在Illustrator中，使用画笔工具 ✐、铅笔工具 ✐ 和钢笔工具 ✐ 可以自由地绘制图形。在本节中，就来讲解这3个工具的使用方法。

3.5.1 画笔工具与铅笔工具

在Illustrator中，画笔工具 ✐ 与铅笔工具 ✐ 的功能基本相同，二者都可以按照用户拖动的轨迹绘制路径，并通过设置其保真度及平滑度等属性，实现简单、方便和灵活的绘图操作。区别在于，使用画笔工具 ✐ 绘制的路径，默认情况下会应用"画笔"面板中的特殊画笔，而使用铅笔工具 ✐ 绘制的路径，默认是使用的普通描边效果，除此之外，二者的使用方法相同，下面将以铅笔工具 ✐ 为例讲解其使用方法。

> **提示**
> 关于"画笔"面板中特殊画笔的应用，可参见本书第10章的内容。

选择铅笔工具 ✐，在工作区单击并拖动鼠标便可绘制曲线。如果在绘制的过程中需要绘制闭合路径，可在单击拖动鼠标的同时按住Alt键，此时光标将变为 ✐ 状，释放鼠标后，路径的起点和终点将连接，形成闭合路径。如图3.156所示。

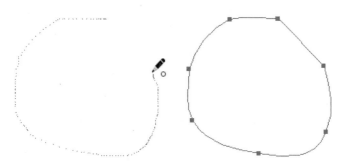

图3.156 绘制并得到闭合的路径

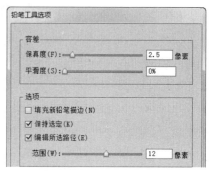

图3.157 "铅笔工具选项"对话框

双击铅笔工具 可调出其选项对话框，如图3.157所示。

★ 保真度：数值越大，所绘路径上的节点数目越少；反之数值越小，所绘路径上节点数目越多。

★ 平滑度：数值越大，路径越平滑，所绘路径与铅笔移动方向差别越大。

★ 填充新铅笔描边：默认为不选，选中该复选框后，所绘制的路径将以当前的前景色填充。

★ 保持选定：默认选定，绘制完的路径将保持选中状态。

★ 编辑所选路径：默认选定，绘制的路径可以继续编辑。拖动下方的"范围"或输入数值，可确定编辑时的范围。

3.5.2 使用钢笔工具绘制路径

在Illustrator中，钢笔工具可以说是最强大的绘图工具，使用它可以根据用户的需要自定义绘制直线、曲线、开放、封闭或多种形式相结合的路径，再通过为其设置填充与描边色，从而得到多种多样的线条或图形。

1. 绘制直线

要绘制直线路径，首先要将鼠标指针放置在绘制直线路径的起始点处，单击以定义第一个锚点的位置，在直线结束的位置处再次单击以定义第二个锚点的位置，两个锚点之间将创建一条直线路径，如图3.158所示。

图3.158 绘制直线路径

2. 绘制曲线

如果某一个锚点有两个位于同一条直

线上的控制手柄，则该锚点被称为曲线型锚点。相应地，包含曲线型锚点的路径被称为曲线路径。

要绘制曲线，首先单击创建一个锚点，在单击鼠标左键以定义第二个锚点时，按住鼠标左键不放，并向某方向拖动鼠标指针，此时在锚点的两侧出现控制手柄，拖动控制手柄直至路径线段出现合适的曲率，如图3.159所示，按此方法不断进行绘制，即可绘制出一段段相连接的曲线路径。

图3.159 绘制曲线

在拖动鼠标指针时，控制手柄的拖动方向及长度决定了曲线段的方向及曲率。除了在绘制过程中调整控制句柄的方向与长度外，用户也可以使用直接选择工具拖动控制句柄。

3. 绘制直线后接曲线

在使用钢笔工具绘制一条直线路径后，如图3.160所示，可以将光标移至下一个位置，按住鼠标左键不放，向任意方向拖动即可绘制曲线路径，如图3.161所示。

图3.160 绘制直线路径

图3.161 接曲线路径

4. 绘制曲线后接直线

要在绘制曲线路径后，继续绘制直线路径，需要将光标置于锚点上，当光标成 时，如图3.162所示，单击一下，此时则收回了一侧的控制句柄，如图3.163所示，然后继续绘制直线路径即可，如图3.164所示。

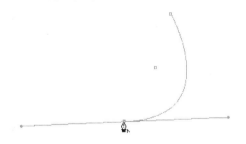

图3.162 摆放光标

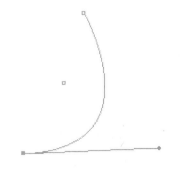

图3.163 去除一端的控制句柄

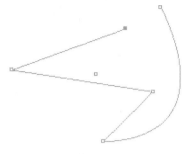

图3.164 在曲线后绘制直线

5. 绘制拐角曲线

拐角曲线是指由2个曲线组成的路径，但2条曲线之间有较大的拐角。绘制拐角曲线的方法与绘制曲线后接直线较为相似，只是在后面绘制直线时，改为绘制曲线，如图3.165所示。

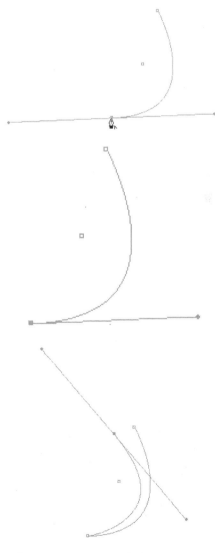

图3.165 绘制拐角曲线

6. 绘制封闭路径

所谓的封闭路径，是指路径的起始锚点与终止锚点连接在一起，形成一条封闭的路径，其绘制方法非常简单，用户可以在绘制到路径结束点时，将鼠标指针放置在路径起始点处，此时在钢笔光标的右下角处显示一个小圆圈，如图3.166所示，单击该处，即可使路径封闭，如图3.167所示。

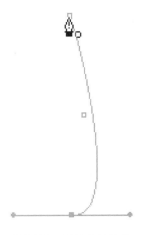

图3.166　摆放光标位置

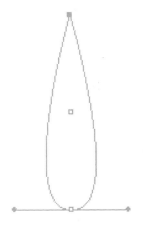

图3.167　绘制的封闭路径

7. 绘制开放路径

与封闭路径刚好相反，开放路径是指起始锚点与终止锚点没有连接在一起。要绘制开放路径，可在绘制完需要的路径后，执行以下操作之一。

按住Ctrl键以临时切换至直接选择工具，然后在空白处单击。该方法是放弃选中当前路径，因此执行此方法后，得到的开放路径为不选中状态。

随意再向下绘制一个锚点，然后按Del键删除该锚点，之后，整条路径保持选中状态。

3.5.3　实战演练：吉云网盘标志设计

在本例中，将主要使用钢笔工具设计吉云网盘的标志，其操作步骤如下所述。

01 按Ctrl+N快捷键新建一个文档，设置弹出的对话框，如图3.168所示，单击"确定"按钮退出对话框。

02 下面来绘制曲线图形。设置填充色的颜色值为017EBE，描边色为无，使用钢笔工具在画板中单击添加一个锚点，再在其左上方单击添加第2个锚点，如图3.169所示。

图3.168　"新建文档"对话框

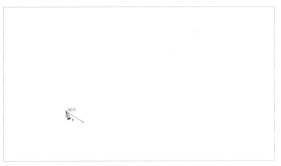

图3.169　绘制第2个锚点

03 将光标移至右侧，并按住鼠标左键向右下方拖动，以绘制曲线图形，如图3.170所示。

04 将光标置于第2步中绘制的第一个锚点上，并按住鼠标左键拖动，以闭合图形，并调整得到图3.171所示的效果。

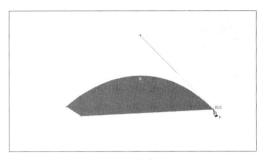

图3.170 绘制曲线

图3.171 闭合路径

05 下面来制作现有图形上的另一部分。设置填充色为其他任意色，描边色为无，按照前面讲解的绘制图形的方法，再绘制一个与原图形部分重叠的图形，如图3.172所示。

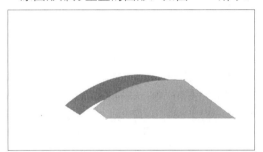

图3.172 绘制部分重叠的图形

06 使用选择工具 ▶ 选中底部的蓝色图形，按Ctrl+C快捷键进行复制，再按Ctrl+F快捷键进行原位粘贴。

07 选中一个蓝色图形及第5步中绘制的重叠图形，如图3.173所示。显示"路径查找器"面板，并在其中单击图3.174所示的按钮，以保留两个图形之间重叠的区域，得到图3.175所示的效果。

08 选中运算得到的图形，设置其填充色为7CC2E4，得到图3.176所示的效果。

09 使用选择工具 ▶ 选中现有的2个图形，然后按住Alt键进行拖动复制，并分别调整其大小、颜色，再输入相关的文字内容，直至

调整得到类似图3.177所示的效果。

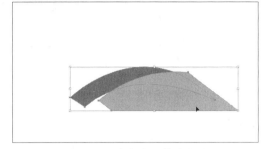

图3.173 选中要运算的图形

图3.174 "路径查找器"面板

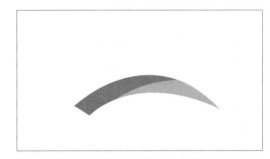

图3.175 运算后的效果

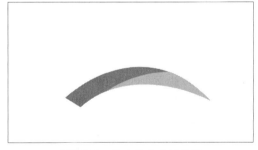

图3.176 修改颜色后的效果

图3.177 最终效果

73

3.6 编辑与修饰路径

对于已经绘制完成的路径，我们可以根据需要对其进行编辑与修饰处理，在本节中，就来讲解其相关知识。

3.6.1 选择路径

当要选中整个路径时，使用选择工具单击该路径即可；若要选中路径线，可以使用直接选择工具，将光标置于路径上，如图3.178所示，单击即可将其选中，如图3.179所示。

图3.178 摆放光标位置

图3.179 选中路径

若要选中路径上的锚点，可以使用直接选择工具在锚点上单击，被选中的锚点呈实心小正方形，未选中的锚点呈空心小正方形，如图3.180所示。

如果要选择多个锚点，可以按Shift键不断单击锚点，或按住鼠标左键拖出一个虚线框，释放鼠标左键后，虚线框中的锚点将被选中，如图3.181所示。

图3.180 选中单个锚点

图3.181 选中多个锚

3.6.2 添加锚点

默认情况下，使用钢笔工具或添加锚点工具可以在已绘制完成的路径上增加锚点。在路径被激活的状态下，选用钢笔工具或添加锚点工具直接单击要增加锚点的位置，即可增加一个锚点，图3.182所示是添加并修改锚点位置后的效果。

图3.182 摆放光标及添加并修改锚点后的状态

3.6.3 删除锚点

在默认情况下，选择钢笔工具 ✍ 或删除锚点工具 ✍，将光标放在要删除的锚点上，当光标变为删除锚点钢笔图标 ♦_ 时，如图3.183所示，单击一下即可删除锚点，图3.184所示是删除多个锚点后的效果。

图3.183 摆放光标位置　　　　　　　　　图3.184 删除锚点后的状态

3.6.4 转换曲线与尖角锚点

要转换曲线与尖角锚点，可以按照下面的讲解进行操作。

1. 将曲线锚点转换为尖角锚点

要将曲线锚点转换为尖角锚点，可以在选择钢笔工具 ✍ 时，按住Alt键单击，或直接使用转换锚点工具 ⌐，将光标置于要转换的锚点上，如图3.185所示，单击鼠标左键即可将其转换为尖角锚点，图3.186所示是将多个锚点转换为尖角锚点后的效果。

图3.185 按住Alt键单击　　　　　　　　　图3.186 转换多个锚点后的效果

2. 将尖角锚点转换为曲线锚点

对于尖角形态的锚点，用户也可以根据需要将其转换成为曲线类型的。此时可以在选择钢笔工具 ✍ 时，按住Alt键单击，或直接使用转换锚点工具 ⌐ 拖动尖角锚点，如图3.187所示，图3.188所示是转换后的效果。

图3.187 按住Alt键拖动　　　　　　　　　图3.188 转换后的锚点

3.7 标志设计综合实例——超级魔方 Windows系统优化大师标志设计

在本例中，将主要使用钢笔工具 ✍ 及直线段工具 ✐，为超级魔方Windows系统优化大师软件设计一款标志。在设计过程中，要注意依据参考线保持整体的透视。

01 打开随书所附光盘中的文件"\第3章\3.7 标志设计综合实例——超级魔方Windows系统优化大师标志设计－素材.ai"，其中已经包含了用于辅助绘图的参考线，如图3.189所示。

02 设置填充色为BABCBE，描边色为无，使用钢笔工具 ✍ 沿着顶部绘制魔方的透视图形，如图3.190所示。

03 按照上一步的方法，分别以59595B和282425为填充色，再绘制左、右两侧的图形，如图3.191所示。

图3.189 素材文件
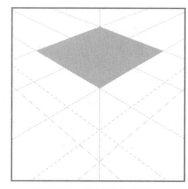图3.190 绘制顶部图形
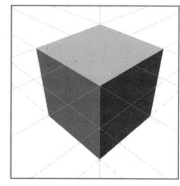图3.191 绘制得到立方体

04 下面来制作中间的小立体方体。选中现有的3个图形，按Ctrl+C快捷键进行复制，新建得到"图层2"，再按Ctrl+F快捷键进行原位粘贴，为了避免误操作，可锁定"图层1"，此时的"图层"面板如图3.192所示。

05 选中"图层2"中的3个对象，显示"变换"面板，并在其面板菜单中选择"垂直翻转"命令，如图3.193所示，得到图3.194所示的效果。

图3.192 "图层"面板
图3.193 选择"垂直翻转"命令
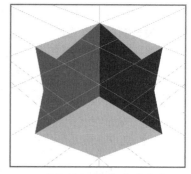图3.194 翻转后的效果

06 保持3部分图形的选中状态，按住Shift键将其缩小，直至得到类似图3.195所示的状态。

07 根据参考线的位置，使用直接选择工具 ▷ 调整图形的各锚点位置，使之与参考匹配起来，并设置适当的颜色，得到图3.196所示的效果。

08 下面来制作中间的黄色立体方体。解锁"图层1"并选中其中的图形，按Ctrl+C快捷键进行复制，然后重新锁定"图层1"。

09 新建得到"图层3",按照第4~7步的方法,粘贴、缩放对象,如图3.197所示,然后调整图形中的锚点,使之符合参考线的透视,得到图3.198所示的效果。

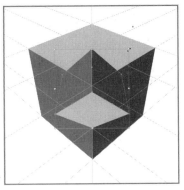

图3.195 缩小图形

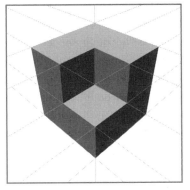

图3.196 调整后的效果

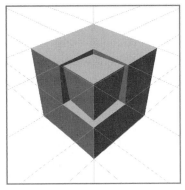

图3.197 缩小对象

10 按照上、左、右的顺序,分别将各图形的填充色修改为F09137、EA6335和923500,得到图3.199所示的效果。

11 下面来为黄色立方体制作投影。复制"图层3"得到"图层3_复制",然后选中"图层3_复制"中的图形,向右下方移动,如图3.200所示,此时的"图层"面板如图3.201所示。

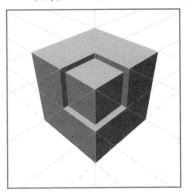

图3.198 调整透视后的效果

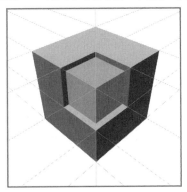

图3.199 改变颜色后的效果

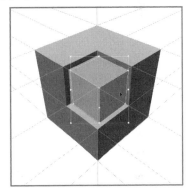

图3.200 复制对象

12 选中"图层3_复制"中的图形,并设置其填充色为黑色,再显示"透明度"面板,设置其"不透明度"数值为30%,如图3.202所示,并将该图层拖至"图层3"的下方,得到图3.203所示的效果。

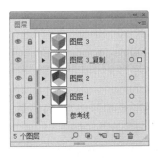

图3.201 "图层"面板

图3.202 "透明度"面板

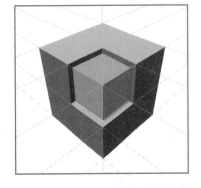

图3.203 设置不透明度后的效果

13 使用直线段工具,分别设置不同的描边粗细、描边颜色等属性,在立方体的边缘绘制线条,使之更具有立体感,其中灰色线条的颜色值为CFD0D2,黄色线条的颜色值为F6EE4C,其效果如图3.204所示,图3.205所示是输入文字后的效果。在后面学习了设置渐变的方法后,则可以为图形的各部分添加渐变填充效果,使之具有更好的质感,如图3.206所示。

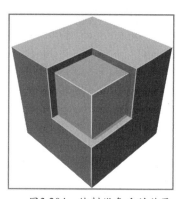

图3.204　绘制线条后的效果

图3.205　输入文字后的效果

图3.206　最终效果

3.8 学习总结

　　在本章中，主要讲解了Illustrator中设置图形对象基本属性及各种图形绘制工具的使用方法。通过本章的学习，读者应能够熟悉各类几何图形工具的使用方法，掌握线条与任意图形的绘制方法。尤其对于任意图形的绘制，由于相关工具的使用难度较高，建议多做一些绘图练习，以达到熟练使用的目的。

3.9 练习题

一、选择题

　　1. 在绘制多边形的过程中，下列说法正确的是（　　　）。

　　　　A.按向上方向键可增加边数

　　　　B.按向上方向键可减少边数

　　　　C.按向左方向键可减少圆角属性

　　　　D.按向右方向键可增加圆角属性

　　2. 下列有关Illustrator中钢笔工具的描述不正确的是（　　　）。

　　　　A.使用钢笔工具绘制直线路径时，确定起始点需要按住鼠标键拖拉出一个方向线后，再确定下一个节点

　　　　B.选中工具箱中的钢笔工具，将光标移到页面上，光标右下角显示"*"符号，表示将开始画一个新路径

　　　　C.当用钢笔工具绘制曲线时，曲线上节点的方向线和方向点的位置确定了曲线段的形状

　　　　D.在使用钢笔工具绘制直线的过程中，按住Shift键，可以得到0度、45度或45度的整数倍方向的直线

　　3. 下列关于Illustrator中铅笔工具的描述不正确的是（　　　）。

　　　　A.在使用铅笔工具绘制任意路径的过程中，无法控制锚点的位置，但可以在路径绘

制完成后进行修改，如增加或删除锚点

  B.铅笔工具✐绘制的路径上的锚点数是由路径的长度、路径的复杂程度及"铅笔工具选项"对话框中精确度和平滑度的数值决定的

  C.当使用铅笔工具✐绘制完路径后，根据默认的设定，路径保持选中状态

  D.铅笔工具✐不可以绘制封闭的路径

 4. 在Illustrator路径绘制中，可以增加锚点、删除锚点及转换锚点，下列关于锚点编辑描述不正确的是（ ）。

  A.添加锚点工具✐在路径上的任意位置单击就可以增加一个锚点，但是只可以在闭合路径上使用

  B.使用钢笔工具✐在锚点上单击，就可以删除该锚点

  C.删除锚点后，路径整体的形态可能会发生变化

  D.转换锚点工具⌐可将直线点转变成曲线点，也可以将曲线点转换为直线点

 5. 在Illustrator中连接开放路径的两个端点使之封闭的方法下列哪个不正确？（ ）

  A.使用钢笔工具✐连接路径

  B.使用铅笔工具✐连接路径

  C.选择"对象—路径—连接"命令连接路径

  D.使用添加锚点工具✐在要连接的两个锚点上单击即可

 6. 关于Illustrator矩形工具▣、椭圆工具◉及圆角矩形工具◙的使用，下列的叙述正确的是？（ ）

  A.在绘制矩形时，起始点为右下角，鼠标只需向左上角拖移，便可绘制一个矩形

  B.如果以鼠标单击点为中心绘制矩形、椭圆及圆角矩形，使用工具的同时，按Shift键就可实现

  C.在绘制圆角矩形时，可向上光标键增大圆角

  D.使用矩形工具▣、椭圆工具◉及圆角矩形工具◙在画板中单击，可在弹出的对话框中精确指定图形的大小

 7. 下列有关Illustrator路径的描述不正确的是？（ ）

  A.路径是由锚点连接起来组成的

  B.路径可分为开放路径和封闭路径

  C.路径可以设置描边属性，还可以通过"描边"面板进行更多属性设置

  D.路径只能填充单色，而不能填充图案和渐变色，也不能使用画笔面板中的各种画笔效果

 8. 在Illustrator中，使用星形工具★绘图时，按住下列哪个键则可在绘制的过程中进行移动？（ ）

  A.Shift键   B.Ctrl键   C.空格键   D.Tab键

 9. 在Illustrator中使用椭圆工具◉时，按住键盘上的哪个键可绘制正圆？（ ）

  A.Shift键   B.Ctrl键   C.Alt键   D.Tab键

 10. Illustrator钢笔工具✐可绘制开放路径，若要终止此开放路径，下列哪些操作是正确的？（ ）

  A.在路径外任何一处单击鼠标   B.双击鼠标

  C.在工具箱中单击任何一个工具   D.按Ctrl键在图形外部单击

二. 填空题

1. 按住（　　　）键的同时，使用矩形工具沿任意方向向外拖动鼠标，则可以绘制出以鼠标单击点为中心点的正方形。

2. 利用（　　　）工具可以将角点和平滑点进行转换。

3. 使用（　　　）工具可以绘制出S型曲线。

4. 在绘制图形的过程中，可以按住（　　　）键同时绘制出多个对象。

三、上机题

1. 打开随书所附光盘中的文件"\第3章\3.9 练习题-上机题1-素材.ai"，如图3.207所示，结合本章所学的图形绘制功能，制作出图3.208所示的效果。

图3.207　素材图形　　　　　　　　　　　　　　图3.208　绘制得到的效果

2. 打开随书所附光盘中的文件"\第3章\3.9 练习题-上机题2-素材.ai"，如图3.209所示，结合本章所学的图形绘制功能，制作出图3.210所示的效果。

图3.209　素材图形　　　　　　　　　　　　　　图3.210　绘制得到的效果

3. 打开随书所附光盘中的文件"\第3章\3.9 练习题-上机题3-素材.ai"，如图3.211所示，结合本章所学的图形绘制功能，制作出图3.212所示的效果。

图3.211　素材图形　　　　　　　　　　　　　　图3.212　绘制得到的效果

提示

本章所用到的素材及效果文件位于随书所附光盘"\第3章"的文件夹内，其文件名与章节号对应。

第4章 插画设计
——格式化图形

在学习了图形的绘制功能，而在绘制之后，最重要的工作之一就是为其指定各种不同的填充及轮廓属性。在上一章中，我们已经学习了填充与描边属性的基本设置方法，在本章中，将继续深入学习单色填充、渐变填充、渐变网格填充以及描边的高级属性设置。

4.1 插画设计

4.1.1 插画概述

作为一种穿插在小说等文学书籍之中的绘画作品，插画散发着自己独特的魅力。插画，也就是插图，与其他绘画类型不同，它必须要体现出图书情节的发展，因此要求绘制者不仅要有深厚的绘画功底，还要对文字作品有深刻的理解，并基于以上两点，绘制出思想性与审美性和谐统一的艺术作品。插画不仅仅带给人赏心悦目的视觉享受，还能够帮助读者更好地理解图书的内容。

目前，插画的应用领域已经十分的广泛，从图书到广告、唱片，再到目前各个商业领域，我们可以很容易地看到它的身影。越来越多的人享受着插画带给他们的视觉享受。

插图的表现风格，也经历了由具象到抽象，再次从抽象转变为具象的过程。当前的插画绘制者们更加不满足于单一的表现形式，他们打破传统，广泛地运用各种绘画手段，将插画装扮成一个风情万种的美人，将它的独特魅力发挥得淋漓尽致。

图4.1所示就是一些优秀的插画作品。

图4.1　优秀的插画作品

4.1.2　商业插画概述

商业插画是插画设计的一个门类，也是最为重要的门类之一，它是为营利和商业服务的，带有强烈的目的性或者说功利性，它的发展空间也因此被束缚在一定的范围以内。

目前，根据商业插画应用的领域不同，可以大致分为广告商业插画、卡通吉祥物插画、出版物插画、影视游戏美术插画等4类。下面分别对每一类商业插画进行简单介绍。

1. 广告商业插画

这一类商业插图主要为某一商业产品或服务业务的广告服务,其内容往往由插画所服务的对象所决定。通常要求必须具有强烈的广告宣传效果,在具备插画的审美等特点以外,还要求能够如广告一样明确地表达主题,而在表现形式与风格上,要考虑到受众的审美倾向,如广告在制作过程中要考虑消费对象一样,使自己的作品能够最大限度地满足受众的视觉享受,从而实现宣传的目的。

2. 卡通吉祥物设计

这一类插画又可以具体分为产品吉祥物、企业吉祥物、社会吉祥物3类,正如众所周知的瑞星杀毒小狮子,腾讯QQ小企鹅,都属于产品吉祥物的范围。而企业吉祥物多为使用动物作为名称的企业,如红猫蓝兔卡通机构、金猴皮鞋等。而社会吉祥物最常见于一些大型活动中,其中最典型的莫过于每一届奥运会都有属于主办国自己的吉祥物,如2008北京奥运会的吉祥物福娃系列。

图4.2所示就是一些典型的吉祥物设计作品。

图4.2 吉祥物设计

3. 出版物插图

21世纪已经进入了读图时代,图片出现在人们视野中的每个角落。就目前来看,许多图书中都增加了许多精美的插图。插图不仅能够缓解读者在阅读过程中的视觉疲劳,提高读者的阅读兴趣。更多的时候,它还能帮助读者进一步理解图书的内容,迅速消化文字的意义。

4. 影视游戏美术设定

影视与游戏中关于场景、人物形象的设计也是商业插图的一大应用领域,在许多大型电影或游戏中,场景、人物形象、服务、特效的设定,不可能是由某个人独立完成,而设计师们在表现这些设计的时候往往选择商业插画这样的表现形式,如电影《指环王》、游戏《魔兽世界》等,在拍摄和制作时,都有专业的插画师来完成许多人物以及场景的绘制。

图4.3所示就是一些游戏美术设定类的插画作品。

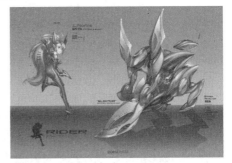

图4.3 游戏美术设定

4.1.3 商业插画设计要点

虽然商业插图有不同的类别，但大部分商业插画都有一些共同的规则，即一个好的商业插图都应该注意以下三点。

1. 符合大众审美品位

作为插画，首先要做到的就是"美"。现在，我们正处于一个审美品位普遍提高，而且几乎所有的人都在追求个性的时代。人们对美的标准不仅提升到了前所未有的高度，而且很可能每个人的审美标准都不相同。在这个时代，设计师与插图绘制师面临着艰难的挑战。因此，当插图师去绘制插图时，首先要考虑到插图的审美价值，不能过于艺术化，也不能过于低俗化，必须迎合大众的审美品位，以获得更多人的肯定和支持。

2. 诉求明显、目的单纯

对于商业插画而言，其所包含的信息量及诉求目的不能过于庞杂。可想而知，现代人每天都面对极其庞大而又繁杂的信息。无时无刻不感到压力的人们迫切渴望的是能够放松身心，很少有插画的欣赏者会花时间来琢磨插图的具体意义，更多的人对含有商业目的的物品有极强的抵触心理。因此，插画应该发挥自己给人视觉享受的优势，通过更简单的诉求方式来达到目的，而目的也应尽量单纯。

3. 独具特色

每个人都在追求个性。对于产品而言，特色是当前社会中许多产品存在并得到良好发展的唯一理由，插图也不例外。这里的特色可以是绘画技法的，可以是表现手段的，也可以是插图所展现的内容。但无论对哪一种而言，特色都是必需的。只有如此，才能使作品在市场上具有竞争力。最大限度地吸引受众的目光，并得到支持与肯定，才能够获得商家所期望的商业空间和利益。

4.2 设置单色

4.2.1 在工具箱中设置颜色

在Illustrator中，用户可在工具箱的颜色控制区中快速设置颜色，如图4.4所示。

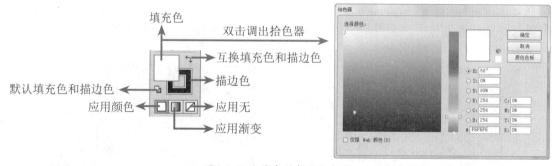

图4.4 工具箱底的颜色控制区

颜色控制区的各部分功能解释如下。

★ **填充色**：单击此按钮或按X键可将其置前显示；双击此图标，在弹出的对话框中可以设置填充色。

★ 描边色：单击此按钮或按X键可将其置前显示；双击此图标，在弹出的对话框中可以设置描边色。

★ 互换填充色和描边色：单击此按钮或按Shift+X快捷键，可以交换填充色与描边色的内容。

★ 默认填充色和描边色：单击此按钮或按D键，可以恢复至默认的填充色与描边色，即填充色为无，描边色为黑色。

★ 应用颜色：单击此按钮或按主键盘上的"<"键，可以为填充或描边应用最近设置的或默认的渐变色。

★ 无：单击此按钮或按主键盘、小键盘上的"/"键，可以为填充或描边应用"无"色，即去除填充或描边色。

> 提示
>
> 在设置颜色时，若未选中对象，则设置的颜色作为下次绘制对象时的默认色。

4.2.2 使用"颜色"面板设置颜色

"颜色"面板是Illustrator CC中最重要的颜色设置面板，使用它可以根据不同的颜色模式，精确设置得到所需要的颜色。执行"窗口－颜色－颜色"命令，调出"颜色"面板，如图4.5所示。

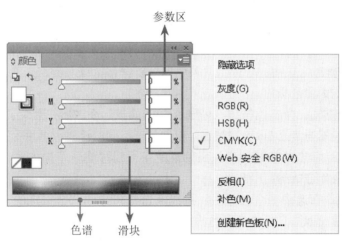

图4.5 "颜色"面板

在"颜色"面板中各选项的含义解释如下，其中与工具箱底部相同的功能不再讲解。

★ 参数区：在此文本框中输入参数可对颜色进行设置。

★ 颜色模式：在面板菜单中，可对颜色模式进行切换。在设计彩色印刷品时，应使用CMYK模式；在设计黑白印刷品时，也可以使用CMYK模式，在设置颜色时，将CMY数值均设置为0，然后只设置K（黑色）数值。

★ 创建新色板：选择该命令，可快速将设置好的颜色添加到"色板"面板中。

★ 色谱：当鼠标在该色谱上移动时，光标会变成✎状态，表示可以在此读取颜色，在该状态下单击鼠标左键即可读取颜色。

★ 滑块：移动该滑块，可对颜色进行设置。

4.2.3 使用"色板"面板设置颜色

"色板"面板是最常用的颜色设置功能之一。在正规、严谨的设计中，推荐使用"色板"

面板创建与应用颜色，因为它不仅可以一目了然地查看颜色（单色与渐变色）是否可用于印刷及其颜色属性，在修改色板时，还可以同时修改所有应用了此色板的对象。

1. 了解"色板"面板

在Illustrator中，所有关于色板的操作，都可以在"色板"面板中完成，如新建色板、删除色板、修改色板、保存及载入色板等。

选择"窗口－颜色－色板"命令即可调出"色板"面板，如图4.6所示。

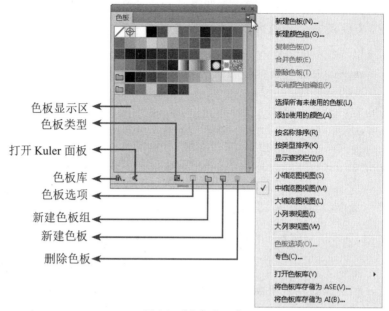

图4.6 "色板"面板

"色板"面板中各部分的功能讲解如下，其中前面已经讲解过的内容将不再重述。

★ 色板显示区：在此可以显示当前文档中包含的所有颜色、颜色组、渐变及图案等。

★ 色板库按钮：单击此按钮，在弹出的菜单中可以保存、载入自定义的色板库，也可以载入Illustrator自带的大量色板库。

★ 打开Kuler面板按钮：单击此按钮，可显示Kuler面板。在注册并登录了Adobe账号之后，可将所做的颜色设置同步至Adobe网站上，以便于在不同的计算机调用保存的颜色。

★ 色板类型按钮：单击此按钮，在弹出的菜单中可以过滤显示的内容，如仅显示颜色色板、渐变色板或图案色板等。

★ 色板选项按钮：在选中一个色板后，可以单击此按钮以调出相应的"色板选项"对话框。用户也可以直接双击色板来实现此操作。

★ 新建色板组按钮：单击此按钮，可以创建一个新的色板组。

★ 新建色板按钮：单击此按钮，可以新建色板，新建的色板为所选色板的副本。

★ 删除色板按钮：单击此按钮，可以将选中的色板删除。

2. 创建色板

要创建色板，可以按照以下方法操作。

★ 工具箱底部或"颜色"面板中，将要保存的填充色、描边色置前，然后在"色板"面板中单击"新建色板"按钮。

★ 工具箱底部或"颜色"面板中，将要保存的填充色、描边色置前，然后单击"色板"面板右上角的"面板"按钮，在弹出的菜单中选择"新建色板"命令，即可以当前选择的对象的颜色为基础来创建一个新的色板。

★ 拖动工具箱底部、"颜色"面板或"色板"面板中的填充色、描边色至"色板"面板的色板显示区中，如图4.7所示，释放鼠标即可创建得到新的颜色，如图4.8所示。

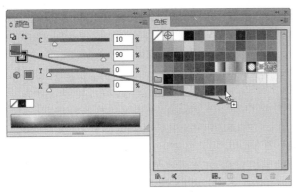

图4.7 拖动中的状态

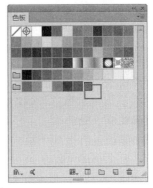

图4.8 完成新建色板

在上面的操作中，若是使用"色彩"面板菜单中的"新建色板"命令，或按住Alt键并单击"新建色板"按钮 ，会弹出图4.9所示的对话框。

图4.9 "新建色板"对话框

在"新建色板"对话框中，各选项的含义解释如下。

★ 色板名称：在此文本框中可输入当前颜色的名称，默认情况下，以颜色值进行命名。

★ 颜色类型：选择此下拉列表中的选项，用于指定颜色的类型为印刷色或专色。若选择"印刷色"选项且以列表方式显示色板时，会在色板后方显示 图标；若选择"专色"选项，在缩略图状态下显示色板时，颜色块的右下角会显示一个中心带有方块的三角形图标 ，在以列表方式显示色板时，则会在其后方显示 图标。

★ 全局色：选中此复选项后，则在修改该色板的属性时，会同时修改所有应用了此色板的对象。在选中此复选项后，色板右下角将显示空白的三角图标 。

★ 颜色模式：在此下拉列表中，可选择CMYK、Lab、RGB等颜色模式。当选择

CMYK模式时，色板后面将显示 图标；当选择Lab模式时，色板后面将显示 图标；当选择RGB模式时，色板后面将显示 图标。

★ 预览区：在颜色设置区所编辑的颜色可在该区域显示。

★ 颜色设置区：在该区域移动小三角滑块或在文本框中输入参数，均可以对颜色进行更改与编辑。

3. 复制色板

当需要以某个色板为基础创建类似颜色的色板时，可以通过复制色板操作来完成。其操作方法如下所述。

★ 在"色板"面板中选择需要复制的色板，按住左键拖动鼠标，此时光标状态为 。按住鼠标不放并移至"新建色板"按钮 上，手形光标会在右下角显示一个"十字型"标记 ，如图4.10所示。释放鼠标即可得到该色板的副本，如图4.11所示。

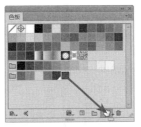　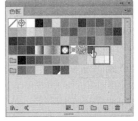

图4.10 选择需要复制 图4.11 完成复制色板
的色板　　　　　操作

★ 选择需要复制的色板，单击"色板"面板右上角的"面板"按钮 ，在弹出的菜单中选择"复制色板"命令，完成复制色板的操作。

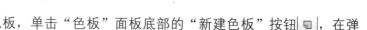

★ 选择"色板"面板中的任意色板，单击"色板"面板底部的"新建色板"按钮 ，在弹出的对话框中单击"确定"按钮即可创建所选色板的副本。

4. 修改色板

如前所述，使用色板最大的好处就是可以通过修改色板，而一次性调整所有应用了该色板的对象的颜色。要修改色板的属性，可以执行以下操作。

★ 双击要修改的色板。

★ 选中要编辑的色板，单击"色板选项"按钮 。

★ 选中要编辑的色板，在"色板"面板的面板菜单中选择"色板选项"命令。

执行上述操作后，将弹出"色板选项"对话框，如图4.12所示。

设置完成后，单击"确定"按钮退出对话框，所有应用了该颜色块的对象就会自动进行更新，以图4.13所示的封面设计作品为例，其中的文字及图形均采用了相同的颜色，图4.14所示是修改了该色板后的效果。

图4.12 "色板选项"对话框

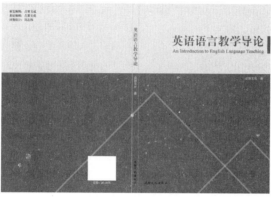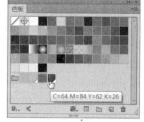

图4.13 素材文档

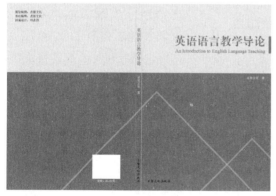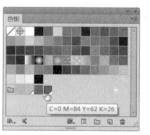

图4.14 修改色板后的效果

5. 删除色板

要删除色板，可以按照以下方法操作。

★ 选中一个或多个不需要的色板，然后将其拖移到"删除色板"按钮 上即可删除选中的色板。

★ 选择要删除的色板，单击"色板"面板右上角的"面板"按钮 ，在弹出的菜单中选择"删除色板"命令，在弹出的对话框中单击"是"按钮即可将选中的色板删除。

★ 单击"色板"面板右上角的"面板"按钮 ，在弹出的菜单中选择"选择所有未使用的色板"命令，然后单击面板底部的"删除色板"按钮 ，可将当前文档中未使用的色板删除。

6. 存储色板

若希望将色板保存成为独立的文件，以便于以后调用，可以将其保存起来。

用户可以按住Ctrl键并单击鼠标，选择多个不连续的色板，或按Shift键并单击鼠标，选择多个连续的色板，然后单击"色板"面板右上角的"面板"按钮，在弹出的菜单中选择"将色板存储为ASE"或"将色板存储为Illustrator"命令，在弹出的对话框中指定名称及位置，单击"保存"按钮退出对话框，从而将其以ase或ai格式保存起来。

7. 载入色板

在Illustrator中，主要可以通过以下2种方法载入色板。

★ 载入文档中的色板：单击"色板"面板右上角的"面板"按钮，在弹出的菜单中选择"打开色板库－其他库"命令，在弹出的对话框中选择目标文件，单击"打开"按钮即可将该目标文件的色板载入到当前文档中。

★ 选择"文件－打开"命令，在弹出的对话框中选择扩展名为.ase色板文件，然后单击"打开"按钮即可。

8. 设置色板显示方式

根据工作需要，用户可以设置不同的色板显示方式。单击"色板"面板按钮，在弹出的菜单中执行"小缩览图视图"、"中缩览图视图"、"大缩览图视图"、"小列表视图"、"大列表视图"等命令，即可改变其显示，如图4.15所示。

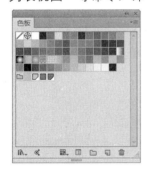
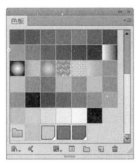

| 小缩览图视图 | 大缩览图视图 | 小列表视图 | 大列表视图 |

图4.15 色板不同的显示方式

■4.2.4 实战演练：狮子王复古插画设计

在本例中，将通过绘制图形并使用色板控制图形的颜色来设计一款狮子王复古插画。其操作步骤如下所述。

01 按Ctrl+N快捷键新建一个文档，设置弹出的对话框，如图4.16所示。

02 设置填充色为C17F29，在"色板"面板中单击"新建色板"按钮，在弹出的对话框中选中"全局色"选项，如图4.17所示。单击"确定"按钮退出对话框，从而将其保存至"色板"面板中。

03 使用矩形工具，绘制一个与画板大小相同的矩形，如图4.18所示。

图4.16 "新建文档"对话框

04 下面来绘制狮子的身体。按照第2步的方法，新建一个颜色值为C17F29的色板，使用椭圆工具 在画板下方绘制一个椭圆，如图4.19所示。

05 按照上一步的方法，新建一个颜色值为241818的色板，然后绘制狮子的头部，如图4.20所示。

图4.17 "新建色板"对话框图   4.18 绘制图形   图4.19 绘制身体椭圆   图4.20 绘制头部椭圆

06 下面来绘制狮子头部的放射状图形。按Ctrl+R快捷键来显示标尺，以狮子头部中心为交点，分别添加水平和垂直参考线，如图4.21所示。

07 按照第2步的方法，新建一个颜色值为382C2C的色板，使用钢笔工具 以参考线交点为起点，绘制一个图形，如图4.22所示（为便于观看，笔者隐藏了参考线）。

08 选择旋转工具 ，在图形顶部位置单击以确认旋转中心点，如图4.23所示。

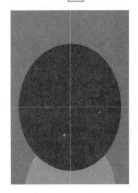

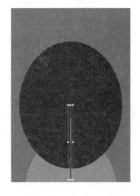

图4.21 添加辅助线   图4.22 绘制图形   图4.23 调整旋转中心点的位置

09 按住Alt键并旋转图形5度左右，如图4.24所示。然后连续按Ctrl+D快捷键多次，直至得到类似图4.25所示的效果。

10 下面来将放射状图形限制在狮子头内部。选中狮子头图形，按Ctrl+C快捷键进行复制，再按Ctrl+F快捷键进行原位粘贴，再使用选择工具 并按住Shift键来选中放射状图形，如图4.26所示。

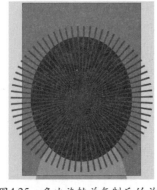

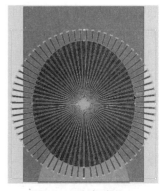

图4.24 旋转对象   图4.25 多次旋转并复制后的效果   图4.26 选中对象

11 显示"路径查找器"面板并单击图4.27所示的按钮，得到图4.28所示的效果。

12 按照前面讲解的绘制图形的方法及创建的色板，绘制其他部分的图形并为其设置颜色，得到图4.29所示的最终效果。

图4.27 "路径查找器"面板

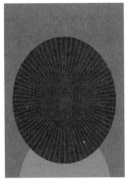

图4.28 运算后的效果

图4.29 最终效果

4.3 设置渐变

渐变，是指两个或更多个颜色之间的过滤。在Illustrator中，可以使用"渐变"面板或渐变工具■来设置、绘制及编辑渐变并将其应用于对象上。在本节中，就来讲解与渐变相关的功能。

■ 4.3.1 "渐变"面板

在Illustrator中，主要可以通过"渐变"面板来创建渐变，用户可以选择"窗口—渐变"命令，或双击工具箱中的渐变工具■，弹出"渐变"面板，如图4.30所示。

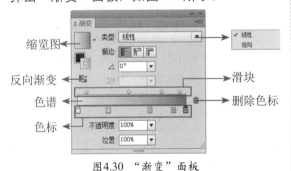

图4.30 "渐变"面板

在"渐变"面板中，各选项的含义解释如下。

★ 缩览图：在此可以查看到当前渐变的状态，它将随着渐变及渐变类型的变化而变化。

★ 类型：在此下拉列表中可以选择"线性"和"径向"两种渐变类型。

★ 描边：当为描边设置渐变时，此处的3个

按钮将被激活，并可以设置描边的渐变样式。

★ 角度：在此文本框中输入数值，可设置渐变的绘制角度。

★ 长宽比：在此文本框中输入数值，可设置渐变的长宽比例。

★ 反向渐变按钮■：单击此按钮，可以交换色标的左、右位置。

★ 色谱：此处可以显示出当前渐变的过渡效果。

★ 滑块：表示起始颜色所占渐变面积的百分率。

★ 色标：用于控制渐变颜色的组件。其中位于最左侧的色标称为起始色标；位于最右侧的色标称为结束色标。在色标左右的空白处单击即可添加色标；若要删除色标，可按住鼠标左键向下拖动色标，直至色标消失即可。

★ 不透明度：选中一个色标并设置此数值，可以调整当前色标的透明属性。

★ 位置：当选中一个滑块时，该文本框将被激活，拖拽滑块或在文本框中输入数值即可调整当前色标的位置。

以图4.31所示的图形为例，选中其中的背景图形并按照图4.32所示设置其渐变，得到图4.33所示的效果。

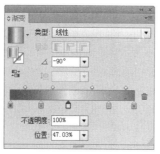

图4.31　素材文档　　　　　图4.32　"渐变"面板　　　　　图4.33　应用渐变后的效果

4.3.2　渐变工具

虽然使用"渐变"面板，可以通过调整多个参数以改变渐变的角度、形态等属性，但实际使用时，仍然显得不够方便，此时就可以使用渐变工具▣随意地绘制渐变，使得渐变的填充效果更为多样化。

1. 重绘渐变

用户在设置了一个渐变并选中要应用的对象后，使用渐变工具▣在对象内拖动即可。以前面为封面背景添加的渐变为例，若设置的是线性渐变，则直接拖动即可重绘渐变。图4.34所示是拖动过程中的状态，图4.35所示是绘制渐变后的效果。

图4.34　重绘线性渐变　　　　　图4.35　绘制渐变后的效果

> **提示**
>
> 在绘制渐变时，起点、终点位置的不同，得到的效果也不同。按住Shift键并拖拽，可以保证渐变的方向水平、垂直或成45°倍数的角度进行填充。

若设置的是径向渐变，则可以以起始点为中心，向外发散绘制渐变，图4.36所示是绘制过程中的状态，图4.37所示是绘制得到的渐变效果。

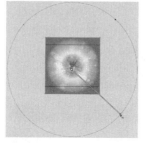

图4.36　重绘径向渐变　　　　　图4.37　绘制渐变后的效果

另外，在使用"渐变"或"色板"面板对多个对象应用渐变时，会分别对各个对象应用当前的渐变。若要使上面线条对象共用一个渐变，用户可以利用复合路径功能，将多个图形对象复合在一起，那么在绘制渐变时，就会将其视为一个对象，从而使多个对象共用一个渐变。

2. 编辑渐变

在选择渐变工具 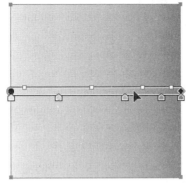 并选中对象后，会显示渐变控件，如图4.38所示。使用该控件上的各个按钮可以对渐变进行编辑处理。

下面来讲解一下渐变控件的编辑方法，其中径向渐变控件包含了线性渐变控件的功能，因此下面将以径向渐变控件为例进行讲解。

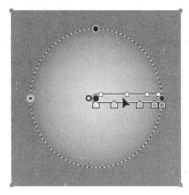

图4.38 "线性"与"径向"渐变

★ 调整渐变位置：拖动渐变起始点上的大圆圈按钮 ○ 即可改变渐变的位置，如图4.39所示。

图4.39 设置渐变为不同位置时的状态

★ 调整渐变大小：拖动虚线框上的 ⊙ 按钮或渐变终点处的 ▫ 按钮，此时光标变为 ▶ 状态时，拖动可改变当前渐变的大小，如图4.40所示。

图4.40 缩放渐变为不同大小时的状态

★ 调整渐变圆度：将光标置于 • 按钮上，光标变为 ▶ 状态，拖动即可改变渐变的圆度，如图4.41所示。

图4.41 设置渐变为不同圆度时的状态

★ 调整渐变角度：将光标置于虚线框上时，光标变为 ↻ 状态，此时按住鼠标左键拖动即可改变渐变的角度，如图4.42所示。

图4.42 旋转渐变为不同角度时的状态

★ 设置渐变中心偏移并旋转角度：将光标置于渐变中心的小圆圈按钮 ○ ，此时光标变为 ▸× 状态，此时可改变渐变中心的偏移及整体的角度，如图4.43所示。

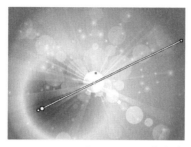

图4.43 设置渐变中心为不同倾斜时的状态

4.3.3 实战演练：圣诞节主题插画设计

在本例中，将通过绘制图形并为其填充各种类型的渐变，来设计一款圣诞节主题的插画。其操作步骤如下所述。

01 按Ctrl+N快捷键新建文档，设置弹出的对话框，如图4.44所示。

02 选择矩形工具 ▣ ，沿着画板边缘绘制一个与其大小相同的矩形，然后显示"渐变"面板，并按照图4.45所示进行参数设置，其中从左到右各色标的颜色值为521935和E3B156，得到图4.46所示的效果。

图4.44 "新建文档"对话框　　　　图4.45 设置矩形的渐变　　　图4.46 整体的渐变效果

03 下面来绘制底部的雪景。选择钢笔工具 ✐ ，以任意填充色在底部绘制图4.47所示的图形。

04 选中上一步绘制的图形，在"渐变"面板中设置其参数，如图4.48所示，其中从左到右各色标的颜色值为D6E1E4和白色，得到图4.49所示的效果。

图4.47 绘制图形　　　　　图4.48 设置雪地的渐变　　　　图4.49 设置渐变后的雪地效果

05 下面来向场景中添加树元素。打开随书所附光盘中的文件"\第4章\4.3.3 实战演练：圣诞节主题插画设计-素材.ai"，如图4.50所示，选中其中的树图形，按Ctrl+C快捷键进行复制，返回插画文档中，按Ctrl+V快捷键进行粘贴，并调整至雪地的上方，如图4.51所示。

图4.50 素材图形

图4.51 摆放树图形

06 选中树图形，在"渐变"面板中设置其参数，如图4.52所示，其中从左到右各色标的颜色值为50473B和4F3015，得到图4.53所示的效果。

07 下面来复制得到多个树图形。使用选择工具 ▮ 按住Alt键并拖动树至右侧，如图4.54所示，以创建得到其副本。

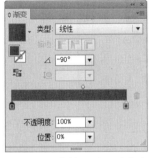

图4.52 为树图形设置渐变

图4.53 设置渐变后的对图形

图4.54 复制图形

08 将光标置于右上方的控制框上，如图4.55所示，并按住Shift键将其缩小，得到图4.56所示的效果。

图4.55 摆放光标位置

图4.56 缩小树图形后的效果

09 显示"透明度"面板，在其中设置树图形的"不透明度"数值为50%，如图4.57所示，得到图4.58所示的效果。

图4.57 设置"不透明度"参数

图4.58 设置"不透明度"后的效果

10 按照第7~9步的方法，再复制多个树图形并调整其大小，得到类似图4.59所示的效果。

11 按照上一步的方法，再复制一些树图形，并修改其填充色为白色，如图4.60所示。

图4.59　复制多个树形后的效果

图4.60　制作白色树图形后的效果

12 按照第5步中的方法，将素材文件中的2个房子图形复制并粘贴到画板的底部，如图4.61所示。

13 结合符号、效果及透明度等功能，制作得到光点等元素，得到图4.62所示的最终效果。

图4.61　添加房子图形

图4.62　最终效果

4.4　设置渐变网格填充

在Illustrator中，使用网格工具 可以通过添加锚点来创建网格并赋予色彩，使得各个锚点之间形成丰富的色彩渐变效果。下面来详细讲解渐变网格填充功能的使用方法。

4.4.1　渐变网格的组成

使用网格工具 填充过的图形对象，称为网格对象，如图4.63所示。它由网格线、网格点、网格片和锚点组成。

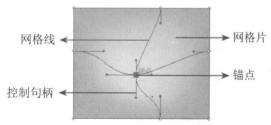

图4.63　渐变网格的组成

下面来分别介绍一下网格对象各组成部分的功能。

★　锚点：锚点是网格对象中控制色彩的重要组成部分，用户可以为每个锚点指定不同的颜色。

★　网格线：每个锚点之间会形成一个控制线，该控制线用于表示当前锚点及其色彩的渐变形态。

★　网格片：通常情况下，网格片是由4个锚点组成，各锚点的色彩会影响该网格片的色彩过渡及组成。

★　控制句柄：每个锚点周围会有4个控制句柄，拖动控制句柄可改变相应网格线的形态，进而改变色彩之间的过渡。

4.4.2 使用网格工具创建渐变网格

要使用网格工具📧创建渐变网格，可以在选中对象后，直接在图形内部单击鼠标即可在单击的位置创建一个锚点。以图4.64所示的图形为例，图4.65所示是光标摆放的位置，此时光标变为📠状态，单击后将创建得到图4.66所示的网格，图4.67所示是仅显示该图形时的状态。可以看出，创建得到的渐变网格是与对象的形态相关的。

图4.64 素材图形

图4.65 摆放光标位置

图4.66 添加网格

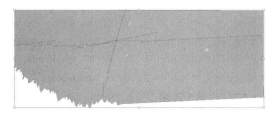

图4.67 仅显示添加了网格的对象的状态

4.4.3 设置渐变网格的颜色

在选中网格对象中的锚点后，可以使用"颜色"面板、"色彩"面板及工具箱下方等方式设置锚点的颜色。以上一小节中添加的锚点为例，图4.68所示是在"颜色"面板中为其指定颜色后的效果。

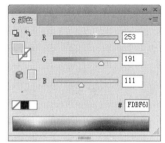

图4.68 填充网格片

通过拖动锚点的位置，或修改控制句柄以改变网格线的形态，都可以改变色彩的过渡效果，如图4.69所示。

图4.69 改变锚点与控制句柄后的色彩过渡效果

图4.70所示是添加多个锚点并设置适当颜色后的效果，读者可尝试制作。

图4.70 设置多个锚点后的效果

4.4.4 使用菜单命令创建 渐变网格

使用"对象—创建渐变网格"命令，可以创建指定数量的网格。其对话框如图4.71所示。

图4.71 "创建渐变网格"对话框

在"创建渐变网格"对话框中，各参数的解释如下所述。

★ 行数/列数：在这两个文本框中输入数值，可确定网格的行数与列数。

★ 外观：在此下拉列表中，可对渐变中的高光进行设置。选择"平淡色"选项，将对象的原始颜色均匀地应用于表面，没有高光效果；选择"至中心"选项，将创建一个位于对象中心的高光；选择"至边缘"选项，将创建一个位于对象边缘的高光。图4.72所示的为选择不同选项时所创建的渐变网格效果。

图4.72 设置不同的"外观"参数

★ 高光：此数值可对网格中高光区域的亮度进行设置。默认为100%，即以纯白色作为高光。图4.73所示的为设置不同数值时所创建的渐变网格效果。

图4.73 设置不同的"高光"参数

4.4.5 将渐变填充改变为渐变网格

在Illustrator中，用户可以依据现有的渐变来创建渐变网格，转变往往用于产生更加丰富的效果，又或者帮助用户在渐变的基础上继续编辑，从而更快速地获得丰富的色彩效果。

以图4.74所示的渐变为例，图4.75所示是执行"对象—扩展"命令，在弹出的对话框中选择"渐变网格"选项并确定后得到的渐变网格，该渐变网格会被创建在一个剪切组中，并根据渐变的形态创建相应的渐变网格。此时的"图层"面板如图4.76所示。

图4.74 素材图形

图4.75 转换得到的渐变网格

图4.76 "图层"面板

若选中的是线性渐变，则可以创建得到矩形的渐变网格。

4.4.6 删除渐变网格

要删除渐变网格可以按照以下方法操作。

★ 删除锚点：按住Alt键的同时将光标移至锚点上，此时光标将变为♣状态，如图4.77所示，单击鼠标左键即可删除锚点，如图4.78所示。

图4.77 删除锚点

图4.78 删除后的状态

★ 删除网格线：按住Alt键的同时将光标移至网格线上，此时光标将变为♣状态，如图4.79所示，单击鼠标左键即可删除网格线。删除网格线后，锚点所设置的颜色会消失，但会保留另一条网格线，如图4.80所示。

图4.79 删除网格线

图4.80　删除后的状态

4.4.7 显示与隐藏透明度网格

默认状态下，工作页面显示为白色，所以有时候图形的填充色为空还是为白色，我们用肉眼并无法区分。要区分这种情况，可执行"视图－显示透明度网格"命令选择显示透明网格。绘图中填充为空的部分将以网格显示，而填充为白的部分仍显示为白色。

通过透明网格可以清楚地区分图形中哪些区域填充了白色，哪些区域填充为空，如图4.81所示。

图4.81　使用透明网格

要隐藏透明网格的话，可以选择"视图－隐藏透明度网格"命令。

4.4.8 实战演练：猫咪主题插画设计

在本例中，将利用绘图与渐变网格功能设计一款以猫咪为主题的插画。其操作步骤如下所述。

01 打开随书所附光盘中的文件"\第4章\4.4.8 实战演练：猫咪主题插画设计-素材1.ai"，如图4.82所示。

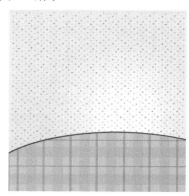

图4.82　素材图形

02 新建得到"图层2"。选择钢笔工具 ，设置填充色为无，以默认的描边属性绘制猫咪的身体，并在"描边"面板中设置其参数，如图4.83所示。得到图4.84所示的效果。

图4.83　"描边"面板

03 按Ctrl+C快捷键复制身体图形，按Ctrl+F快捷键将对象原位粘贴在前面，并设置其填充色为F5A53F，设置描边为无，得到图4.85所示的效果。

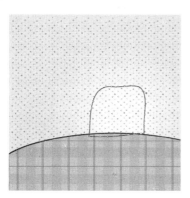

图4.84 绘制得到的身体图形

图4.85 设置填充色后的效果

04 使用网格工具 ▦ 在身体图形的右上方单击以添加一个锚点，如图4.86所示，设置其颜色为CC7246，得到图4.87所示的效果。

图4.86 添加锚点

图4.87 设置颜色后的效果

05 按照上一步的方法，再在其他位置添加锚点并调整其位置、颜色等属性，直至得到类似图4.88所示的效果，图4.89所示是隐藏渐变网格后的状态。

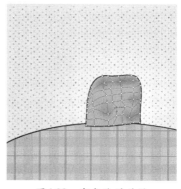

图4.88 完成后的效果

图4.89 隐藏渐变网格时的状态

06 打开随书所附光盘中的文件"\第4章\4.4.8实战演练：猫咪主题插画设计-素材2.ai"，选中其中的图形，按Ctrl+C快捷键进行复制，返回插画文件中，按Ctrl+V快捷键进行粘贴。并将其移至身体图形上，得到图4.90所示的效果。

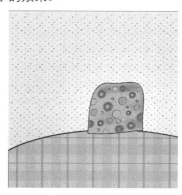

图4.90 粘贴素材后的效果

07 按照第2~5步的方法，继续绘制猫咪的头部图形并为其设置渐变网格，如图4.91所示。

图4.92所示是绘制其他图形后得到的完整效果，由于其方法较为简单，且并非本例的讲解重点，故不再详细说明。

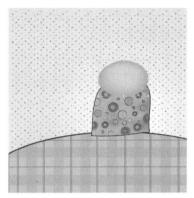

图4.91　调整头部的渐变网格

图4.92　最终效果

4.5 实时上色

"实时上色"是一种创建彩色图画的直观方法，用户可以在Illustrator中绘制线条稿，或沿着手绘素描稿的边缘绘制路径，以得到其基本轮廓。此时，即便路径之间有所重叠也没关系，因为使用实时上色的相关功能，可以对这些区域快速进行重新的定义，从而不必考虑围绕每个区域使用了多少不同描边、描边绘制的顺序，以及描边之间如何相互连接的。下面就来讲解一下实时上色的创建与编辑方法。

4.5.1　创建实时上色

要创建实时上色，可以将相关的图形选中，然后执行"对象－实时上色－建立"命令即可。以图4.93所示的图形为例，图4.94所示是将其全部路径选中并建立实时上色后的状态。

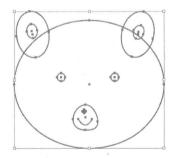

图4.93　素材图形及其"图层"面板

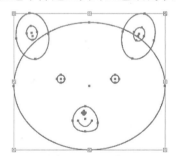

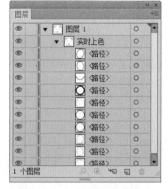

图4.94　创建实时上色后的状态及其"图层"面板

4.5.2 使用实时上色

在创建实时上色后，可以使用对其中各部分线条内的图形进行上色处理，其方法非常简单，用户只要选择实时上色工具并设置好适当的填充色，然后在需要设置颜色的位置单击鼠标即可。当光标位于可上色的区域时，该区域会以红色边框进行高亮显示，如图4.95所示，图4.96所示是设置填充色为C89F62并填充后的效果。

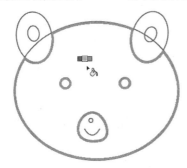

图4.95 摆放光标位置

图4.96 上色后的效果

图4.97所示是为其他区域进行上色并设置整体的轮廓色为无后的效果，图4.98所示是取消其选中状态后的整体效果。

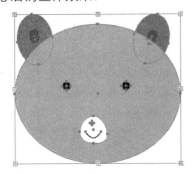

图4.97 上色后的效果

图4.98 整体效果

4.5.3 编辑实时上色

当建立了实时上色之后，每条路径都会保持完全可编辑，用户可以像编辑普通路径一样对其进行各种处理，且在编辑后，之前应用的颜色会自动将其重新应用于由编辑后的路径所形成的新区域。例如图4.99所示就是在前面上色完成后的基础上，选中耳朵路径时的状态，图4.100所示是编辑其形态后的效果。

图4.99 选中后的状态

图4.100 编辑面部轮廓后的效果

另外，我们还可以使用实时上色选择工具，选中实时上色的各个表面和边缘，然后将其删除，从而简化其结构。以前面创建实时上色后、未进行实际上色前的轮廓图形为例，图4.101所示是选中与头部相交的耳朵图形时的状态，图4.102所示是按Del键将其删除后的状态。

图4.101 选中后的状态

图4.102 删除线条后的效果

4.6 设置描边属性

在前面的内容中，主要是讲解了设置对象填充色的方法。在本节中，将开始讲解在Illustrator中设置描边色及描边属性的相关知识。

4.6.1 设置描边颜色

在Illustrator中，设置描边色的方法与设置填充色基本相同，用户只需要将描边色块置前，然后选择一个单色或渐变即可。以图4.103所示的插画为例，图4.104所示是为其中的白色图形设置了单色描边后的效果。

图4.103 插画素材

图4.104 设置单色描边后的效果

4.6.2 使用"描边"面板设置描边属性

在Illustrator中，描边属性的绝大部分设置都可以由"描边"面板完成，按Ctrl+F10快捷键或选择"窗口－描边"命令，即可调出该面板，如图4.105所示。

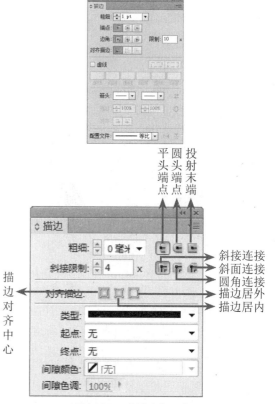

图4.105 "描边"面板

在"描边"面板中，各选项的功能解释如下。

★ 粗细：在此文本框中输入数值可以指定笔画的粗细程度，用户也可以在弹出的下拉列表框中选择一个值以定义笔画的粗细。数值越大，线条越粗；数值越小，线条越细；当数值为0时，即没有描边效果。图4.106所示为设置不同描边粗细时的效果。

图4.106 设置不同描边粗细时的效果

★ 端点：选择"平头端点"按钮 ，可定义描边线条为方形末端；选择"圆头端点"按钮 ，可定义描边线条为半圆形末端；选择"投射末端"按钮 ，可定义描边线条为方形末端，同时在线条末端外扩展线宽的一半作为线条的延续。图4.107所示为3种不同的端点状态。

图4.107 不同的端点状态

★ 边角：选择"斜接连接"按钮 ，可以将图形的转角变为尖角；选择圆角连接按钮 ，可以将图形的转角变为圆角；选择"斜角连接"按钮 ，可以将图形的转角变为平角。图4.108所示为3种不同的转角连接状态。

图4.108 3种不同的转角连接状态

★ 限制：在此用户可以输入1到500之间的一个数值，以控制什么时候程序由斜角合并转成平角。默认的斜角限量是10，意味着线条斜角的长度达到线条粗细10倍时，程序将斜角转成平角。

★ 对齐描边：选择"描边居中对齐"按钮 ，则描边线条会以图形的边缘为中心内、外两侧进行绘制；选择"描边内侧对齐"按钮 ，则描边线条会以图形的边缘为中心向内进行绘制；选择"描边外侧对齐"按钮 ，则描边线条会以图形的边缘为中心向外进行绘制。图4.109所示为3种不同的描边对齐状态。

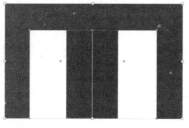

图4.109　3种不同的描边对齐状态

★ 虚线：选中该选项后，其后方及下方的参数将被激活。在其下方的"虚线"与"间隙"文本框中输入数值，可以设置虚线的组成。图4.110所示是设置不同的数值时得到的虚线效果。

图4.110　设置不同参数时的虚线效果

★ 箭头：在后方可以分别选择起始端与结束端的箭头。单击后面的"互换箭头"按钮，可以交换起始与结束的箭头类型。

★ 缩放：在后方可以分别设置起始端箭头与结束端箭头的缩放比例。选中后面的"链接"按钮，可以同时修改两端箭头的缩放比例。

★ 对齐：在此可以设置箭头是以路径的端点进行对齐，还是在路径端点之外进行扩展。

★ 配置文件：在此下拉列表中，可以设置线条的形态，图4.111所示是选择不同配置文件时的描边效果。单击"纵向翻转"按钮或"横向翻转"按钮，可以改变配置文件在纵向或横向上的方向。

图4.111　选择不同"配置文件"时的描边效果

4.6.3　实战演练：大象与小鸟插画设计

在本例中，将通过绘制并格式化图形的填充与描边属性来设计一款大象与小鸟主题的插画。其操作步骤如下所述。

01 按Ctrl+N快捷键以新建一个文档，设置弹出的对话框，如图4.112所示。

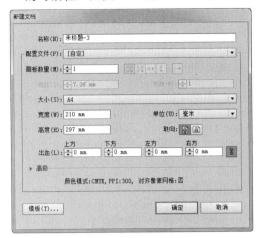

图4.112 "新建文档"对话框

02 选择钢笔工具 ，设置填充色为00A29A，描边色为无，然后在画板中绘制图4.113所示的大象轮廓。

图4.113 绘制大象轮廓

03 选择椭圆工具 ，设置填充色为白色，描边色为无，绘制一个白色椭圆。使用选择工具 选中该椭圆并将光标置于右上角，然后对图形进行旋转，得到图4.114所示的效果。

图4.114 绘制并调整白色圆形

04 按照上一步的方法，再绘制一个填充色为40210F的椭圆并将其置于白色椭圆内部，得到图4.115所示的效果。

图4.115 绘制较小的圆形

05 下面来为大象添加一个描边效果。选择大象轮廓，再选择"对象－路径－偏移路径"命令，设置弹出的对话框，如图4.116所示，得到图4.117所示的路径。

图4.116 "偏移路径"对话框

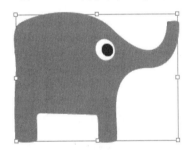

图4.117 偏移后的效果

06 设置上一步创建得到的路径的填充色为无，描边色为白色，得到图4.118所示的效果。

图4.118 设置描边后的效果

07 保持上一步白色描边图形的选中状态，显示"描边"面板并设置参数，如图4.119所示，得到图4.120所示的效果。

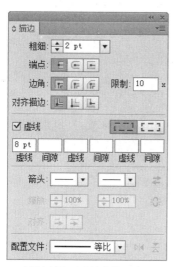

图4.119　"描边"面板

图4.120　虚线效果

08 按照第2~3步的方法，再绘制大象的耳朵及其内部的圆形，其填充色分别为EB6000和D70050，得到图4.121所示的效果。

图4.121　绘制耳朵

09 选中大象耳朵图形，按照第5步方法对其进行偏移处理，然后选择吸管工具 ，将光标置于大象内部的描边上，如图4.122所示，单击鼠标左键以复制其属性，得到图4.123所示的效果。

10 按照前面讲解的方法，继续绘制其他图形并进行格式化处理，得到图4.124所示的整体效果。为便于管理，可将各部分图形分别

置于不同的图层上，如图4.125所示。

图4.122　摆放光标位置

图4.123　吸取属性后的效果

图4.124　整体效果

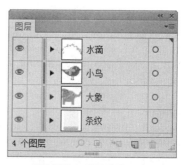

图4.125　"图层"面板

4.6.4 转换轮廓线为填充

在Illustrator中，允许用户将现有的描边转换为填充，在选中要转换的对象后，选择"对象－路径－轮廓化描边"命令即可。以图4.126所示的描边为例，图4.127所示是将其描边转换为填充后的效果，图4.128所示是为转换后的图形设置描边属性后的效果。

图4.126　原描边效果　　　　图4.127　转换描边为填充后的效果　　　　图4.128　重新设置描边后的效果

4.7 吸管工具

在Illustrator中，吸管工具 ✐ 可以吸取对象的填充色、描边色及描边设置等属性，并可将其应用到其他对象上，此外，它还可以吸取非Illustrator对象的颜色，供用户使用。下面就来分别讲解一下其使用方法。

4.7.1 复制对象属性

在Illustrator中，可以使用吸管工具 ✐ 单击某个对象，从而吸取其填充色、描边色及描边设置等属性，再按住Alt键并在要应用该属性的目标对象上单击即可。

例如，图4.129所示是使用吸管工具 ✐ 在云彩对象上单击以吸取颜色时的状态，图4.130所示是按住Alt键并将光标置于左侧的云彩上时的状态，图4.131所示是单击以应用属性后的效果，图4.132所示是继续为其他云彩设置属性后的效果。

另外，若在使用吸管工具 ✐ 之前，已经选中了一个对象，则使用吸管工具 ✐ 在对象上单击后，将自动为选中的对象应用吸取对象的属性。

图4.129　吸取对象属性

图4.130　摆放光标位置

图4.131 应用复制的属性

图4.134 应用于图形后的效果

4.7.3 吸取Illustrator软件以外的颜色

使用吸管工具 ![](可不仅可以复制Illustrator文件中的任意颜色，还可以将该软件以外的颜色复制Illustrator中。其具体操作方法为，将Illustrator软件与要吸取颜色的目标（如图片、软件中）并排排列，然后使用吸管工具 ![]并按住鼠标左键，然后移动光标至要吸取的颜色上，释放鼠标左键即可。

图4.132 为其他云彩应用属性后的效果。

4.7.2 吸取位图对象的颜色

当在文档中置入了位图对象时，可以使用吸管工具 ![]在要吸取的颜色的位置单击，即可将其吸取成为填充色。若当前选中了一个形状，则可以直接将其应用于选中的形状并将形状的描边属性全部清除。

例如图4.133所示是将光标置于位图上的状态，图4.134所示是使用前面示例的素材，将吸取的颜色应用于后方图形后的效果。

4.7.4 设置吸管选项

双击吸管工具 ![]可弹出"吸管选项"对话框，如图4.135所示。用户可在该对话框中设置吸管取颜色的范围。

图4.133 吸取位图的颜色

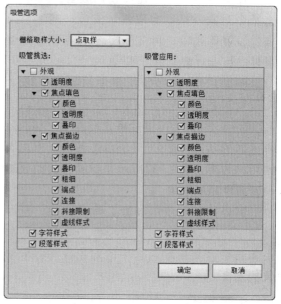

图4.135 "吸管选项"对话框

4.8 插画设计综合实例——月下漫飞主题插画设计

在本例中，将结合绘制图形、设置渐变填充及渐变网格填充等功能，设计一款以月下漫飞为主题的插画。其操作步骤如下。

01 按Ctrl+N快捷键新建一个文档，设置弹出的对话框，如图4.136所示。

02 使用矩形工具▢沿着画板的边缘绘制一个矩形，在"渐变"面板中设置其填充色，如图4.137所示，再设置其描边色为无，得到图4.138所示的效果。

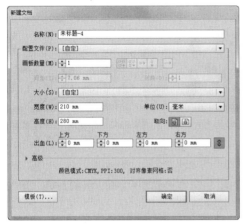

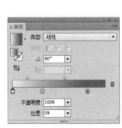

图4.136　"新建文档"对话框　　图4.137　设置矩形的渐变　图4.138　设置渐变后的矩形

03 为避免误操作，可将当前的"图层1"锁定，然后新建得到"图层2"并继续下面的操作。

04 使用钢笔工具✐在画板的右上方绘制一个氢气球，并在"渐变"面板中设置其填充色，如图4.139所示，再设置其描边色为无，得到图4.140所示的效果。

05 按照上一步的方法，继续绘制氢气球的其他组成部分并为其设置渐变填充，直至得到类似图4.141所示的效果。

图4.139　为气球图形设置渐变　　图4.140　设置渐变时的状态　图4.141　完成后的氢气球效果

06 打开"素材.ai"，选中其中的两组图形，按Ctrl+C快捷键进行复制，再返回插画文件中，按Ctrl+V快捷键进行粘贴，然后分别调整其位置，直至得到类似图4.142所示的效果。

07 下面来绘制云彩图形。选择钢笔工具 在画板的左下方绘制一个云彩图形，设置其填充色为 B4D9D9，设置其描边色为无，得到图4.143所示的效果。

08 使用网格工具 在云彩图形上添加锚点并设置适当的颜色，使云彩的边缘能够与背景整合在一起并显示为白色云彩效果，如图4.144所示。

图4.142 添加素材图形

图4.143 绘制云彩图形

图4.144 使用渐变网格编辑 云彩后的效果

09 按照第7~8步的方法，继续制作其他的云彩，直至得到类似图4.145所示的效果。

10 最后，结合绘制与编辑符号、设置对象混合模式等功能，制作得到图4.146所示的月亮、星光及整体的纹理效果即可。读者可在学习了相关知识后再尝试制作。

图4.145 完成云彩后的效果

图4.146 最终效果

4.9 学习总结

在本章中，主要讲解了Illustrator中的常用填充与描边属性设置方法。通过本章的学习，读者应能够熟练掌握为图形设置单色填充、渐变填充、渐变网格填充、实时上色，以及为轮廓设置多样化的属性、将其转换为对象或曲线等知识。

4.10 练习题

一、选择题

1. 在Illustrator中的填充类型不包括？（　　　）

    A.多色填充 　　　　　　B.单色填充 　　　　　　C.渐变填充 　　　　　　D.无填充

2. 下列有关Illustrator渐变色的描述不正确的是？（　　　）

    A.定义好的渐变色可直接拖到"色板"面板中供取用

    B.通过移动"渐变"面板上菱形的位置可以控制渐变颜色的组成比例，菱形的缺省位置位于两种颜色的中间位置，即颜色为均匀混合

    C."渐变"面板上颜色滑块的颜色改变是通过"颜色"面板来实现的。颜色可以为CMYK模式的颜色、RGB模式的颜色或者任意一种专色

    D.渐变色能用于图形的填充，但不能用于描边

3. 在Illustrator中设定好的渐变色可存储在下列哪个浮动面板中？（　　　）

    A."色板"面板 　　　　　B."渐变"面板

    C."颜色"面板 　　　　　D.属性面板

4. 下列有关Illustrator 网格工具▦的描述哪个是正确的？（　　　）

    A.网格工具▦和混合工具◑的功能相同

    B.网格工具▦形成的渐变是不可以再进行调整的

    C.选中网络中的一个锚点后，可以在"色板"面板中单击以设置其颜色

    D.网格工具▦形成渐变时，两个颜色都必须是CMYK的色彩模型

5. 在Illustrator "描边"面板中，端点后面有3个选项，它们是（　　　）。

    A.平头端点 　　　　　　B.圆头端点 　　　　　　C.方头端点 　　　　　　D.拐角端点

6. 关于Illustrator渐变工具▨的使用，下列哪些说法是正确的？（　　　）

    A.渐变工具▨不但可以改变渐变的方向，也可以改变图形中渐变颜色的分布

    B.径向渐变是一种以一点为圆心向外扩散的渐变方式，扩散方式可以通过渐变角度控制来得到改变

    C.使用渐变工具▨拖曳填充渐变色时，如果要让渐变的方向为水平、垂直或45度角的倍数的方向，在拖曳的同时需要按住Ctrl键

    D.如果渐变类型是径向渐变，使用渐变工具▨确定渐变的中心点，该方法可以非常方便地制作高光球体

7. 在Illustrator中，下列描述正确的是？（　　　）

    A.在"渐变"面板中设定好的渐变色可以直接拖放到"色板"面板中

    B.在"颜色"面板中，可以设定填充色和描边色

    C.在"颜色"面板中可存储印刷四色、RGB颜色、专色、图案，但不可以存储渐变色

    D.在使用RGB颜色时，如果在"颜色"面板中出现一个中间有感叹号的黄色三角形，表示这种颜色可在Web上使用

8. 下列无法在"描边"面板中实现的是（　　　）。

    A. 设置线条的粗细 　　　　　　　　　B. 设置线条为虚线

    C.设置线条的颜色 　　　　　　　　　D.设置描边的对齐方式

二、填空题

1. 在选中一个图形后，按（　　　）键可将其填充和描边设置为默认值。

2. 要将一个图形的填充与描边属性复制到另外一个图形，可使用（　　　）工具。

3. 在创建新色板时，按住（　　　）键并单击"新建色板"按钮 🖹，会弹出其参数对话框。

4. 将光标置于渐变网格中的锚点上，当光标为 🖗 时状态时，单击鼠标左键可（　　　）。

三、上机题

1. 打开随书所附光盘中的文件"\第4章\4.10　练习题-练习题1-素材.ai"，如图4.147所示。将底部大叶子的填充色设置为FFB800，将其上方的文字颜色设置为993300，得到图4.148所示的效果。

2. 以上一题的结果为基础，将文字的颜色复制到右侧的小叶子上，得到图4.149所示的效果。

图4.147　素材图形　　　　　图4.148　设置颜色后的效果　　　　图4.149　复制颜色后的效果

3. 打开随书所附光盘中的文件"\第4章\4.10　练习题-练习题3-素材.ai"，如图4.150所示，结合本章中讲解的填充图形等操作，为该素材中的各个图形设置渐变，制作得到类似图4.151所示的效果。

图4.150　素材图像　　　　　　　图4.151　填充颜色后的效果

4. 打开随书所附光盘中的文件"\第4章\4.10　练习题-练习题4-素材.ai"，如图4.152所示。结合渐变网络功能，制作得到图4.153所示的效果。图4.154所示是单独显示背景圆形时的效果。

图4.152　素材图像　　　　　图4.153　制作得到的效果　　　　图4.154　单独显示圆形时的效果

 提示

> 本章所用到的素材及效果文件位于随书所附光盘"\第4章"的文件夹内，其文件名与章节号对应。

第5章　服装设计
——高级填充设置

在上一章中，我们已经学习了如单色填充、渐变填充和渐变网格填充等常用的填充及描边设置方法。实际上，Illustrator还提供了更高级的图案填充功能，除了使用预设的图案外，还可以根据需要自定义图案并应用处理，从而满足不同的工作需求。在本章中，就来讲解Illustrator中的图案填充功能及自定义图案的方法。

5.1 服装设计概述

服装设计属于工艺美术范畴，是实用性和艺术性相结合的一种艺术形式。目前，在计算机上进行服装设计，主要分为造型设计、结构设计与款式设计3个部分。

5.1.1 造型设计

造型设计主要指根据设计师的构思，将其以传统绘画或电脑绘画的方式展现出来。例如图5.1所示就是一些国外的服装造型设计作品。

图5.1 服装造型设计

5.1.2 结构设计

结构设计指用于设计服装的CAD展开图，包含如衣领、衣袖、下摆、口袋等各部分的具体形态、尺寸及分割方式等信息。例如图5.2所示就是一个典型的服装结构设计作品。

服装结构设计往往需要使用专门的CAD软件，如国外的OPTITEX、格柏、爱维斯、派特等，以及国内的博克、盛装、唐装、服装大师、ET、富怡等。

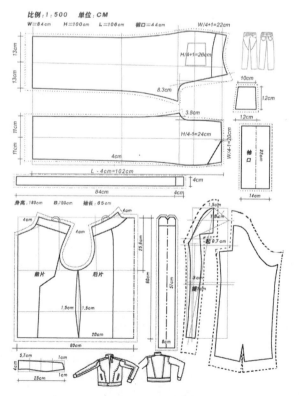

图5.2 服装结构设计

5.1.3 款式设计

款式设计即绘画款式图，其中包括对服装造型、面料以及色彩等多方面的表现。本书中讲解的Illustrator软件，就可以很好地完成款式设计工作。例如图5.3所示均为完成后的款式设计作品，区别在于，有些作品对于人物本身的刻画较少，着重表现服装，而有些则处理得较为全面，在整体效果上会更为亲切一些。

图5.3 服装款式设计

在本章后面的实例中，将以服装的款式设计为主，同时讲解Illustrator CC中的高级填充功能。

5.2 图案填充

使用图案填充可以快速为对象设置图案效果。在Illustrator中，提供了一些常用的图案供使用，用户也可以根据需要自定义图案。在本节中，将主要讲解使用与编辑Illustrator自带图案的用法等相关操作。

5.2.1 设置图案填充

要为对象设置图案填充，需要显示"色板"面板。默认情况下，其中已经包含了"植物"和"高卷式发型"两种图案，如图5.4所示，单击即可将其应用于选中的对象。以图5.5所示的素材为例，图5.6所示是为其衣服应用了"植物"图案后的效果。

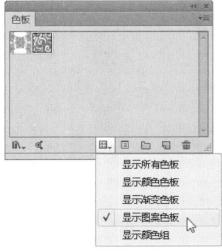

图5.4 "色板"面板 　　　　图5.5 素材图形 　　　　图5.6 填充图案后的效果

5.2.2 载入预设图案

在Illustrator中，提供了一些常用的图案，用户可以在"色板"的面板菜单中载入其中的图案，如图5.7所示。另外，单击"色板库"菜单按钮，在弹出的菜单中也可以选择图案来进行载入。

图5.7 选择预设的图案

5.2.3 实战演练：简约风格服装设计

本例主要是利用底纹填充功能，设计一款简约风格的服装，其操作步骤如下。

01 打开随书所附光盘中的文件"\第5章\5.2.3 实战演练：简约风格服装设计-素材.ai"，如图5.8所示。

02 选中其中的衣服图形，按Ctrl+C快捷键进行复制，再按Ctrl+F快捷键粘贴至其上方。

03 显示"色板"面板，单击"色板库"菜单按钮，在弹出的菜单中执行"图案－装饰－Vonster图案"命令。以显示其面板。

04 选中第2步粘贴得到的衣服图形，在"Vonster图案"面板中选择"小白花"图案，如图5.9所示，得到图5.10所示的效果。

图5.8 素材图形　　　　图5.9 选择"小白花"图案　　　　图5.10 填充图案后的效果

05 保持图形的选中状态，在"透明度"面板中设置参数，如图5.11所示，得到图5.12所示的效果。

06 选中手包图形，按照第2~5步的方法设置相同的图案填充，得到图5.13所示的效果。

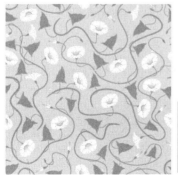

图5.11 "透明度"面板 　　　　　图5.12 混合后的效果 　　　　　图5.13 最终效果

5.3 自定义图案

除了使用Illustrator软件自带的预设或载入外部的图案文件外，用户也可以根据需要自定义图案，以满足不同的设计需求。

5.3.1 创建自定义图案

自定义图案的方法非常简单，用户可以将要定义成图案的图形或图片选中，以图5.14所示的图形为例，在将其选中后，执行"对象—图案—建立"命令，默认情况下，将弹出图5.15所示的提示框。

单击"确定"按钮即可进入图案编辑状态，如图5.16所示。中心正常显示的图形是原始的图案图形，而外部较淡的图形则是由软件自动生成的，用于预设填充图案后的效果。

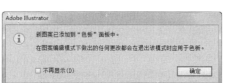

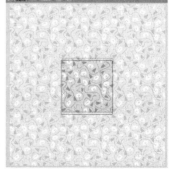

图5.14 图形 　　　　　图5.15 提示框 　　　　　图5.16 图案编辑状态

设置完成后，单击"完成"按钮即可确认定义图案，若单击"取消"按钮则可以取消当前定义的图案。

5.3.2　编辑自定义图案

要对自定义图案进行编辑，可以在"色板"面板中将其选中，然后按Ctrl+Shift+F8快捷组合键或执行"对象－图案－编辑图案"命令，就可以进入图案编辑状态，编辑完成后，单击"完成"按钮即可确认定义图案，若单击"取消"按钮，则可以取消当前对图案的编辑。

5.3.3　实战演练：个性风格服装设计

在本例中，通过自定义图案功能，将一个图片定义为图案，并以此为基础设计一款个性网格的服装作品，其操作步骤如下。

01 打开随书所附光盘中的文件"\第5章\5.3.3 实战演练：个性风格服装设计-素材.ai"，如图5.17所示。

图5.17　素材图形

02 选中其中的衣服图形，设置其填充色为00BAEF，描边色为无，得到图5.18所示的效果。按Ctrl+C快捷键进行复制，再按Ctrl+F快捷键粘贴至其上方。

图5.18　设置填充色后的效果

03 当前文档的右侧包含一个图片，如图5.19所示。选中该图片，执行"对象－图案－建立"命令，默认情况下会弹出一个提示框，单击"确定"按钮即可。

图5.19　素材图片

04 定义图案时将显示为图5.20所示的状态，由于当前图案较为复杂，边缘之间的区分不是很明显，因此不需要对其进行无缝处理，直接单击文档标签栏下方的"完成"按钮，以完成定义图案操作，此时"色板"面板中将显示刚刚所定义的图案，如图5.21所示。

图5.20　定义图案时的状态

图5.21　定义得到的图案

05 选中第2步粘贴得到的衣服图形，在"色板"面板中选择上一步定义的图案，得到图5.22所示的效果。

06 保持图形的选中状态，在"透明度"面板中设置参数，如图5.23所示，得到图5.24所示的效果。

图5.22 填充后的效果　　　　图5.23 "透明度"面板　　　　图5.24 最终效果

5.4 服装设计综合实例——现代风格菱形网格服装设计

在本例中，将通过绘制并自定义图案，设计一款现代风格的服装作品，其操作步骤如下。

01 打开随书所附光盘中的文件"\第5章\5.4 服装设计综合实例——现代风格菱形网格服装设计-素材.ai"，如图5.25所示。

02 首先在画板外部制作一个图案。选择矩形工具▣并在画板外部单击，设置弹出的对话框，如图5.26所示，单击"确定"按钮创建得到一个矩形，然后设置填充色为白色，描边色为无。

03 使用直线段工具╱以默认的属性，同时按住Shift键绘制一斜线线条，并将其置于白色矩形的对角线上，如图5.27所示，以便于在后面进行位置对齐。

图5.25 素材图形　　　　图5.26 "矩形"对话框　　　　图5.27 绘制斜线

04 按照第2步的方法，再创建一个12×12像素的黑色矩形，并将其置于左上方的位置，如图5.28所示。

05 按住Alt+Shift快捷键向右下方复制对象，如图5.29所示。

06 选中两个黑色矩形，按Alt+Shift快捷键向左侧复制图形，得到图5.30所示的效果。

图5.28 绘制黑色矩形

图5.29 向右下方复制矩形

图5.30 向左侧复制2个矩形

07 按D键将复制得到的2个矩形恢复为默认状态，再设置其填充色为无，得到图5.31所示的效果。

08 选中斜线线条，按Delete键将其删除，再选中白色矩形，将其填充色设置为无，此时该矩形变为不可见状态，如图5.32所示。但注意不要直接删除此矩形，该图形虽然不可见，但在定义图案时会影响图案的范围及效果。

09 将上面绘制的图形全部选中，显示"色板"面板并将选中的对象拖至该面板中以快速创建图案，如图5.33所示。

图5.31 设置描边后的效果

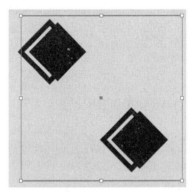

图5.32 删除对象并设置对象的填充为无

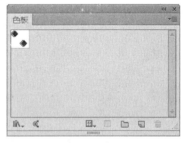

图5.33 "色板"面板

10 下面为人物的衣服填充图案。选中人物的衣服，按Ctrl+C快捷键进行复制，再按Ctrl+F快捷键粘贴至其上方。

11 设置粘贴得到的图形的填充为第9步中定义的图案，得到图5.34所示的效果。

12 显示"透明度"面板，设置填充图案后的图形的混合模式，如图5.35所示，得到图5.36所示的效果。

图5.34 填充图案后的效果

图5.35 "透明度"面板

图5.36 混合后的效果

13 保持对象的选中状态，再按Ctrl+C快捷键进行复制，再按Ctrl+F快捷键粘贴至其上方，并在"透明度"面板中修改参数，如图5.37所示，得到图5.38所示的效果。

图5.37　"透明度"面板　　　　　　　　　图5.38　最终效果

5.5 学习总结

在本章中，主要讲解了Illustrator中的图案填充以及自定义图案等功能。通过本章的学习，读者应对Illustrator提供的图案填充功能有较好的掌握，并了解结合对对象的混合模式及不透明度等功能，对图案进行综合处理的方法。

5.6 练习题

一、选择题

1. 下列有关Illustrator图案填充描述正确的是？（　　　）

A.图案存储在色板中

B.如果对一个进行了图案填充的图形进行旋转，填充的图案可以旋转，也可以不发生旋转

C.在缩放对话框中，如果选中图案选项，说明图案会随着图形的缩放而缩放

D.如果对一个填充了图案的图形进行镜像，图形可以发生镜像，图案则不可以

2. 下列可以定义为图案的对象有：（　　　）

A.普通图形　　　　　　　　　B.编组对象

C.位图　　　　　　　　　　　D.设置了渐变网格的对象

二、填空题

1. 选择（　　　）可以创建自定义图案。

2. 按（　　　）可以进入图案编辑状态。

三、上机题

1. 打开随书所附光盘中的文件"\第5章\5.6 练习题-上机题1-素材.ai"，如图5.39所示。载入Illustrator自带的"自然_叶子"图案，然后应用得到图5.40所示的效果。

图5.39 素材图像　　　　　　　　图5.40　填充图样后的效果

2. 打开随书所附光盘中的文件"\第5章\5.6 练习题-上机题2-素材1.ai"和"\第5章\5.6 练习题-上机题2-素材2.ai",如图5.41所示,将素材1中的图形复制到素材2中,并适当调整其大小及角度,然后将其定义为图案,再应用于人物身上的衣服,得到图5.42所示的效果。

图5.41　素材1和素材2　　　　　　　图5.42　填充图案后的效果

> **提示**
>
> 本章所用到的素材及效果文件位于随书所附光盘"\第5章"的文件夹内,其文件名与章节号对应。

第6章 图形设计
——修饰图形

对于已经绘制好的图形，Illustrator提供了大量可以改变其形态的功能，它可以帮助我们更好地对已有图形进行编辑处理，如运算、复合、宽度、变形、晶格化、褶皱、平滑、擦除及封套扭曲等。在本章中，将针对这部分功能进行详细讲解。

6.1 图形设计概述

6.1.1 图形设计的概念

图形设计是一个较为宽泛的设计领域，一个花纹、一个卡通形象、几个图形的相互组合等，都可以归结到图形设计领域中。在本章中，主要是讲解将图形进行特效处理的相关知识，即通过CorelDRAW中强大的图形修饰（也包括前面讲解的图形绘制）功能，来制作出多种多样的特效图形，即特效图形设计。图6.1所示就是一些典型的特效图形设计作品。

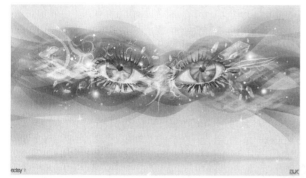

图6.1 特效图形设计作品

6.1.2 图形设计的应用

由于人们审美情趣的提高，因而对图形特效设计的要求也越来越高，并广泛应用于各类设计领域中，如网页设计、广告设计、包装设计与装帧设计等。

例如在强调创意的广告设计领域中，虽然多以创意或特效图像为主进行表现，但也不乏利用特效图形进行表现的优秀作品，如图6.2所示。

图6.2 以图形为主的创意广告

　　另外，在一切都在飞速发展的今天，包装及装帧的广告作用已经越来越明显地展现出来。当消费者在挑选商品时，最先看到的就是其外观，由此决定是否进行检阅，并最后决定是否产生购买行为。通过在包装或图书装帧中运用图形特效技术，有助于使该商品从种种商品中脱颖而出，因此越来越多的设计师开始关注这一设计手法，如图6.3所示。

图6.3　封面及包装设计作品

　　再比如，随着计算机硬件设备性能的不断加强和人们审美情趣的不断提高，以往古板单调的操作界面早已无法满足人们的需求，一个网页、一个电脑软件或一个手机应用的界面设计得优秀与否，已经成为人们对它进行衡量时的标准之一，这也证明了人机交互界面的重要性。

　　为了使界面效果更加出色、精美，大量界面设计师开始在界面设计工作中进行更为丰富的设计。但与前几年不同的是，目前扁平化的矢量风格界面更为流行，尤其在手机界面设计中，几乎都是以图形加色彩设计相结合，来完成一个出色的界面。此类情况在越来越多的网页设计作品中也变得更为常见，如图6.4所示。

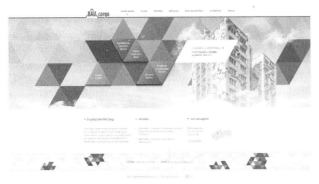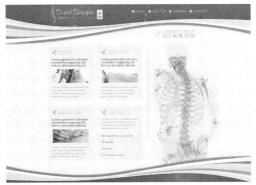

图6.4　以图形为主的网页界面设计作品

　　上面所讲解的是图像特效较为常见的应用领域，另外还包括许多其他的领域，但基本上其原理都是大同小异的，这里就不一一列举了。

　　在此需要指出的是，特效图形是一个无穷尽的领域，不同的设计师根据不同的设计任务，会设计或创意出不同的特效图形，因此掌握CorelDRAW的使用技巧才是最重要的，这样才可以"以不变应万变"。

6.2 运算路径

Illustrator提供了非常丰富的路径运算功能，以便于用户根据需要，对现有的路径进行各种调整，在本节中，就来讲解其相关知识。

在学习路径的转换与运算知识前，首先我们要对"路径查找器"面板有一个了解，选择"窗口－路径查找器"命令，弹出"路径查找器"面板，如图6.5所示。

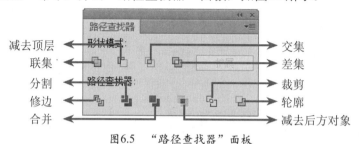

图6.5 "路径查找器"面板

在"路径查找器"面板中，各按钮的功能解释如下。

★ 联集：描摹所有对象的轮廓，就像它们是单独的、已合并的对象一样。此选项产生的结果形状会采用顶层对象的上色属性，如图6.6所示。

图6.6 选中的对象及相加后的效果

★ 减去顶层：从最后面的对象中减去最前面的对象，从而删除下方对象中与上方对象相重叠的区域，如图6.7所示。

★ 交集：描摹被所有对象重叠的区域轮廓，如图6.8所示。

★ 差集：描摹对象所有未被重叠的区域，并使重叠区域透明。若有偶数个对象重叠，则重叠处会变成透明。而有奇数个对象重叠时，重叠的地方则会填充颜色，如图6.9所示。

图6.7 减去顶层　　　　　　　图6.8 交集　　　　　　　图6.9 差集

★ 修边 🔲：删除已填充对象被隐藏的部分。它会删除所有描边，且不会合并相同颜色的对象，如图6.10所示。

★ 分割 🔲：将一份图稿分割为作为其构成成分的填充表面（表面是未被线段分割的区域），如图6.11所示。

★ 合并 🔲：删除已填充对象被隐藏的部分。它会删除所有描边，且会合并具有相同颜色的相邻或重叠的对象，如图6.12所示。

图6.10 修边   图6.11 分割   图6.12 合并

★ 减去后方对象 🔲：从最前面的对象中减去后面的对象，如图6.13所示。

★ 裁剪 🔲：将图稿分割为作为其构成成分的填充表面，然后删除图稿中所有落在最上方对象边界之外的部分。裁剪后还会删除所有描边，如图6.14所示。

★ 轮廓 🔲：将对象分割为其组件线段或边缘，如图6.15所示。

图6.13 减去后方对象   图6.14 裁剪   图6.15 轮廓

实战演练：随机圆环特效图形设计

在本例中，将主要使用路径运算功能来制作随机圆环特效图形，并以此作为《货币银行学》封面中的主体内容，其操作步骤如下所述。

01 打开随书所附光盘中的文件"\第6章\6.2.1 实战演练：随机圆环特效图形设计-素材1.ai"，如图6.16所示。

图6.16 素材

02 使用椭圆工具 在按住Shift键在正封的右侧绘制一个正圆，并设置其填充色为无，描边色为004164，描边属性设置如图6.17所示，得到图6.18所示的效果。

图6.17 "描边"面板

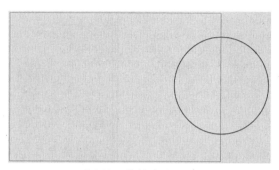

图6.18 绘制的圆形

03 选择上一步绘制的圆圈，选择"对象－路径－轮廓化描边"，以将其转换为填充图形。

04 使用钢笔工具 绘制一个与圆环相交的图形，且相交的部分为要保留的范围，如图6.19所示。

05 选中上一步绘制的图形及圆形，显示"路径查找器"面板，并单击图6.20所示的按钮，此时会按照上方图形的属性进行设置，如图6.21所示。

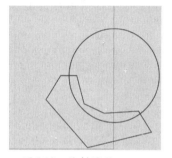

图6.19 绘制图形

图6.20 运算图形

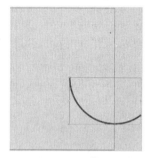

图6.21 运算后的效果

06 按Shift+X快捷键交换填充与描边色，得到图6.22所示的效果。

07 按照第2~6步的方法，继续绘制并运算得到其他的部分宽度不一的图形，如图6.23所示。

08 打开随书所附光盘中的文件"\第6章\6.2.1 实战演练：随机圆环特效图形设计-素材2.ai"，如图6.24所示，选中其中的素材图形，并按Ctrl+C快捷键进行复制，再返回封面文件中，并按Ctrl+V快捷键进行粘贴，然后调整其运算后的图形的内部，如图6.25所示。

图6.22 交换填充色与描边色后的效果

图6.23 制作其他图形后的效果

图6.24 素材图形

09 选中当前的所有图形，按住Alt+Shift快捷键将其向左侧的封底中进行拖动，并在"变换"面板的菜单中选择"水平翻转"命令，如图6.26所示，再适当调整其大小及位置，得到图6.27所示的效果。图6.28所示是添加封面中其他元素后的最终效果。

图6.25 摆放图形的位置

图6.26 "变换"面板

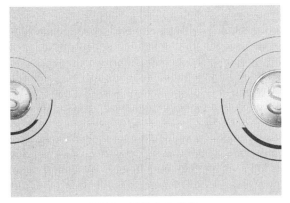

图6.27 调整后的效果

图6.28 最终效果

6.3 复合路径

简单来说，复合路径功能与"路径查找器"中的排除重叠运算方式相近，都是将两条或两条以上的多条路径创建出镂空效果，相当于将多个路径复合起来，可以同时进行选择和编辑操作。二者的区别就在于，复合路径功能制作的镂空效果，可以释放复合路径，从而恢复原始的路径内容，而使用排除重叠运算方式，则无法进行恢复。

下面来讲解复合路径的操作方法。

6.3.1 创建复合路径

制作复合路径，首先选择需要包含在复合路径中的所有对象，然后执行"对象－复合路径－建立"命令，或按Ctrl+8快捷键即可。选中对象的重叠之处，将出现镂空状态，如图6.29所示。

图6.29 创建复合路径前后对比效果

6.3.2 释放复合路径

释放复合路径非常简单，可以通过执行"对象－复合路径－释放"命令，或按Ctrl+Shift+Alt+8快捷组合键即可。

6.4 图形高级处理

所谓的图形高级处理，是指使用Illustrator中提供的系列图形处理工具，对图形的形态进行多样化的调整，其中主要包括了宽度工具、变形工具、旋转扭曲工具、缩拢工具、膨胀工具、扇贝工具、晶格化工具，以及褶皱工具。

6.4.1 宽度工具

使用宽度工具可以对图形的描边宽度进行调整，其快捷键为Shift+W。在使用此工具时，可以将光标置于要调整宽度的描边上，此时光标变为状态，如图6.30所示，按住鼠标左键拖动，即可改变周围的描边的宽度，如图6.31所示，图6.32所示是释放鼠标后的效果。

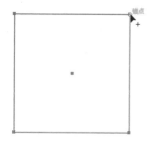
图6.30　摆放光标位置

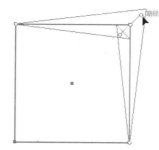
图6.31　拖动时的状态

图6.32　调整后的效果

6.4.2 实战演练：欧式华丽花纹特效图形设计

在本例中，将主要使用宽度工具来设计一款欧式华丽花纹特效图形，其操作步骤如下所述。

01 按Ctrl+N快捷键新建一个文件，设置弹出的对话框，如图6.33所示。

02 首先来绘制一个螺旋图形。选择螺旋线工具，设置填充色为无，设置描边色为D70050，然后在画板中单击，设置弹出的对话框，如图6.34所示，单击"确定"按钮退出对话框，得到图6.35所示的线条。

图6.33　"新建文档"对话框

图6.34　"螺旋线"对话框

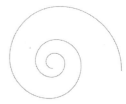
图6.35　创建得到的螺旋线

03 使用选择工具  选中上一步绘制的螺旋线条,将光标置于控制框的右下角,再按住Shift键将其旋转90度,得到图6.36所示的效果。

04 按Ctrl+C快捷键复制线条,再按Ctrl+V快捷键进行粘贴,显示"变换"面板,并在其面板菜单中选择"水平翻转"命令,如图6.37所示,然后在"变换"面板菜单中选择"垂直翻转"命令,再按住Shift键将螺旋线缩小,然后将其与原图形连接在一起摆放,如图6.38所示。

图6.36 旋转后的图形　　　　　图6.37 选择"水平翻转"命令　　　图6.38 摆放图形后的效果

05 使用直接选择工具  选中下方的螺旋线,并选中其中的锚点,然后拖动锚点及控制句柄,调整两个图形之间的线条,使之更平滑,如图6.39所示。

06 选中2个螺旋线条,在"描边"面板中设置其"端点",如图6.40所示,使其端点在调整后呈现圆角的效果。

07 下面来通过调整线条的宽度,来制作花纹效果。选择宽度工具 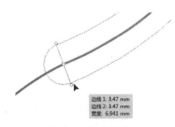 ,在上方螺旋图形的底部锚点上拖动,以增加其宽度,如图6.41所示,图6.42所示是释放光标后的图形效果。

图6.39 调整下方图形后的效果　　图6.40 "描边"面板　　　　图6.41 拖动锚点

> **提示**
>
> 若在编辑过程中,下方图形将上方图形的锚点挡住了,可以选中下方的图形,按Ctrl+Shift+[快捷键将其调整至下方。

08 按照上一步的方法,再调整下方螺旋线上方锚点的宽度,如图6.43所示。

09 下面来编辑螺旋图形内部的宽度。使用宽度工具  拖动上方螺旋线的内部端点,以增加其宽度,如图6.44所示,图6.45所示是调整后的效果。

图6.42 调整宽度后的效果　　图6.43 调整2个线条宽度后的效果　　图6.44 拖动时的状态

10 下面继续在其内部端点的附近再调整其宽度，如图6.46所示。

图6.45　拖动后的效果　　　　　　　　图6.46　在附近调整

11 按照第8~10步的方法，再调整下方螺旋线内部的线条宽度，得到图6.47所示的效果。用户也可以将现有的图形复制并垂直翻转，然后进行适当的调整。

12 打开随书所附光盘中的文件"\第6章\6.4.2 实战演练：欧式华丽花纹特效图形设计-素材.ai"，如图6.48所示，结合前面讲解的花纹的制作方法，将其复制到本例制作的花纹文档中，进行适当的位置及大小调整，直至得到图6.49所示的最终效果。

图6.47　调整下方图形后的效果　　　　图6.48　素材图形　　　　图6.49　最终效果

6.4.3　变形工具

使用变形工具可以随光标的移动塑造对象形状，将对象进行弯曲变形，其快捷键为Shift + R键。以图6.50所示的图形为例，图6.51所示是使用此工具对其中的树进行变形处理后的效果。

双击此工具，可以调出图6.52所示的对话框进行参数调整。在调整过程中，若按住Alt键向左、右侧拖动鼠标左键或右键，可调整其画笔宽度；若按住Alt键向上、下方拖动鼠标左键或右键，可调整其画笔高度。

> **提示**
>
> 按住Alt键并拖动鼠标左键或右键调整画笔大小的方法，也适用于其他高级图形处理工具，笔者将不再一一说明。

图6.50　原图形　　　　　　図6.51　调整后的效果　　　　图6.52　"变形工具选项"对话框

6.4.4 旋转扭曲工具

使用旋转扭曲工具 可以按住鼠标左键对对象进行旋转扭曲处理，以图6.53所示的图形为例，图6.54所示是使用此工具对其中的树进行处理后的效果。

双击旋转扭曲工具 ，可以调出图6.55所示的对话框进行参数调整。

图6.53 原图形

图6.54 调整后的效果

图6.55 "旋转扭曲工具选项"对话框

6.4.5 实战演练：The Flower主题旋转图形特效设计

本例主要是利用旋转扭曲工具 制作得到螺旋状的图形效果，其操作步骤如下所述。

01 打开"素材.ai"，如图6.56所示。

图6.56 素材图形

02 选择椭圆工具 ，按住Shift键绘制一个正圆形，并暂时将其轮廓色设置为无，填充色为黑色，然后置于图6.57所示的位置。

图6.57 绘制图形

03 选中上一步绘制的正圆，在"渐变"面板中设置其填充属性，如图6.58所示，得到图6.59所示的效果。其中所使用的颜色分别为B813B1和E41F79。

图6.58 设置填充属性

图6.59 设置填充后的效果

04 保持圆形的选中状态，在"透明度"面板中设置其混合模式为"正片叠底"，如图6.60所示，得到图6.61所示的效果。

图6.60 "透明度"面板

图6.61 设置混合模式后的效果

05 选中上一步设置了渐变填充后的圆形，按Ctrl+D快捷键复制多次，调整其大小并修改渐变填充属性，直至得到类似图6.62所示的效果。

图6.62 制作其他的圆形

06 选择钢笔工具 ✒，绘制一个弯曲的图形，并按照第3步的方法，为其设置渐变填充，得到图6.63所示的效果。

图6.63 绘制弯曲的图形

07 选中上一步绘制的图形，选择旋转扭曲工具 ⌾，按住Alt键拖动鼠标右键，以得到一个适当大小的画笔，如图6.64所示。

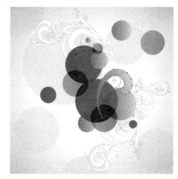

图6.64 摆放光标位置

08 按住鼠标左键一定时间，直到旋转得到满意的结果，如图6.65所示。

图6.65 转动后的效果

09 按照第7~8步的方法，适当调小一些笔尖半径，再次进行转动处理，如图6.66所示。

图6.66 再次转动后的效果

10 按照第6~9步的方法，继续绘制其他的图形，为其设置不同的填充色并使用旋转扭曲工具 ⌾ 进行处理，直至得到类似图6.67所示的效果。

11 选中背景圆形以外的所有图形，按Ctrl+C快捷键进行复制，然后按Ctrl+F快捷键将其粘贴到前面，再使用选择工具 ▶，将光标置于控制框的右上角，对选中对象进行旋转，直至得到类似图6.68所示的效果。

图6.67　制作其他图形后的效果

图6.68　复制图形

12 按照第2步的方法，在画布中间位置绘制一个白色正圆，如图6.69所示。

图6.69　绘制白色正圆

13 选中上一步绘制的白色正圆，显示"透明度"面板，并在其中设置"不透明度"参数，如图6.70所示，得到图6.71所示的半透明效果。

图6.70　设置透明度参数

图6.71　设置透明度后的效果

14 继续选中白色圆形，按小键盘上的+键进行原位复制，再按住Shift键进行缩小操作，再修改其透明属性为40。按照同样的方法，再复制并缩小一个更小的圆形，将其透明属性设置为0，得到图6.72所示的效果。图6.73是在白色圆形输入文字后的最终效果。

图6.72　制作其他的圆形

图6.73　最终效果

6.4.6　缩拢工具与膨胀工具

缩拢工具与膨胀工具是一对功能刚好相反的工具，前者用于对画笔范围内的对象进行收缩处理，而后者则可以进行膨胀处理。

使用缩拢工具与膨胀工具可以按住

鼠标左键对象进行收缩或膨胀处理。以图6.74所示的图形为例，图6.75所示是使用此工具对其中的图形进行处理后的效果，其中是对右侧的花朵进行了收缩处理，然后对人物的上半身进行了膨胀处理。

缩拢工具 与膨胀工具 的参数选项也基本相同，例如，图6.76所示是双击膨胀工具 后弹出的对话框。

图6.77　原图形

图6.74　原图形　　　图6.75　调整后的效果

图6.78　调整后的效果

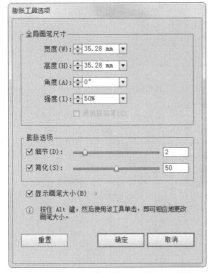

图6.76　"膨胀工具选项"对话框

图6.79　"扇贝工具选项"对话框

6.4.7　扇贝工具

使用扇贝工具 可以向对象添加随机弯曲的细节。以图6.77所示的图形为例，图6.78是使用此工具对其中的图形进行处理后的效果。双击此工具，可以调出图6.79所示的对话框，进行参数调整。

6.4.8　实战演练：随机波浪特效图形设计

在本例中，将主要使用扇贝工具 来制作随机的波浪图形，以模拟参差不齐的雪地边缘效果，其操作步骤如下所述。

01 打开随书所附光盘中的文件"\第6章\6.4.8实战演练：随机波浪特效图形设计-素材.ai"，如图6.80所示。

02 选择矩形工具 ，在素材的下方绘制一个矩形，设置其填充色为白色，描边色为无，如图6.81所示。

图6.80　素材图形

图6.81　绘制矩形

03 选择扇贝工具[⯈]并设置适当的画笔大小，然后从矩形底部的左侧至右侧拖动，以绘制得到不规则的波浪形状，如图6.82所示。

图6.82　制作基本的波浪图形

04 下面来编辑一下各个图形，使之更为美观且具有随机效果。使用直接选择工具[⯈]选中左侧要编辑的路径线，如图6.83所示，此时会显示相应的控制句柄。

05 拖动左侧的控制句柄，以调整其形态，如图6.84所示。

06 按照上一步的方法拖动右侧的控制句柄，以得到类似图6.85所示的效果。

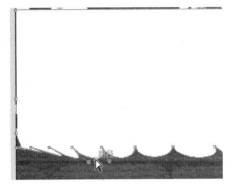

图6.83　单击路径线

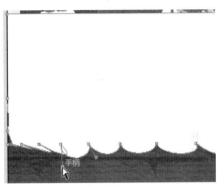

图6.84　编辑左侧控制句柄

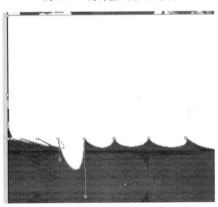

图6.85　编辑右侧控制句柄

07 按照第4~6的方法，分别调整其他的图形，直至得到图6.86所示的效果。

图6.86　编辑后的图形效果

08 最后，使用直接选择工具 选中图形左上角和右上角的锚点，并将其向下拖动，从而降低其高度，得到图6.87所示的最终效果。

图6.87　最终效果

6.4.9　晶格化工具

使用晶格化工具 可以向对象添加随机锥化的细节。以图6.88所示的图形为例，图6.89所示是使用此工具对其中的图形进行处理后的效果。双击此工具，可以调出图6.90所示的对话框进行参数调整。

图6.88　原图形

图6.89　调整后的效果

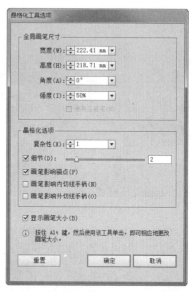

图6.90　"晶格化工具选项"对话框

6.4.10　实战演练：促销活动爆炸特效图形设计

在本例中，将主要使用晶格化工具 制作促销活动时使用的爆炸形标签效果，由于处理时会具有一定的随机性，因此读者在制作时不必追求与本例中的效果完全相同。其操作步骤如下。

01 按Ctrl+N快捷键新建一个A4尺寸的文档。

02 使用矩形工具 按住Shift键绘制一个18mm*18mm左右的正方形，设置其描边色为无，填充色为任意色。

03 双击晶格化工具 ，在弹出的对话框中设置其参数，如图6.91所示。

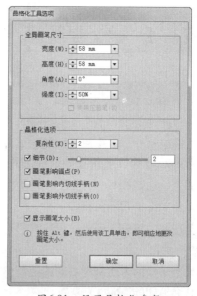

图6.91　设置晶格化参数

04 将光标置于绘制的矩形上，如图6.92所示。

05 按住鼠标左键对矩形进行晶格化处理，并在矩形发生变形后，稍向左下方移动光标，以突出显示左下角的突出图形，如图6.93所示。

图6.92 摆放光标位置

图6.93 处理得到的图形效果

06 设置图形的填充色为FAED00，描边色为E73828，描边粗细为2pt，得到图6.94所示的效果，图6.95所示是向其中添加说明内容及装饰图形后的效果，读者可尝试制作。

图6.94 设置填充色与描边色后的效果

图6.95 最终效果

6.4.11 褶皱工具

褶皱工具 📐 可以向对象添加类似于皱褶的细节。以图6.96所示的图形为例，图6.97是使用此工具对其中的图形进行处理后的效果。双击此工具，可以调出图6.98所示的对话框，进行参数调整。

图6.96 原图形

图6.97 调整后的效果

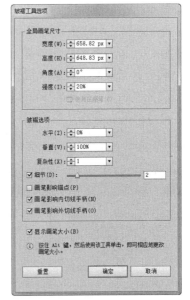

图6.98 "褶皱工具选项"对话框

6.4.12　实战演练：环绕发光特效图形设计

在本例中，将主要使用褶皱工具 来制作不规则的环绕线条效果，并结合渐变填充及混合模式功能，为图形增加强烈的局部发光效果，其操作步骤如下。

01 打开随书所附光盘中的文件"\第6章\6.4.12　实战演练：环绕发光特效图形设计-素材"，如图6.99所示。

图6.99　素材图形

02 选中位于上层的苹果图形，如图6.100所示。

图6.100　选中图形

03 按Ctrl+C快捷键进行复制，按Ctrl+F快捷键将其粘贴到上方，此时该对象的"透明度"面板参数如图6.101所示，修改其中的不透明度为100%，如图6.102所示。

图6.101　"透明度"面板　图6.102　修改"不透明度"参数

04 按Shift+X快捷键交换填充色与描边色，设

置其描边粗细为4pt，适当调整其位置及大小后，得到图6.103所示的效果。

图6.103　边框效果

05 在"渐变"面板中修改描边渐变的属性，如图6.104所示，其中主要是将左侧色标的颜色值修改为DCA9BF，得到图6.105所示的效果。

图6.104　"渐变"面板

图6.105　修改渐变后的效果

06 选择褶皱工具 ，按住Alt键拖动鼠标左键以调整画笔大小，使之大于线框，如图6.106所示。

07 按住鼠标左键片刻，以改变其形态，如图6.107所示。

08 复制处理完成的线框2次，并适当调整其大小及位置，直至得到类似图6.108所示的效果。

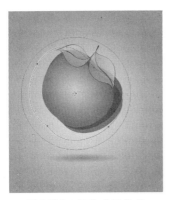

图6.106　摆放光标位置

图6.107　褶皱效果

图6.108　制作其他2个线条后的效果

09 下面来制作发光效果。使用椭圆工具◉绘制一个椭圆，并将其旋转一定角度，再设置其填充色，如图6.109所示，描边色为无，适当调整其渐变填充后得到图6.110所示的效果。

图6.109　"渐变"面板

图6.110　渐变圆形

10 在"透明度"面板中设置其混合模式，如图6.111所示，得到图6.112所示的效果。

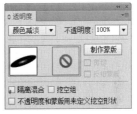

图6.111　"透明度"面板

图6.112　高光效果

11 复制发光对象并适当调整其大小、角度及位置，直至得到图6.113所示的效果。

图6.113　最终效果

6.5 图形修饰工具

6.5.1 平滑工具

顾名思义，平滑工具 ✐ 就是用于对图形进行平滑处理的工具，它可以对任意一条路径进行平滑处理，移去现有路径或某一部分路径中的多余尖角，最大限度地保留路径的原始形状，一般平滑后的路径具有较少的锚点。

在工具箱中双击平滑工具 ✐，弹出"平滑工具选项"对话框，如图6.114所示。其中的参数控制了平滑路径的程度及是否在路径绘制之后仍然被选中。

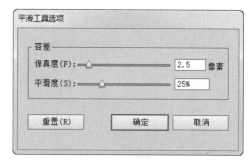

图6.114 "平滑工具选项"对话框

在"平滑工具选项"对话框中各选项的含义解释如下。

★ 保真度：此选项控制了在使用平滑工具 ✐ 平滑时对路径上各点的精确度。数值越高，路径就越平滑；数值越低，路径越粗糙。其取值范围介于 0.5～20 像素之间。

★ 平滑度：此选项控制了在使用平滑工具 ✐ 对修改后路径的平滑度。百分比越低，路径越粗糙；百分比越高，路径越平滑。其取值范围介于0%～100%之间。

★ 重置：单击此按钮，可将参数恢复为默认数值。

以图6.115所示的路径为例，使用平滑工具 ✐ 在路径上沿需要平滑的区域拖动，如图6.116所示，图6.117所示是平滑后的效果，可以看出，路径变得更为平滑，而且锚点也少了很多。

如果一次不能达到满意效果，可以反复拖动将路径平滑，直至达到满意的平滑度为止。

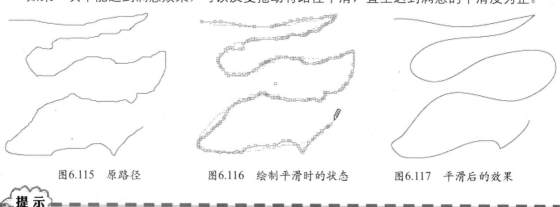

图6.115 原路径　　　　图6.116 绘制平滑时的状态　　　　图6.117 平滑后的效果

> **提示**
> 如果当前选择的是铅笔工具 ✐，要实现平滑工具 ✐ 的功能，可以在平滑路径时按住Alt键。

6.5.2 路径橡皮擦工具

使用路径橡皮擦工具 ✐ 可以删减路径的部分或全部，包括开放和闭合路径。选择路径，并使用此工具沿着要擦除的路径拖动鼠标，鼠标所经过的路径将被擦除。

以图6.118中所示的人物主体为例，图6.119所示是在人物手部进行涂抹，以删除路径后的效果。

图6.118 素材图形

图6.119 擦除后的效果

6.5.3 橡皮擦工具

使用橡皮擦工具 可以以圆形或方形两种形态对图形进行擦除处理，该工具只对矢量图形有效，对位图、文本等对象无效。

默认情况下，用户可以直接使用圆形的画笔进行涂抹，涂抹到的位置将被擦除，双击该工具，还可以在弹出的对话框中设置其参数，如图6.120所示。

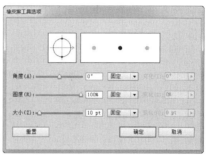

图6.120 "橡皮擦工具选项"对话框

另外，用户也可以按住Alt键拖动出一个虚线框，释放鼠标后，虚线框内部的内容将全部被删除。以图6.121所示的图形为例，图6.122所示是按住Alt键在其底部绘制一个矩形框时的状态，释放光标后即可将矩形框范围内的图形全部删除，图6.123所示是删除左、右、底部3侧多余内容后的效果。

图6.121 素材图形

图6.122 绘制矩形框

图6.123 擦除后的效果

6.6 封套扭曲

封套扭曲功能是指利用网格或图形建立一个封套，该封套可以将对象装载进来，并对其进行扭曲处理，用户可以根据需要对封套进行编辑，从而改变对象的形态。在Illustrator中，只能够对图形或文本对象进行封套扭曲处理。

Illustrator提供了3种封套扭曲方式，即变形预设、网格及顶层对象。下面分别对其使用方法进行讲解。

6.6.1 使用变形预设建立封套

在选中对象后，按Ctrl+Shift+Alt+W快捷组合键，或选择"对象－封套扭曲－用变形建立"命令，即可调出图6.124所示的对话框，在其中设置参数，即可改变对象的形态。

图6.124 "变形选项"对话框

在"变形选项"对话框中，各参数的解释如下所述。

★ 样式：在该下拉菜单中可以选择15种预设的变形选项，如果选择自定选项，则可以随意对图像进行变形操作。

★ 水平/垂直：选择这2个选项，可以控制当前的变形是在水平或垂直方向上进行。

★ 弯曲：在此输入正或负数可以调整图像的扭曲程度。

★ 扭曲：在此区域中，调整水平、垂直参数，可以控制图像扭曲时在水平和垂直方向上的比例。

设置完成后，单击"确定"按钮退出对话框即可。以图6.125中背景竖条及花纹为例，图6.126所示是利用"扇形"样式所制作的封套效果。

图6.125 素材图形

图6.126 扇形效果

在应用预设的变形创建封套后，可以使用以下方法继续进行扭曲处理。

在选中对象的情况下，"控制"面板中会显示相关的封套参数，如图6.127所示，用户可以在其中进行相应的设置。

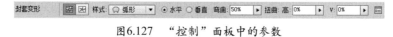

图6.127 "控制"面板中的参数

使用直接选择工具选中封套中的锚点并编辑控制句柄，以改变封套的形态，从而改变其扭曲效果。以前面制作的扇形封套为例，图6.128所示是编辑其形态后的效果。对于后面讲解的使用网格及顶层对象创建的封套，在创建完成后，也可以使用此方法进行调整，届时将不再一一讲解。

图6.128 编辑封套后的效果

另外，在使用变形预设为对象创建封套后，可以再次选择"对象－封套扭曲－用变形重置"命令，再次调出其对话框，然后以新的参数为对象创建封套。

6.6.2 实战演练：科技炫光特效图形设计

在本例中，将主要使用变形预设来创建封套，并创建得到极具科技感的炫光特效图形，其操作步骤如下所述。

01 打开随书所附光盘中的文件"\第6章\6.6.2 实战演练：科技炫光特效图形设计-素材.ai"，在画板左侧外部包含了2个素材图形，如图6.129所示。

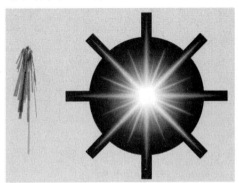

图6.129 素材图形

02 将最左侧的素材图形拖至画板中，按 Ctrl+Alt+Shift+W快捷组合键执行"用变形建立"命令，设置弹出的对话框，如图6.130所示，单击"确定"按钮退出对话框，得到图6.131所示的效果。

03 使用选择工具 ，按住Alt键拖动变形后的对象，以创建得到其副本，并应用"对象－封套扭曲－用变形重置"命令，重新设置其参数，如图6.132所示，单击"确定"按钮退出对话框，并适当调整对象的大小、位置及角度属性，得到类似图6.133所示的效果。

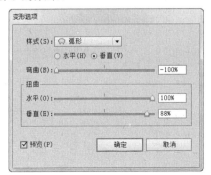

图6.130 "变形选项"对话框

图6.131 变形后的效果

图6.132 "变形选项"对话框

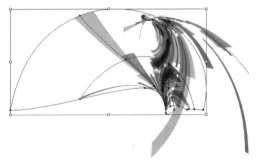

图6.133 变形后的效果

04 按照上一步的方法，再复制并对另外一个对象进行变形及变换处理，得到图6.134所示的效果。

05 将左侧画板外的发光对象拖至画板中，并置于上方，以添加发光效果，如图6.135所示。

06 按照第3步的方法，创建发光对象的副本，并适当调整其大小，然后置于画板的下方位置，如图6.136所示。

图6.134 第3次变形后的效果

图6.135 摆放对象位置

图6.136 最终效果

6.6.3 使用网格建立封套

使用网格建立封套是指在选中对象后，按Ctrl+Alt+M快捷组合键，或选择"对象－封套扭曲－用网格建立"命令，将弹出图6.137所示的对话框，在其中输入"行数"及"列数"的数值，单击"确定"按钮退出后，即可创建相应的网格，例如图6.138所示是创建4*4网格后的封套。

图6.137 "封套网格"对话框

图6.138 创建得到的4*4网格

6.6.4 使用顶层对象 建立封套

使用顶层对象建立封套是指用户可以自行创建一个图形，并将其置于被封套对象的上方，然后将图形与对象选中，按Ctrl+Alt+C快捷组合键，或选择"对象－封套扭曲－用顶层对象建立"命令，即可以顶层图形的形状，对对象进行扭曲处理。

以图6.139所示的2个对象为例，其中下方的绿色图形位于顶层，上方的对象为一个编组对象，在将二者选中并按Ctrl+Alt+C快捷组合键后，即可得到图6.140所示的效果。

图6.139 2个素材图形

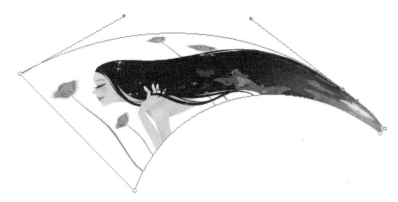

图6.140 创建封套后的效果

6.7 图形设计综合实例——玻璃质感特效图形设计

在本例中,将结合路径运算、封套扭曲,以及各种格式化图形功能,来制作一个玻璃质感的球体,其操作步骤如下。

01 打开随书所附光盘中的文件"\第6章\6.7 图形设计综合实例——玻璃质感特效图形设计-素材",如图6.141所示。

02 使用椭圆工具 ,按住Shift键绘制一个正圆形,设置其填充色如图6.142所示,其中各色标的颜色值从左到右分别为D4A759、BA934E、824C15和3F290E,再设置其轮廓色为无,得到图6.143所示的效果。

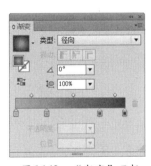

图6.141 素材图形 　　　　图6.142 "渐变"面板 　　　　图6.143 设置渐变填充后的效果

03 下面来制作球体底部的高光。首先,我们要绘制一些带有不同颜色及透明度等属性的矩形条,并将它们重叠在一起,为便于操作,可以在画板以外的位置进行绘制,如图6.144所示,图6.145所示是将所有的矩形条分拆开时的状态。

图6.144 绘制得到的图形 　　　　图6.145 分拆时的图形状态

04 选中绘制的矩形,按Ctrl+G快捷键进行编组,然后按Ctrl+Alt+Shift+W快捷组合键应用"用变形建立"命令,设置弹出的对话框,如图6.146所示,得到图6.147所示的效果。

图6.146 "变形选项"对话框

图6.147 变形后的效果

05 使用直接选择工具 ▷ 单击选中右上方的2个封套锚点,并修改其位置及控制句柄,使之也像左侧一样变为尖角效果,如图6.148所示。

06 将编辑封套后的图形移至前面绘制的圆形上方,并适当调整其大小,如图6.149所示。

图6.148 编辑封套后的效果

图6.149 摆放对象后的效果

07 按照第3~6步的方法,继续绘制另外一组图形,并对其进行变形处理,其处理流程如图6.150所示,图6.151所示是将其摆放到球体上方后的效果。

图6.150 制作另一组高光图形

08 下面将在球体上方绘制一个新的高光图形。选择椭圆工具 ◉,在球体的内部上方绘制一个椭圆,并在"渐变"面板中设置其参数,如图6.152所示,其中左侧色标的"不透明度"数值为70%,右侧色标的不透明度数值为10%,得到图6.153所示的效果。

图6.151 摆放图形后的效果

图6.152 "渐变"面板

图6.153 填充渐变后的效果

09 下面来制作球体左、右两侧的边缘图形，以增强整体的立体感。选中第2步中绘制的渐变圆形，按Ctrl+C快捷键进行复制，然后取消选中任何对象，再按Ctrl+F快捷键将其粘贴到顶层，再设置其填充色为黑色，描边色为无，得到图6.154所示的效果。

10 选中黑色的圆形，再次按Ctrl+F快捷键粘贴一个圆形，设置其填充色为黄色，并适当缩小其宽度，再将其向下移动一些，如图6.155所示。

图6.154 黑色圆形效果　　　　　　　　图6.155 黄色圆形效果

11 选中黑色与黄色两个圆形，在"路径查找器"面板中单击图6.156所示的按钮，使两个图形进行运算，以留下外围的边缘。

12 选中运算处理后的边缘图形，在"渐变"面板中设置其参数，如图6.157所示，其中各色标的颜色值从左到右依次为4D351A、8C6239、E3B581、8C6239和4C3419，得到图6.158所示的效果。

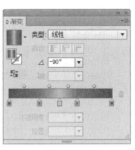

图6.156 "路径查找器"面板　　　图6.157 "渐变"面板　　　图6.158 设置渐变后的效果

13 最后，结合渐变填充与"透明度"面板中的混合模式功能，来制作球体的发光与阴影，得到图6.159所示的效果。读者可在学习相关知识后尝试制作。

图6.159 最终效果

6.8 学习总结

在本章中，主要讲解了对图形进行各类修饰处理的知识。通过本章的学习，读者应能够掌握路径运算、复合路径以及宽度、变形、旋转扭曲等高级图形处理功能，以制作各种特殊效果的图形。另外，对于图形进行平滑、擦除等基本处理，读者也应该有了较好的了解。

6.9 练习题

一、选择题

1. 在Illustrator中使用平滑工具 时，影响平滑程度的因素有（　　　）。

   A.路径上锚点数量的多少

   B. "平滑工具选项"对话框中保真度的数值的设定

   C.路径是否为封闭路径或者开放路径

   D. "平滑工具选项"对话框平滑度的数值的设定

2. 下列有关Illustrator橡皮擦工具 描述不正确的是？（　　　）

   A.橡皮擦工具 只能擦除开放路径

   B.橡皮擦工具 只能擦除路径的一部分，不能将路径全部擦除

   C.橡皮擦工具 可以擦除文本或渐变网格

   D.橡皮擦工具 可以擦出路径上的任意部分

3. 要将图6.160所示的线条快速调整为图6.161所示的效果，可以使用（　　　）。

   A.宽度工具　　　　B.变形工具　　　　C.晶格化工具　　　　D.旋转扭曲工具

图6.160　原线条　　　　　　　图6.161　调整后的效果

4. 要将图6.162所示的紫色圆形快速调整为图6.163所示的效果，可以使用（　　　）。

   A.宽度工具　　　　B.变形工具　　　　C.膨胀工具　　　　D.扇贝工具

图6.162　原线条　　　　　　　图6.163　调整后的效果

二、填空题

1. 两个重叠在一起的矩形，上方矩形为紫色，下方矩形为蓝色，在选中2个矩形后，执行联集运算，则运算后的图形的颜色为（　　）；若执行的是减去顶层运算，则运算后的图形的颜色为（　　）。

2. 创建复合路径的快捷键是（　　）；释放复合路径的快捷键是（　　）。

3. 要将2个图形在运算后只保留其基本轮廓，可以使用（　　）运算模式。

三、上机题

1. 打开随书所附光盘中的文件"\第6章\6.9　练习题-上机题1-素材.ai"，如图6.164所示，结合本章讲解的功能，制作得到图6.165所示的效果。

图6.164　素材图形　　　　　　　　　图6.165　处理后的效果

2. 打开随书所附光盘中的文件"\第6章\6.9　练习题-上机题2-素材.ai"，如图6.166所示，通过对其中的黑色线条组进行变形，并设置其颜色、添加光晕，制作得到类似图6.167所示的效果。

图6.166　素材图形　　　　　　　　　图6.167　处理后的图形

> **提示**
> 本章所用到的素材及效果文件位于随书所附光盘"\第6章"的文件夹内，其文件名与章节号对应。

第7章 UI设计
——编辑对象

在本章中，将讲解Illustator中对象的一些基本操作，如最基本的选择、移动、复制、调整顺序、锁定与解锁、群组与取消群组等，还有更为高级的变换、对齐/分布等功能。值得一提的是，本章的内容并非只针对图形进行处理，也可以处理所有Illustrator中的对象。

7.1 UI设计概述

7.1.1 UI设计的概念

UI设计又称为界面设计。在我们的日常生活中，越来越多地需要面对机器及各种系统，从随身携带的手机到工作中密不可分的计算机，甚至计算机上的各种软件、网页等，这些能够看到的、接触到的，就是我们所说的界面。我们每天对自己身边工具（如计算机、手机、平板电脑等）的使用，就是对界面的操作。实际上，大部分人并不清楚这些工具的工作原理，也不一定了解它的内部结构，但是我们只需要了解并且能够熟练操作它的界面就已经足够了。

在使用这些工具时，会希望看到更加精致小巧的图标，更加符合需求的功能按钮的分布，更赏心悦目的屏幕。因为这样的界面不仅仅可以满足我们的视觉享受，更加重要的是其简洁合理的设计，可以让我们在使用的时候更加得心应手，甚至是大幅度地提高工作效率。

为了使用户在与机器的接触过程中更加轻松，使产品的使用界面更加人性化与个性化，就成为厂商致力解决的问题，并由此衍生出一门全新的设计学科，即界面设计。

这一个新兴的设计领域，已经成为众多厂商关注的战略高地。而作为一个设计师，首先要掌握界面设计的一些原则，以及界面设计中视觉表现方面可能需要处理的技术问题。

图7.1为一些优秀的界面设计作品。

图7.1　优秀的界面设计作品

7.1.2 界面设计的三大组成部分及设计技巧

界面设计由结构设计、交互设计、视觉设计3个部分构成，每一个部分都具有不同的目的与设计技巧，下面分别进行讲解。

结构设计也称概念设计，是界面设计的骨架，即通过对操作者研究和任务分析，制定出产品的整体架构。

交互设计的目的是使产品让操作者能简单使用，任何产品功能的实现，都是通过人和机器的交互来完成的。因此，人的因素应作为设计的核心体现出来，下面是一些在交互设计方面的技巧。

★　界面应该有清楚的错误提示，在操作者误操作后，产品能够提供有针对性的提示。

★　让操作者方便地控制界面，给不同层次的操作者提供多种可能性。

★　同一种功能，可以用鼠标或键盘完成。

★　使用操作者易懂的语言，而非专业的技术性语言。

★　无论在什么位置，都能够方便地退出，而且要考虑是按一个键完全退出，还是一层一层地次级式退出。

★　优秀的导航功能和随时转移功能，很容易从一个功能跳到另外一个功能。

★　让操作者知道自己当前的位置，方便做出下一步行动的决定。

好的界面能够帮助我们更好地入门一种软件或者一款游戏，同时还能够使操作更为便捷。这些都与界面设计中的交互设计相关。例如智能手机中的各种APP应用，其各种功能指令均是由触摸或手势来完成，因此就要求其交互设计符合人们的日常使用习惯，易于使用。图7.2展示了一款手机APP应用的各页面UI设计方案。

图7.2　手机应用UI设计

在结构设计的基础上，参照目标群体的心理特征将结构设计与交互设计表现为具体的可控制元素的设计，就是视觉表现设计，其中包括界面整体色彩方案、界面使用文字的字体、界面各个元素的排放等，下面是一些在视觉设计方面的技巧。

★　界面应该清晰明了，最好允许操作者定制界面的颜色或字体等元素。

★　提供默认、撤销、恢复的功能。

★　提供界面的快捷方式。

★　完善视觉的清晰度。图片、文字的布局和隐喻不要让操作者去猜测。

★　界面的布局协调一致。例如，一个界面左侧的按钮为"肯定"，右侧为"否定"，在其他界面也应该按此方式排列。

★　整个界面不超过5种色系。

7.2 选择对象

■ 7.2.1 选择工具

选择工具 是Illustrator中最常用的工具之一，使用它可以选定全部的图形、位图或群组等对象。下面介绍使用选择工具 的常用方法。

★ 若要选中单个对象，可在对象的任何一处单击鼠标，即可以将其选中。

★ 如果需要同时选中多个对象，可以按住Shift键的同时单击要选择的对象，图7.3所示就是按住Shift键单击图像对象，选中多个后的状态；若按住Shift键单击处于选中状态的对象，则会取消对该对象的选择。

★ 使用选择工具 在对象附近按住鼠标左键不放，拖曳出一个矩形框，如图7.4所示（当前的背景图片已经被锁定），所有矩形框内的对象都将被选中，如图7.5所示。

图7.3 选中多个对象 　　　　图7.4 拖曳出一个矩形框 　　　　图7.5 选中框选的对象

■ 7.2.2 直接选择工具

在本书第3章中，已经介绍了使用直接选择工具 选择路径线、锚点等各路径组成部分的方法。用户可以通过直接单击、按住Shift键单击、拖动选择框等方式进行选择，除此之外，它也可以用于选择文本、位图等其他对象，并且还能够对锚点、控制句柄、封套等对象进行编辑处理。

■ 7.2.3 编组选择工具

顾名思义，编组选择工具 是用于选择群组或嵌套群组中的路径或对象，它与直接选择工具 最根本的区别在于，它不会选中图形的锚点，因此利于快速选择群组中的某个对象。

另外，在使用直接选择工具 时，可以按住Alt键临时切换至编组选择工具 进行选择操作。

■ 7.2.4 魔棒工具

在Illustrator中，魔棒工具 可以用来选择具有相近或相同属性的矢量图形。它会选择与当前单击对象相同或相近属性的对象，具体相似程度由每种属性的容差决定。容差值越小，选取对象相似度越高，反之则越低。图7.6是双击魔棒工具 后弹出的"魔棒"面板。

在"魔棒"面板中，选中各个选项，并在后面设置相应的参数，即可决定进行选择时的容差范围。例如在图7.7中，是使用魔棒工具  置于设置了白色填充色的对象上，图7.8所示是单击后选中的多个具有相同填充色的对象。

图7.6 "魔棒"面板

图7.7 摆放光标位置

图7.8 选择白色填充色的对象

7.2.5 套索工具

套索工具 用来选择部分路径和节点。使用该工具在需要选择的图形上拖动，则鼠标经过的部分的路径和节点就会被选中，如图7.9和图7.10所示。

图7.9 使用套索工具

图7.10 选中后的效果

7.2.6 使用命令选择对象

在Illustrator中，提供了很多用于选择对象的命令，以下讲解常用的选择命令。

★ 按Ctrl+A快捷键或执行"选择－全部"命令，可选择当前文档中的全部对象。

★ 按Ctrl+Alt+A快捷组合键或执行"选择－选择画板上的全部对象"命令，可选择画板内的全部未锁定对象。

★ 按Ctrl+Shift+A快捷组合键或执行"选择－取消选择"命令，或使用任意一个用于选择对象的工具在文档中的空白位置单击，即可取消当前所有对象的选中状态。

★ 按Ctrl+6快捷键或执行"选择－重新选择"命令，可以重新选中上一次取消选择的对象。

★ 执行"选择－反向"命令，可以交换当前所有对象的选择状态，即原来处于选中状态的对象变为未选中状态，而原来处于未选中状态的对象变为选中状态。

★ 执行"选择－相同"子菜单中的命令，可以以当前选中的对象为依据，结合所选择的命令来选择属性相同的对象。该命令相当于使用魔棒工具并结合"魔棒"面板进行选择操作。

7.3 复制对象

在Illustrator中，复制与移动对象都是非常常用的操作，用户还可以根据实际情况，选择不同的复制与粘贴方式。本节详细讲解它们的作用及操作方法。

7.3.1 复制与粘贴基础操作

要复制对象，将对象选中后，可以执行以下操作之一。

★ 执行"编辑－复制"命令对对象进行复制。

★ 按Ctrl+C快捷键。

要粘贴对象，可以执行以下操作之一。

★ 执行"编辑－粘贴"命令对对象进行复制。

★ 按Ctrl+V快捷键。

7.3.2 高级粘贴操作

在Illustrator中，为了满足用户不同的粘贴需求，提供了一些特殊的高级粘贴功能，在复制了一个对象后，可以执行以下高级粘贴操作。

就地粘贴：按Ctrl+Shift+V快捷键或执行"编辑－就地粘贴"命令，可以将粘贴得到的副本对象，置于与源对象相同的位置。由于执行"编辑－原位粘贴"命令后，在页面上无法识别是否操作成功，在必要的情况下可以选择并移动被操作对象，以识别是否操作成功。

★ 贴在前面：按Ctrl+F快捷键或执行"编辑－贴在前面"命令，可以将对象就地粘贴在所选对象的上方；若当前没有选中任何对象，则进行就地粘贴，并置于当前图层的最顶部。

★ 贴在后面：该功能与"贴在前面"刚好相反，用户可以按Ctrl+B快捷键或执行"编辑－贴在后面"命令，将对象就地粘贴在所选对象的下方；若当前没有选中任何对象，则进行就地粘贴并置于当

前图层的最底部。

★ 在所有画板上粘贴：当文档中存在多个画板时，按Ctrl+Alt+Shift+V快捷组合键或执行"编辑－在所有画板上粘贴"命令，将对象粘贴到所有画板中。

7.3.3 拖动复制

拖动复制是最常用、最简单的复制操作，在使用选择工具或直接选择工具时，按住Alt键置于对象上，此时光标变为状态，如图7.11所示，拖至目标位置并释放鼠标，即可得到其副本。如图7.12所示。

图7.11 光标状态

图7.12 复制得到的对象

> **提 示**
>
> 在复制对象时，按Shift键可以沿水平、垂直或成45°倍数的方向复制对象。

7.3.4 实战演练：多媒体光盘界面设计

在本例中，将结合绘制图形与复制对象操作，设计一款多媒体光盘界面，其操作步骤如下。

01 按Ctrl+N快捷键新建文档，设置弹出的对话框，如图7.13所示。

图7.13 "新建文档"对话框

02 执行"文件－置入"命令，在弹出的对话框中打开随书所附光盘中的文件"\第7章\7.3.4 实战演练：多媒体光盘界面设计-素材1.jpg"，如图7.14所示，然后在画板中单击将其置于当前文档中。

图7.14 素材图片

03 选中上一步置入的图片，在"控制"面板中设置其参考点并调整X、Y值 X: 0 px Y: 0 px，使之与整个画板匹配。

04 下面绘制界面中的按钮图形。为避免误操作，可锁定当前的"图层1"，再新建"图层2"，并继续下面的操作。

05 选择矩形工具 ，在画板中单击，设置弹出的对话框，如图7.15所示。单击"确定"按钮退出对话框，创建得到一个矩形，设置其填充色为EDE1C0，描边色为无，然后置于画板左上方的位置，如图7.16所示。

图7.15 "矩形"对话框

图7.16 创建得到的矩形

06 使用选择工具 ，按住Alt+Shift快捷键向右侧拖动以创建一个副本矩形，如图7.17所示。

图7.17 向右复制矩形

07 按Ctrl+D快捷键再次移动并复制矩形2次，得到图7.18所示的效果。

输入文字，得到图7.23所示的最终效果。

图7.18　复制2次后的效果

08 按照第6步的方法，选中现有的4个矩形，再向下复制一次，得到图7.19所示的效果。

图7.19　向下复制矩形

09 在本例中，需要将顶部中间的2个小按钮合并为一个大按钮，此时可以选中其中一个矩形，并按Del键将其删除，再将另外一个按钮的宽度放大，得到类似图7.20所示的效果。

10 选中现有的部分矩形，并修改其填充色为E7272D，得到图7.21所示的效果。

11 打开随书所附光盘中的文件"\第7章\7.3.4 实战演练：多媒体光盘界面设计-素材2.ai"，如图7.22所示，选中其中的各个图标，按Ctrl+C快捷键进行复制，返回到界面设计文件中，按Ctrl+V快捷键进行粘贴，然后适当调整其大小及位置，并在各按钮上

图7.20　编辑后的中间大按钮

图7.21　修改颜色后的效果

图7.22　素材图标

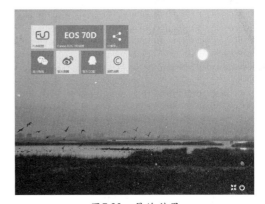

图7.23　最终效果

7.3.5　在图层之间复制与移动对象

在图层中选择对象后，图层名称后方会显示一个彩色方块，如图7.24所示，代表当前选中了该图层中的对象，此时可以拖动该方块至其他图层上，如图7.25所示，实现在不同图层间移

动对象的操作，如图7.26所示。

图7.24 彩色方块显示状态　　　　图7.25 拖动时的状态　　　　图7.26 移动后的图层状态

另外，用户也可以直接展开图层，查看其中的对象列表，然后将某个对象直接拖到目标图层中，如图7.27所示，释放鼠标即可将其移动至目标图层中，如图7.28所示。

图7.27 拖动过程中的状态　　　　　图7.28 移动对象后的效果

在上述拖动过程中，若按住Alt键，即可将对象复制到目标图层中。

 提示 -

　　需要注意的是，使用拖动法移动对象时，目标图层不能为锁定状态。

7.4 调整对象顺序

　　在本书前面讲解图层功能时，讲解了调整图层顺序对对象遮盖关系的影响，其实，用户也可以在同一图层中单独调整对象之间的顺序。

　　执行"对象－排列"子菜单中的命令，或在要调整顺序的对象上单击右键，在弹出的菜单中选择"排列"子菜单中的命令，如图7.29所示。

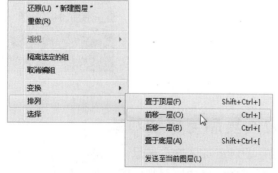

图7.29 "排列"命令子菜单

★ 置于顶层：执行此命令或按Shift+Ctrl+]快捷组合键，可将已选中的对象置于所有对象的顶层。

★ 前移一层：执行此命令或按Ctrl+]快捷键，可将已选中的对象在叠放顺序中前移一层。

★ 后移一层：执行此命令或按Ctrl+[快捷键，可将已选中的对象在叠放顺序中后移一层。例如对于图7.30所示的素材，如图7.31所示，是选中了前方的花纹图形后，按Ctrl+[快捷键，将其调整至人物下方后的效果。

图7.30 素材文档

图7.31 调整顺序后的效果

★ 置于底层：执行此命令或按Shift+Ctrl+[快捷组合键，可将已选中的对象置于所有对象的底层。

★ 发送到当前图层：在选择一个对象后，选择其所在图层之外的图层，即可激活此命令，会将选中的对象移至所选的图层中。

另外，用户也可以展开图层，显示其中的对象列表，然后像调整图层顺序一样，拖动对象列表来改变其顺序，操作方法与改变图层顺序完全相同，读者可自行尝试制作。

7.5 编组与解组

编组是指将选中的2个或更多个对象组合在一起，从而在选择、变换、设置属性等方面，将编组的对象视为一个整体，以便用户管理和编辑。下面讲解编组与解组的方法。

7.5.1 编组

选择要组合的对象后，按Ctrl+G快捷键或执行"对象－编组"命令，即可将选择的对象进行编组。例如图7.32所示是选中了"图层4"中的所有对象，图7.33所示是将其编组后的状态。

图7.32 素材图形　　　　　　　　　　　　　图7.33 编组后的效果

多个对象组合之后，使用选择工具 ➤ 选定组中的任何一个对象，都将选定整个群组。如果要选择群组中的单个对象，可以使用编组选择工具 ➤ 或直接选择工具 ➤ ，按住Alt键单击以进行选择。

7.5.2 解组

选择要解组的对象，按Shift+Ctrl+G快捷组合键或执行"对象－取消编组"命令，即可将组合的对象取消编组。

要注意的是，若是对群组设置了不透明度、混合模式等属性，在解组后，将恢复为编组前各对象的原始属性。以图7.34中选中的"图层3"中的编组对象为例，此时已经在"透明度"面板中为其设置了"柔光"混合模式，图7.35所示是取消编组后的效果，所有的对象都恢复到了默认的状态。

图7.34 编组并设置混合模式时的状态

图7.35 取消编组后的状态

7.6 锁定与解锁

在设计过程中，为了避免误操作，可以将不想编辑的对象锁定。若需要编辑时，可以将其重新解锁。在本节中，讲解锁定与解锁的相关操作。

7.6.1 锁定

在Illustrator中，提供了多种锁定方法。

锁定选中对象：选择要锁定的对象，然后按Ctrl+2快捷键或执行"对象－锁定－所选对象"命令即可将其锁定。处于锁定状态的对象将不可以执行选择、移动、旋转、缩放或删除等任何操作。

锁定上方所有图稿：执行"对象－锁定－上方所有图稿"命令，可锁定当前选中对象上方的所有对象。

锁定其他图层：执行"对象－锁定－其他图层"命令，可锁定当前选中对象所在图层以外的其他图层。

7.6.2 解锁

选择要解除锁定的对象，按Ctrl+Alt+2快捷键，或执行"对象－全部解锁"命令即可，解锁后的对象将处于被选中的状态。

> **提示**
>
> 用户也可以在"图层"面板中，对图层或对象进行单独的锁定或解锁操作，如图7.36所示。

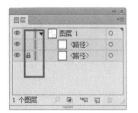

图7.36 "图层"面板

7.7 变换对象

在Illustrator中，能够进行移动、缩放、旋转、倾斜、翻转等多种变换操作，用户可以根据实际情况，选择使用工具进行较为粗略的变换处理，也可以使用"变换"面板、"控制"面板及相应的变换命令等进行精确的变换处理。本节详细讲解这些变换功能的使用方法及技巧。

7.7.1 了解"变换"与"控制"面板

在Illustrator中，"变换"、"控制"面板及相应的菜单命令，都可以执行各种精确的变换操作，其中"变换"和"控制"面板的参数较为相近，如图7.37所示。

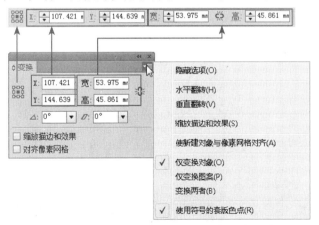

图7.37 "控制"面板与"变换"面板的参数对比

通过图7.37不难看出，对比两个面板的参数，"控制"面板中的参数较少，仅包括了常用的参考点设置、位置及宽高尺寸的设置，而"变换"面板中则包含了更多、更全面的参数。

当然，除了使用这2个面板外，还常常需要使用各种变换工具进行调整，下面就以"变换"面板及常用工具为主，讲解变换参数的设置与控制方法。

7.7.2　设置参考点

选中一个对象时，其周围会出现一个控制框，并显示出8个控制句柄，如图7.38所示（不包括右上方的实心控制句柄），连同其中心的控制中心点，共9个控制点，它们与"变换"面板中的参考点都是一一对应的。

图7.38　选中对象时显示的控制框及其控制句柄

用户在"变换"面板中选中某个参考点，则在"控制"面板或"变换"面板中，以输入参数或选择命令的方式变换对象时，将以该参考点的位置进行变换。以图7.39所示的图像为例，选中其右下方的参考点后，图7.40所示是选择右下角的参考点，然后将其宽度缩小为300pt后的效果，可以看出，人物是以右下角为准进行缩小的。

图7.39　素材文档

图7.40　选择右下角参考点的变换结果

另外，在使用比例缩放工具、旋转工具及倾斜工具时，除了在"变换"或"控制"面板中设置参考点外，也可以使用光标在控制框周围的任意位置单击以改变参考点，此时的参考点显示为÷状态，默认情况下位于控制框的中心，如图7.41所示，图7.42所示是在左上角的控制句柄处单击后的状态，图7.43所示则是在控制框内部左下方单击后的状态，可以看出，此时的参考点是可以随意定位的。

图7.41　位于中心的参考点

图7.42　位于左上角的参考点

图7.43　位于左下方的参考点

7.7.3　移动对象

要移动对象，可以按照下述方法进行操作。

1. 直接移动对象

在Illustrator中，可以使用选择工具 ▶、直接选择工具 ▷、编组选择工具 ▷⁺ 选中要移动的对象，然后按住鼠标左键不放并拖动到目标位置，释放鼠标即可完成移动操作。

2. 精确移动对象

要精确调整对象的位置，可以在"变换"面板中设置水平位置和垂直位置的数值，也可以双击选择工具 ▶ 或执行"对象－变换－移动"命令（快捷键为Ctrl+Shift+M），以调出"移动"对话框，如图7.44所示。

图7.44 "移动"对话框

在"移动"对话框中，各选项的功能如下。

★ 水平：在此文本框中输入数值，以控制水平移动的位置。

★ 垂直：在此文本框中输入数值，以控制垂直移动的位置。

> **提示**
>
> 在设置参数时，用户可以在文本框中进行简单的数值运算。例如当前对象的水平位置为185mm，现要将其向右移动6mm，则可以在水平位置文本框中输入185+6，确认后即可将对象的水平位置调整为191mm。同理，用户在进行缩放、旋转、倾斜等变换操作时，也可以使用此方法进行精确设置。

★ 距离：在此文本框中输入数值，以控制输入对象的参考点在移动前后的差值。

★ 角度：在此文本框中输入数值，以控制移动的角度。

★ 复制：单击此按钮，可以复制多个移动的对象。以图7.45所示的素材为例，图7.46所示就是选择人物对象，并设置适当的"水平"数值后，单击"复制"按钮多次后得到的效果。

图7.45 素材图形

图7.46 复制多个对象

> **提示**
>
> 在"控制"面板或"变换"面板中设置水平位置和垂直位置的数值时，若按下Alt+Enter键，也可以在调整对象位置的同时，创建其副本。后面讲解的缩放、倾斜等变换操作，也支持此方法，读者可自行尝试操作。

3. 微移对象

在要小幅度调整对象的位置时，使用工具拖动不够精确，使用面板或命令又有些麻烦，此时可以使用键盘中的"→"、"←"、"↑"、"↓"方向键进行细微的调整，实现对图形进行向右、向左、向上、向下的移动操作。每单击一次方向键，图形就会向相应的方向移动一个特定的距离。

提示

在按方向键的同时，按住Shift键，可以按特定距离的10倍进行移动；如果要持续移动图形，则可以按住方向键直到图形移至所需要的位置，释放鼠标即可。另外，默认情况下，每次按键盘中的方向键，将移动0.3528 mm，用户可以按Ctrl+K快捷键，在弹出的对话框左侧选择"常规"选项，然后在右侧设置"键盘增量"数值进行改变。

7.7.4 缩放对象

缩放是指改变对象的大小，如宽度、高度或同时修改宽度与高度等。要缩放对象，可以按照下述方法进行操作。

1. 直接缩放对象

在Illustrator中，可以使用选择工具或比例缩放工具进行缩放处理，在使用选择工具时，选中对象后，将光标置于对象周围的控制句柄上，按住鼠标左键拖动即可调整对象的大小；在使用比例缩放工具时，将光标置于对象周围，按住鼠标左键，当光标成 状时，拖动即可调整对象的大小。

提示

在变换时，若按住Shift键，可以等比例进行缩放处理；按住Alt键可以以中心点为依据进行缩放；若按住Alt+Shift快捷键，则可以以中心点为依据进行等比例缩放。

以图7.47所示的素材为例，图7.48所示是将其中各个人物以不同的比例进行缩小后的效果。

图7.47 素材文档

图7.48 缩小对象后的效果

2. 精确缩放对象比例

要精确调整对象的缩放比例，可以双击比例缩放工具，或执行"对象－变换－缩放"命令，在弹出的对话框中进行参数设置，如图7.49所示，设置参数后可以实现按照比例精确地控制对象的缩放。

图7.49 "比例缩放"对话框

"缩放"对话框中各选项的功能如下。

★ 等比：选中此选项并在文本框中输入数值，可以同时修改宽度与高度的比例。

★ 不等比：选中此选项并分别在"水平"和"垂直"文本框中输入数值，可分别调整对象的宽度与高度比例。

★ 比例缩放描边和效果：选中此选项，可将对象包含的描边及效果属性也按照比例进行缩放。例如对于图7.50所示的图形，当前是为其设置了4pt的描边，图7.51所示是未选中此选项时，缩小为50%后的效果，图7.52所示是选中此选项时并缩小为50%后的效果，可以看出，选中此选项后，描边也变小了。

图7.50 素材图形

图7.51 未缩小描边的效果

图7.52 缩小描边后的效果

3. 精确缩放对象尺寸

除了按比例进行缩放外，用户也可以在"控制"或"变换"面板中的"宽"和"高"文本框中输入数值，从而以具体的尺寸对其进行缩放。若选中"控制"或"变换"面板中的约束宽度和高度比例按钮，则可以等比例缩放对象尺寸。

■ 7.7.5 实战演练：网页视频播放器简约风格界面设计

在本例中，主要使用变换与复制功能来设计一款网页视频播放器简约风格界面，其操作步骤如下。

01 按Ctrl+N快捷键新建一个文档，设置弹出的对话框，如图7.53所示。

02 使用矩形工具 在画板中单击，设置弹出的对话框，如图7.54所示，单击"确定"按钮 退出对话框，创建一个矩形，并将其置于画板的底部。

图7.53 "新建文档"对话框

图7.54 "矩形"对话框

03 设置矩形的填充色为4D4D4D，描边色为无，得到图7.55所示的效果。

04 下面绘制播放界面中的各组成部分。首先绘制音量控制条。选择椭圆工具 ，按住Shift键绘制一个正圆，设置其填充色为无，描边色为CCCCCC，描边粗细为3pt，得到图7.56所示的效果。

图7.55 绘制矩形后的效果

图7.56 绘制圆形

05 选中上一步绘制的圆形，按Ctrl+C快捷键进行复制，再按Ctrl+F快捷键粘贴到前面，然后使用直接选择工具 选中圆形左侧及底部的锚点，按Del键将其删除，再修改其描边色为F7931E，得到图7.57所示的效果。

图7.57 制作黄色弧线后

06 下面绘制播放控制条。使用矩形工具 绘制一个矩形条，设置其填充色为333333，描边色为无，得到图7.58所示的效果。

图7.58 绘制矩形条

07 选中上一步绘制的矩形，按Ctrl+C快捷键进行复制，再按Ctrl+F快捷键粘贴到前面，然后使用选择工具 从右侧向左侧缩小矩形的宽度，再修改其填充色为F7931E，得到图7.59所示的效果。

图7.59 缩小并重新设置颜色后的矩形条效果

08 选中组成播放控制条的2个矩形，选择"效果－风格化－圆角"命令，设置弹出的对话框如图7.60所示，得到图7.61所示的效果。

图7.60 "圆角"对话框

图7.61 圆角效果

09 使用直线段工具 ，设置其描边色为808080，描边粗细为1pt，在界面底部绘制分割线条，得到类似图7.62所示的效果。

图7.62 绘制得到的分割线条

10 打开随书所附光盘中的文件"\第7章\7.7.5 实战演练：网页视频播放器简约风格界面设计-素材1.ai"，其中包括了一些图标素材，如图7.63所示。将其复制到界面设计文件中，调整其大小、位置等属性，并输入相关的文字，直至得到类似图7.64所示的效果。

图7.63 素材图标

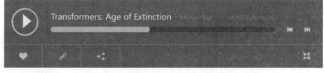

图7.64 添加图标及文字后的效果

图7.65所示是添加了播放区域的图片及高光后的效果，读者可以在学习了关于置入图片（打开随书所附光盘中的文件"\第7章\7.7.5 实战演练：网页视频播放器简约风格界面设计-素材2.jpg）及透明度处理方面的知识后，自行尝试制作。

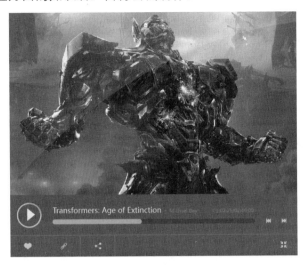

图7.65 最终效果

7.7.6 旋转对象

旋转是指改变对象的角度。要旋转对象，可以按照下述方法进行操作。

1. 直接旋转对象

在Illustrator中，可使用选择工具 或旋转工具 进行旋转处理，其中，在使用选择工具 时，可以在选中要旋转的对象后，将光标置于变换框的任意一个控制点附近，以置于右上角为例，此时光标变为 状态，如图7.66所示，按住鼠标拖动即可将对象旋转一定的角度，在旋转过程中，将在光标附近显示当前所旋转的角度及位置信息，如图7.67所示，图7.68所示为旋转后的整体效果。

图7.66 光标状态

图7.67 旋转过程中的状态

图7.68 旋转后的效果

> **提示**
>
> 按Shift键旋转图形，可以将对象以45°的倍数进行旋转。

如果是使用旋转工具 进行旋转处理，可将光标置于要旋转的对象附近，当光标成 状时，按住鼠标拖动即可旋转对象。

2. 精确旋转对象

要精确调整对象的旋转角度，可以在"控制"面板或"变换"面板中设置旋转角度数值，也可以双击旋转工具 ⟳ 或执行"对象—变换—旋转"命令，以调出"旋转"对话框，如图7.69所示，设置其中的"角度"参数，即可精确设置旋转的角度，若单击"复制"按钮，还可以在旋转的同时复制对象。

图7.69　"旋转"对话框

7.7.7　倾斜对象

倾斜是指使所选择的对象按指定的方向倾斜，一般用来模拟图形的透视效果或图形投影。要倾斜对象，可以按照下述方法进行操作。

1. 直接倾斜对象

选中要倾斜的图形，在工具箱中选择倾斜工具 ⟁，按住鼠标左键拖动即可使图形倾斜。

以图7.70所示的图形为例，图7.71所示是结合变换及倾斜等处理后，制作得到的投影效果，图7.72所示是显示原始图形后的整体效果。

图7.70　倾斜前的状态　　　　图7.71　倾斜后的状态　　　　图7.72　整体效果

> **提示**
>
> 在使用倾斜工具 ⟁ 倾斜时按住Shift键，可以约束图形沿45°角倾斜；如果在倾斜时按住Alt键，可创建倾斜后的副本。

2. 精确倾斜对象

要精确倾斜对象，可以在"控制"面板或"变换"面板中设置倾斜数值，也可以双击倾斜工具 ⟁ 或执行"对象—变换—倾斜"命令，以调出"倾斜"对话框，如图7.73所示。

图7.73　"倾斜"对话框

"倾斜"对话框中的各选项功能如下。

★ 倾斜角度：在此文本框中输入数值，以精确设置倾斜的角度。

★ 水平：选中此选项，可使图形沿水平轴进行倾斜。

★ 垂直：选中此选项，可使图形沿垂直轴进行倾斜。

★ 角度：选中此选项，然后拖动后方的图标或在文本框中输入数值，可改变倾斜对象后的角度。

★ 复制：单击此按钮，将在原图形的基础上创建一个倾斜后的副本对象。

7.7.8　实战演练：网站后台管理系统登录界面设计

在本例中，将结合绘制与倾斜、编辑图形等功能，设计一款网站后台管理系统登录界面，其操作步骤如下。

01 打开随书所附光盘中的文件"\第7章\7.7.8 实战演练：网站后台管理系统登录界面设计-素材.ai"，如图7.74所示。

图7.74　素材文档

02 使用矩形工具■在画板右侧绘制一个矩形，设置其填充色为C10000，描边色为无，得到图7.75所示的效果。

图7.75　绘制红色矩形

03 按照上一步的方法，绘制一个略小的矩形，设置其填充色为D5D1C4，描边色为无，得到图7.76所示的效果。

04 使用倾斜工具☑，按住Shift键将上一步绘制的矩形向右侧进行倾斜处理，直至得到类似图7.77所示的效果。

图7.76　绘制米色矩形

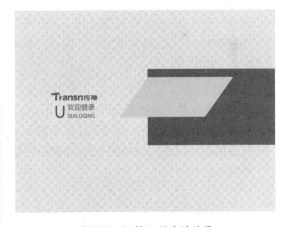

图7.77　倾斜矩形后的效果

05 使用第3步设置的填充与描边属性，再按住Shift键绘制一个大小约为155px的正方形，如图7.78所示。

06 使用旋转工具☑并按住Shift键将上一步绘制的正方形旋转45°，然后调整其位置，并按Ctrl+[快捷键向下调整其顺序，直至得到类似图7.79所示的效果。

图7.78　绘制正方形

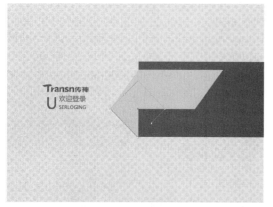

图7.79　旋转并调整矩形位置

07 下面为倾斜的图形添加阴影效果。选中倾斜后的图形，按Ctrl+C快捷键进行复制，再按Ctrl+B快捷键将其粘贴至后方，并修改其填充色为黑色。

08 使用直接选择工具 选中其中的各个锚点，并修改其形态，直至得到类似图7.80所示的效果，图7.81所示是将黑色图形移至上方后的显示状态（该效果仅供观看黑色图形的形态）。

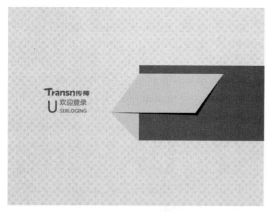

图7.80　编辑图形的形态

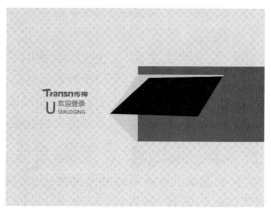

图7.81　黑色图形显示在上方时的状态

09 选中黑色图形，执行"效果－模糊－高斯模糊"命令，设置弹出的对话框，如图7.82所示，得到图7.83所示的效果。

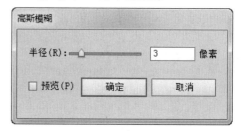

图7.82　"高斯模糊"对话框

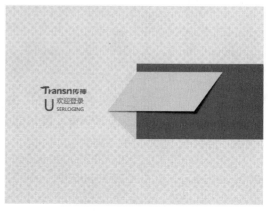

图7.83　模糊后的效果

10 显示"透明度"面板，设置其中的"不透明度"参数为30%，如图7.84所示，得到图7.85所示的效果。

图7.84　"透明度"面板

结合输入文字及绘制图形等功能，制作界面中的文字及文本框示意图形，得到图7.86所示的最终效果。

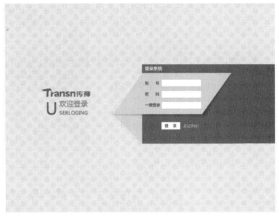

图7.85　设置透明后的效果　　　　　　　　　　　图7.86　最终效果

7.7.9　整形对象

在Illustrator中，使用整形工具[图]可以快速执行添加锚点并调整其形态的操作，在编辑前，应使用直接选择工具[图]单击路径线，以激活路径中的锚点（显示为空心状态），然后使用整形工具[图]在路径线上按住鼠标左键并拖动，即可调整其形态。

以图7.87所示的图形为例，图7.88所示是将光标置于圆形路径右下角时的状态，图7.89所示是按住鼠标左键拖动后的效果。

图7.87　素材图形　　　　　　图7.88　摆放光标位置　　　　　　图7.89　拖动并调整后的效果

7.7.10　再次变换对象

在Illustrator中，执行"编辑－变换－再次变换"命令，或按Ctrl+D快捷键，即可执行上一次的变换操作，若上一次的变换还带有复制操作，则按Ctrl+D快捷键也可以执行变换并复制操作。

例如图7.90所示是绘制一个箭头状线条并对其进行旋转复制后的效果，图7.91所示是连续按Ctrl+D快捷键多次后得到的放射状效果，图7.92所示是进行混合并添加其他元素后的效果。

图7.90　选中的图形

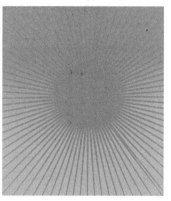

图7.91　复制多次

图7.92　混合并添加其他元素的效果

7.7.11　实战演练：金属质感音量调节按钮设计

在本例中，主要使用再次变换并复制对象功能，设计金属质感音量调节按钮的刻度，再结合渐变填充、添加投影等处理方法，制作完整的按钮，其操作步骤如下。

01 按Ctrl+N快捷键新建一个文档，设置弹出的对话框，如图7.93所示。

图7.93　"新建文档"对话框

02 为了精确制作各部分内容，首先为画板添加参考线。按Ctrl+R快捷键显示标尺，然后分别在水平和垂直方向上添加参考线，并选中水平参考线，在"控制"面板中设置其Y值为250px，同样的方法，选中垂直参考线，并设置其X值为250px，使之交于文档的中心位置，如图7.94所示。

提示

在下面展示的各步骤的效果图中，为了便于观看，笔者隐藏了参考线。读者在操作时，应显示参考线进行操作。

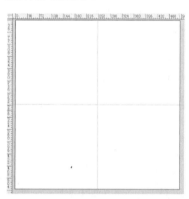

图7.94　添加辅助线

03 下面绘制按钮刻度线条。选择直线段工具，设置其填充色为无，描边色为808285，描边粗细为1.5pt，按住Alt+Shift快捷键以参考线交点为中心，绘制一条水平直线，如图7.95所示。

04 选中直线，双击旋转工具，设置弹出的对话框，如图7.96所示，单击"复制"按钮退出对话框，得到图7.97所示的效果。

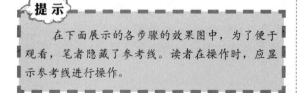

图7.95　绘制直线

图7.96 "旋转"对话框

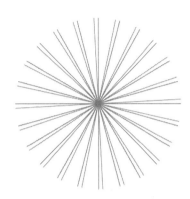

图7.99 "旋转"对话框

图7.100所示的效果。

图7.97 旋转并复制得到的线条

05 连续按Ctrl+D快捷键执行再次变换并复制操作，直至得到类似图7.98所示的效果。

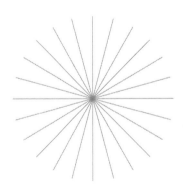

图7.98 多次复制后的效果

提示

通过上面的操作，完成了主刻度的制作，下面再来制作子刻度，即更细小的刻度线。要注意的是，前面制作主刻度时，是以15°为间隔，而子刻度共分为5部分，因此在下面制作时，每个子刻度之间的角度应为3°。

06 按Ctrl+A快捷键选中所有制作好的线条，按Ctrl+G快捷键将其编组。然后双击旋转工具，设置弹出的对话框，如图7.99所示，单击"复制"按钮退出对话框，得到

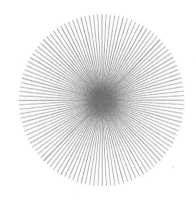

图7.100 旋转并复制得到的线条

07 按Ctrl+D快捷键执行再次变换并复制操作3次，得到图7.101所示的效果。

图7.101 多次复制后的效果

08 按Ctrl+A快捷键选中所有的线条，并按住Shift键单击第5步制作完成的主刻度，以取消其选中状态，再设置现有的4组线条的描边粗细为0.75pt，并按住Shift键将其缩小，直至得到图7.102所示的效果。

09 下面将内部的部分线条截断，仅保留外围的刻度。按Ctrl+A快捷键选中所有的线条，执行"对象－路径－轮廓化描边"命令，以将线条转换为图形。

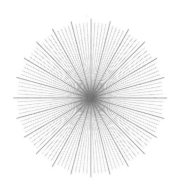

图7.102 缩小后的线条效果

10 显示"路径查找器"面板，并单击图7.103所示的按钮，将各图形合并为一个图形。

图7.103 "路径查找器"面板

11 使用椭圆工具 按住Alt+Shift快捷键，以参考线的交点为中心绘制一个正圆，如图7.104所示。

图7.104 绘制圆形

12 选中圆形与线条，如图7.105所示单击"路径查找器"面板中的按钮，得到图7.106所示的效果。

图7.105 "路径查找器"面板

13 对于现有的刻度线，最底部的刻度是多余的，需要将其删除，此时可以选中现有的

线条，按Ctrl+Shift+G快捷组合键取消其编组，然后选中底部多余的线条，再按Del键将其删除，得到图7.107所示的效果。

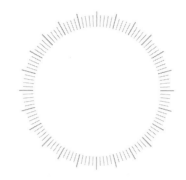

图7.106 运算后的效果

图7.107 删除多余线条后的效果

14 打开随书所附光盘中的文件"\第7章\7.7.11实战演练：金属质感音量调节按钮设计-素材.ai"，结合绘制图形、绘制圆形并填充渐变、设置透明度属性、剪切蒙版及添加效果等操作，制作内部的按钮图形，得到类似图7.108所示的效果，读者可在学习了相关知识后尝试制作。

图7.108 最终效果

7.7.12 分别变换对象

执行"对象－变换－分别变换"命令，将弹出图7.109所示的对话框，在其中设置可以对选中的对象分别进行变换处理。

图7.109 "分别变换"对话框

图7.110 原图形

在"分别变换"对话框中，各参数的解释如下。

★ 缩放：在此区域中，可调整"水平"与"垂直"参数，从而决定对象在这2个方向上的缩放比例。以图7.110中选中的多个圆形为例，设置"水平"为90%，"垂直"为65%，得到图7.111所示的效果。

★ 移动：在此区域中，可调整"水平"与"垂直"参数，从而决定对象在这2个方向上的位置变化。

★ 旋转：在其后方拖动图标或输入数值，可改变对象旋转的角度。

★ 对称X/Y：选中这2个选项时，可以在水平/垂直方向上进行镜像处理。

★ 随机：选中此选项后，对选中对象进行随机的变换处理。以前面的示例文件为例，图7.112所示是设置"缩放"区域中"水平"与"垂直"参数均为60%，并选中"随机"选项时得到的效果。

图7.111 分别缩放后的效果

 提示

每次选中、取消选中"预览"选项时，都会重新生成一个新的随机效果，读者可以使用此方法反复预览效果，直至得到满意的效果为止。

图7.112 随机缩放后的效果

★ 参考点：在对话框的左下角可以选择变换的参考点位置。

7.7.13 翻转对象

在Illustrator中，可以对对象进行水平和垂直2种翻转处理。在选中要翻转的对象后，可以执行以下操作之一。

★ 在"变换"面板的面板菜单中选择"水平翻转"或"垂直翻转"命令。

★ 使用镜像工具 拖动对象，可以产生镜像效果。若按住Shift键在水平方向上拖动，可以实现水平翻转操作；若按住Shift键在垂直方向上拖动，可以实现垂直翻转操作。

以图7.113所示的素材为例，图7.114和图7.115所示分别是执行"水平翻转"与"垂直翻转"操作后的效果。

图7.113 原图形

图7.114 水平翻转效果

图7.115 垂直翻转效果

7.8 对齐与分布

在很多时候，版面的设计都需要有一定的规整性，因此对齐或分布类的操作是必不可少的。此时就可以使用"对齐"面板中的功能进行调整。按Shift+F7快捷键或执行"窗口－对齐"命令，即可调出图7.116所示的"对齐"面板。

图7.116 "对齐"面板

另外，在选中多个对象后，默认情况下在"控制"面板中也会显示对齐及分布按钮，下面将以"对齐"面板为例讲解其使用方法。

7.8.1 对齐选中的对象

在"对齐"面板中，共有6种方式可对选中的两个或两个以上的对象进行对齐操作，分别是水平左对齐、水平居中对齐、水平右对

齐、垂直顶对齐、垂直居中对齐和垂直底对齐，如图7.117所示。各按钮的含义解释如下所述。

图7.117 对齐按钮

★ 水平左对齐 ：当对齐的位置的基准为对齐选区时，单击该按钮可将所有选择的对象以最左边的对象的左边缘为边界进行垂直方向的靠左对齐。

★ 水平居中对齐 ：当对齐的位置的基准为对齐选区时，单击该按钮可将所有被选择的对象以各自的中心点进行垂直方

向的水平居中对齐。

★ 水平右对齐■：当对齐的位置的基准为对齐选区时，单击该按钮可将所有选择的对象以最右边的对象的右边缘为边界进行垂直方向的靠右对齐。

图7.118所示为选中右侧3个图像时的状态，图7.119所示是右对齐后的效果。

图7.118　选中右侧三图

图7.119　右对齐效果

★ 垂直顶对齐■：当对齐的位置的基准为对齐选区时，单击该按钮，可将所有选择的对象以最上边的对象的上边缘为边界进行水平方向的顶点对齐，图7.120所示是将3行图像分别执行顶对齐的效果。

★ 垂直居中对齐■：当对齐的位置的基准为对齐选区时，单击该按钮，可将所有被选择的对象以各自的中心点进行水平方向的垂直居中对齐。

★ 垂直底对齐■：当对齐的位置的基准为对齐选区时，单击该按钮，可将所有选择的对象以最底下的对象的下边缘为边界进行水平方向的底部对齐。

图7.120　顶对齐

7.8.2　分布选中的对象

在"对齐"面板中，可快速地对对象进行6种方式的均匀分布：垂直顶分布、垂直居中分布、垂直底分布、水平左分布、水平居中分布和水平右分布，如图7.121所示。

图7.121　分布按钮

★ 垂直顶分布■：单击该按钮时，可对已选择的对象在垂直方向上以相邻对象的顶部为基准，进行所选对象之间保持相等距离的垂直顶分布。

★ 垂直居中分布■：单击该按钮时，可对已选择的对象在垂直方向上以相邻对象的中心部分为基准，进行所选对象之间保持相等距离的垂直居中分布，图7.122所示是继续上面对齐后的结果，然后为3行分别进行垂直居中分布后的结果。

图7.122　分布后的效果

★ 垂直底分布 ▣：单击该按钮时，可对已选择的对象在垂直方向上以相邻对象的最底点部基准，进行所选对象之间保持相等距离的垂直底分布。

★ 水平左分布 ▣：单击该按钮时，可对已选择的对象在水平方向上以相邻对象的左边距为基准，进行所选对象之间保持相等距离的水平左分布。

★ 水平居中分布 ▣：单击该按钮时，可对已选择的对象在水平方向上以相邻对象的中心部分为基准，进行所选对象之间保持相等距离的水平居中分布。

★ 水平右分布 ▣：单击该按钮时，可对已选择的对象在水平方向上以相邻对象的右边距为基准，进行所选对象之间保持相等距离的水平右分布。

7.8.3 分布间距选项

在"对齐"面板中，提供了两种精确指定对象间的距离的方式，即垂直分布间距和水平分布间距，如图7.123所示。在使用时，可以在选中对象后，单击某个对象，此时即可激活"分布间距"区域的参数。

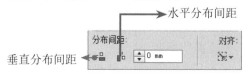

图7.123 分布间距按钮

★ 垂直分布间距 ▣：在其右侧的文本框中输入数值，然后单击此按钮，可将所有选中的对象从最上面的对象开始，自上而下分布选定对象的间距。

★ 水平分布间距 ▣：在其右侧的文本框中输入数值，然后单击此按钮，可将所有选中的对象从最左边的对象开始，自左而右分布选定对象的间距。

7.8.4 对齐选项

对齐的位置可根据"对齐"面板下拉列表中给出的5个对齐选项进行对齐位置的定位，如图7.124所示。

★ 对齐所选对象 ▣：选择此选项，所选择

的对象会以所选区域的边缘为位置对齐基准进行对齐分布。

★ 对齐关键对象 ▣：选择该选项后，所选择的对象中对关键对象增加粗边框显示，例如图7.125中选中的3个星形，其最右侧的星形就是关键对象。若要修改关键对象，直接使用选择工具 ▣ 单击某个对象即可。

图7.124 对齐选项

图7.125 所选的关键对象

★ 对齐页面 ▣：选择此选项，所选择的对象会以所在画板的边缘为准对齐。

7.8.5 实战演练：淘宝服饰产品促销页设计

在本例中，将主要以对齐与分布功能来设计淘宝服饰产品促销页，其操作步骤如下。

01 打开随书所附光盘中的文件"\第7章\7.8.5 实战演练：淘宝服饰产品促销页设计-素材1.ai"，如图7.126所示。 再打开随书所附光盘中的文件"\第7章\7.8.5 实战演练：淘宝服饰产品促销页设计-素材2.ai"，其中包括了6幅人物图片，如图7.127所示。

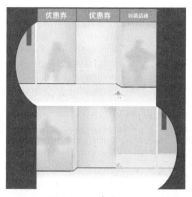

图7.126 素材文档

图7.127 人物素材

02 选中左侧3幅人物图片，按Ctrl+V快捷键进行复制，返回到促销页文件中，按Ctrl+V快捷键进行粘贴。

03 使用选择工具 ▶ 选中最左侧的人物，并将其摆放在第1行左侧的位置，如图7.128所示。由于该对象将作为另外2个人物图片在对齐与分布处理时的依据，因此应确定其位置不会再有变化。

图7.128 调整第1个人物的位置

04 选中最右侧的人物图片，适当向右调整其位置，使之与第1行第3格处相对齐，如图7.129所示。

图7.129 调整第3个人物的位置

05 选中现有的3幅人物图片，显示"对齐"面板，在其中单击图7.130所示的按钮，以将3个图片对齐，如图7.131所示。

图7.130 "对齐"面板

图7.131 对齐后的效果

06 继续在"对齐与分布"面板中单击图7.132所示的按钮，以分布这3个人物图片，得到图7.133所示的效果。

图7.132 "对齐"面板

图7.133 分布后的效果

图7.134 处理另外3幅图片后的效果

图7.135 最终效果

7.9 UI设计综合实例——手机音乐播放器界面设计 ───────○

在本例中，将结合图形绘制、格式化处理、复制与变换对象等操作，设计一款手机上的音乐播放器界面，其操作步骤如下。

01 打开随书所附光盘中的文件"\第7章\7.9 UI设计综合实例——手机音乐播放器界面设计-素材1.ai"，如图7.136所示。

图7.136 素材文档

02 使用圆角矩形工具▢在画板中单击，设置弹出的对话框，如图7.137所示，单击"确定"按钮退出对话框，以创建一个圆角矩形。

03 选中上一步创建的圆角矩形，设置其填充色为白色，描边色为无，并将其调整至图7.138所示

的位置。

图7.137 "圆角矩形"对话框

图7.138 创建得到的圆角矩形

04 显示"透明度"面板，在其中为圆角矩形设置"不透明度"参数，如图7.139所示，得到图7.140所示的效果。

图7.139 "透明度"
面板

图7.140 设置不透明度
后的效果

05 使用选择工具 ▶，按住Alt+Shift快捷键向下拖动圆角矩形，创建其副本，如图7.141所示。

06 使用直接选择工具 ▶ 选中圆角矩形下半部分圆角的锚点，如图7.142所示，然后按住Shift键向下拖动锚点，在保证圆角大小不变的情况下，增加圆角矩形的高度，如图7.143所示。

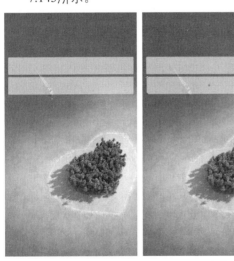

图7.141 向下复制图形

图7.142 选中下半部分的锚点

07 按照第5~6步的方法，再继续向下复制3个矩形，并分别调整其大小，直至得到类似图7.144所示的效果。

08 使用直线段工具 ✓，按住Shift键在第2个圆角矩形中绘制水平线，并设置其填充色为无，描边色为656565，描边粗细为0.5pt，得到图7.145所示的效果。

09 按照第5步的方法，多次向下复制线条并旋转其角度，直至在第3个矩形中制作得到图7.146所示的分割线条效果。

图7.143 移动锚点后
的效果

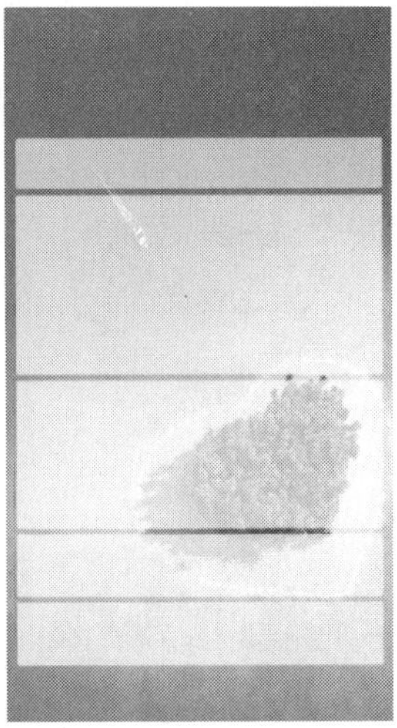

图7.144 复制得到其他
图形

图7.145 绘制线条后
的效果图

图7.146 复制并编辑
线条

10 下面继续绘制用于标识功能的按钮。选择椭圆工具 ◉，按住Shift键绘制一个正圆，并设置其填充色为29ABE2，描边色为无，得到图7.147所示的效果。

11 按照第5步的方法，向下方及右侧复制圆形，并调整其填充色，直至得到类似图7.148所示的效果。

12 最后，打开随书所附光盘中的文件"\第7章\7.9 UI设计综合实例——手机音乐播放器界面设计-素材2.ai"，如图7.149所示，复制其中的图片及图标，并粘贴到UI设计文件中，分别调整各图标的大小、位置及颜色等属性，并在各区域输入相应的文字，直至得到图7.150所示的最终效果。

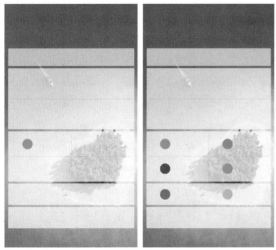

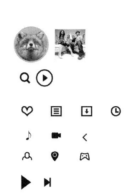

图7.147　绘制正圆　　　　图7.148　复制并改变圆形　　　　图7.149　素材图形　　　　图7.150　最终效果
　　　　　　　　　　　　　　　　　填充色后的效果

7.10　学习总结

在本章中，涉及的知识点较多，主要是用于对对象进行各种编辑处理。通过本章的学习，读者应能够掌握选择、移动、复制、再制、调整顺序、锁定与解锁、群组与取消群组、变换、对齐/分布等操作，以便在各类设计中，快速、准确地对对象进行调整与编辑处理。

7.11　练习题

一、选择题

1. 下列关于在Illustrator中旋转对象的操作错误的是：（　　　）

A.使用选择工具 选中对象，然后将光标置于四角的位置即可旋转

B.旋转图形时，旋转中心点就是图形的中心点，是不可以改变的

C.旋转图形时，旋转中心点的位置是可以改变的

D.在旋转图形的过程中，按住~键可进行复制

2. 要全选当前所有对象，可以（　　　）。

A.同时按住Shift和Tab键并用鼠标点选全部对象　　　　B.选择"选择－全部"命令

C.按住Ctrl键，然后点选所有对象　　　　D.按Ctrl+A快捷键

3. 当选择多个对象时，按哪个快捷键可以群组对象（　　　）。

A Ctrl+H　　　　B.Shift+Ctrl+G　　　　C.Ctrl+G　　　　D. Alt+H

4. 下列关于调整对象顺序的说法正确的是：（　　　）

A 按Ctrl+]快捷键可以将所选对象移至当前页面的最上方

B. 按Ctrl+Shift+[快捷组合键可以将所选对象移至当前页面的最下方

C. 在调整对象顺序时，不可以跨图层进行调整

D. 在同一图层中，位于上方的对象可以遮盖位于下方的对象

5. 默认情况下，对象的堆叠顺序是由什么因素决定的。（　　）

　A 由对象的大小决定 　　　　　　　　　　　B. 由对象的填充决定

　C. 由对象被添加到绘图中的次序决定 　　　　D. 没有规律

6. 使用"变换"面板可以执行下列哪些操作（　　）。

　A.旋转角度　　　B.移动位置　　　C.改变大小　　　D.水平或垂直翻转

7. 在复制一个对象后，要以相同位置进行粘贴，下列操作正确的是：（　　）

　A 按Ctrl+C快捷键进行复制，然后按Ctrl+V快捷键进行粘贴即可

　B. 按Ctrl+C快捷键进行复制，然后选择"编辑－就地粘贴"命令

　C. 在选中对象的情况下，然后选择"编辑－贴在前面"命令

　D. 选择"对象－变换－再次变换"命令

8. 下面对移动操作的描述中，错误的是：（　　）

　A.可以使用选择工具 来移动图形 　　　　　　B.可以使用旋转工具 来移动图形

　C.可以使用键盘上的方向键来移动图形

　D.可以通过"变换"或"控制"面板对图形进行精确的位移

9. 要将一个对象移至所有对象的上方，应该（　　）。

　A.按Ctrl+Shift+]快捷组合键或选择"对象-排列-移至顶层"命令

　B.按Ctrl +]快捷键或选择 "对象-排列-向前一层"命令

　C.按Ctrl+Shift+[快捷组合键或选择 "对象-排列-移至底层"命令

　D.按Ctrl+[快捷键或选择 "对象-排列-向后一层"命令

10. 下列有关Illustrator镜像工具 的叙述中，错误的是？（　　）

　A.通过打开"镜像"对话框的方式来精确定义对称轴的角度

　B.在使用镜像工具 时，需要先确定轴心

　C.对称轴的轴心位置必须在图形内部

　D.对称轴可以是水平、垂直，也可以是任意角度

11. 下列有关Illustrator倾斜工具 的叙述中，不正确的是？（　　）

　A.利用倾斜工具 使图形发生倾斜前，应先确定倾斜的基准点

　B.在拖动过程中，若按住Alt键，则原来的对象保持不变，将对象创建得到的副本对象
　　进行倾斜处理

　C.在"倾斜"对话框中，倾斜角度和轴的角度定义必须完全相同

　D.精确定义倾斜的角度，需打开"倾斜"对话框，设定倾斜角度及轴的角度

12. 下列关于"再次变换"命令的描述中，不正确的是？（　　）

　A."再次变换"命令可以完成物体的多次固定距离的移动及复制

　B."再次变换"命令可以完成物体的多次固定数值的旋转及复制

　C."再次变换"命令可以完成物体的多次固定数值的倾斜及复制

　D."再次变换"命令可以完成物体的多次固定数值的涡形旋转及复制

13. 在Illustrator中，下列哪个操作可用来进行图形的精确移动？（　　）

　A.使用鼠标拖动画板上的图形使之移动

　B.选中图形后，用键盘上的上下左右箭头键进行移动

　C.通过"信息"面板对图形进行精确的移动

D.通过选择工具对图形进行精确的移动

14. 下列有关Illustrator"变换"面板的叙述中，不正确的是？（　　）

A.通过变换面板可以移动、缩放、旋转和倾斜图形

B.变换面板最下面的两个数值框的数值分别表示旋转的角度值和倾斜的角度值

C.通过变换面板移动、缩放、旋转和倾斜图形时，只能以图形的中心点为基准点

D.在变换面板中X和Y后面的数值分别代表图形在页面上的横坐标和纵坐标的数值

15. 下列有关Illustrator图形的前后关系描述中，不正确的是？（　　）

A.在同一图层上先绘制的图形一般在后绘制的图形的后面

B.置于顶层命令可将所选图形放到所有图形的最前面

C.后移一层命令可将所选图形在"图层"面板中的位置向下移动一次

D.在同一图层上先绘制的图形一般在后绘制的图形的前面

16. 下列有关Illustrator 直接选择工具的描述中，正确的是？（　　）

A.使用直接选择工具在图形上单击鼠标，就可将图形的全部选中

B.直接选择工具通常用来选择成组的物体

C.直接选择工具可选中图形中的单个锚点，并对其进行移动

D.直接选择工具不能对已经成组图形中的单个锚点进行选择，必须将成组图形拆开，才可进行选择

17. 下列关于Illustrator各种选择工具的描述，不正确的是？（　　）

A.使用选择工具在路径上任何部位单击，就可以选择整个图形或整个路径

B.使用直接选择工具可选择路径上的单个锚点或部分路径，并且可显示锚点的方向线

C.使用编组选择工具可选择成组物体中的单个物体

D.使用选择工具可随时选择路径上的单个锚点或部分路径，并且可显示锚点的方向线

18. 在Illustrator中对一个图形执行"对象－锁定"命令后，图形还可以执行的操作是（　　）。

A.可以改变边线颜色　　　　　　　　B.可以改变填充颜色

C.不能执行任何操作　　　　　　　　D.可以被选中

19. Illustrator工具箱中的自由变换工具不可以完成下列哪个操作？（　　）

A.移动　　　　B.涡形旋转　　　　C.缩放　　　　D.透视变形

20. 在Illustrator中，当对处于不同图层上的两个图形编组后，两个图形会（　　）

A.两个图形仍在各自的图层上　　　　B.两个图形在一个新建的图层上

C.两个图形在原来位于下面的图层上　D.两个图形在原来位于上面的图层上

二、填空题

1. 要将对象粘贴到所选对象的后方，可以按（　　）键或选择（　　）命令。

2. 拖动对象时按住（　　）键，可以使对象只在水平或垂直方向移动。

3. Illustrator中"再次变换"命令的快捷键是（　　）。

4. 按（　　）组合键，可以将对象编组；按（　　）组合键，可以锁定对象。

三、上机题

1. 新建一个文档，结合变换、旋转等操作，制作得到图7.151所示的图标。其中需要用到"效果－风格化－投影"命令以及"效果－风格化－内发光"命令。

2. 新建一个文档，结合变换、再次变换等操作，制作得到图7.152所示的图标。

3. 随书所附光盘中的文件"\第7章\7.11 练习题-练习题3-素材.ai"，如图7.153所示，结合本章讲解的知识，尝试在背景中制作一个放射状的线条效果，如图7.154所示。

图7.151 按钮图标1　　图7.152 按钮图标2

图7.153 素材图像

图7.154 放射状线条效果

提 示

本章所用到的素材及效果文件位于随书所附光盘"\第7章"的文件夹内，其文件名与章节号对应。

第8章　广告设计
——输入与格式化文本

　　文字是文化的重要组成部分及载体。几乎所有视觉媒体中，文字和图片都是其两大构成要素，而文字效果将直接影响设计作品的视觉传达效果。同样，在使用Illustrator制作各种精美图像时，文字也是点缀画面不可缺少的元素，恰当的文字甚至可以起到画龙点睛的作用。本章将对Illustrator中的各项文字编辑及格式化功能进行详细的讲解。

8.1 广告设计概述

8.1.1 平面广告的设计原则

广告的设计原则主要包括真实性、感情性、形象性及创新性原则。

1. 真实性原则

平面广告的真实性首先是其宣传的内容、感性形象及情感等方面都应该是真实的，应该与推销的产品或提供的服务相一致。为了保证广告的真实性，最好的方法莫过于将有关内容的照片刊登于广告中，或以真实的照片作为广告的构成主体，如图8.1所示。

图8.1 广告设计示例

2. 感情性原则

人们的购买行动受感情因素的影响很大，消费者在接受平面广告时一般要遵循一定的心理活动规律。通常人们在购买活动中的心理活动规律概括为：引起注意，产生兴趣，激发欲望和促成行动等4个过程，这4个过程自始至终充满着感情的因素。

要在平面广告中极力渲染感情色彩，烘托商品给人们带来的精神美的享受，诱发消费者的感情，使其沉醉于商品形象所给予的欢快愉悦之中，从而产生购买的愿望。广告设计示例如图8.2所示。

图8.2 广告设计示例

3. 形象性原则

产品形象和企业形象是品牌和企业以外的心理价值，是人们对商品品质和企业感情反应的联想，现代平面广告设计要重视品牌和企业形象的创造。

可以说，每一项平面广告活动和每一个平面广告作品，都是对商品形象和企业形象的长期投资。因此应该努力遵循形象性原则，在平面广告设计中注重品牌和企业形象的创造，如图8.3所示。

图8.3 广告设计示例

4. 创新性原则

平面广告设计的创新性原则实质上就是个性化原则，它是一个差别化设计策略的体现。个性化内容和独创的表现形式的和谐统一，显示出平面广告作品的个性与设计的独创性。例如图8.4经典的苹果iPod广告，就以极富新意的表现形式，获得用户的一致好评，以及极佳的宣传效果。

图8.4 广告设计示例

8.1.2 平面广告的构成要素

目前，市场上充斥着各种各样的广告，要使自己的广告作品从中脱颖而出，要在设计和制作广告时达到游刃有余的境界，就必须深入、全面地了解平面广告的构成要素。只有这样，才能在面对各类不同的平面广告时，做到"处变不惊"，并且洞察其本质，不被其外表或者说表现手法所蒙蔽。构成平面广告的要素大致相同，其各个要素及其诉求功能如下所述。

1. 标题

标题是表达平面广告主题的短句，标题有主标题与副标题之分。主标题的功能在于吸引读者视线，并引导至平面广告正文；副标题的功能在于补充和延展主标题的说明，或强调主标题的意义。标题必须配合插图放于广告的显著位置，并有利于广告的视觉流程引导。

2. 标语

标语的主要功能在于表达企业的目标、主张、政策或商品的内容、特点、功能等，它必须易读、易记，并具有强化商品印象的功能。

由于标语将被反复地诉求，因此必须要求容易记忆，并有一定的号召力，通俗而具有现代感。标语首先必须是具有特定意味的、意义完整的句子，并且可以放在平面广告版面的任何位置，有时甚至可以取代标题置于平面广告版面的显著地位。

例如，图8.5中所示的Nike运动鞋广告中的标语为"摔不死，就再来吧。"是以特效文本的形式置于场景中。实际上，该系列广告的主标语是右下角的Just do it，而"摔不死，就再来吧。"则属于副标语，用于与画面整体相契合。

图8.5　Nike运动鞋广告

3. 说明文

说明文即为平面广告方案的正文，是针对目标诉求对象的功能或特点所进行的具体而真实的阐述。说明文必须能有效地强调平面广告产品或服务的魅力与特点，而且要有趣味性及针对性。

4. 商标

商标决不仅是一个单纯的装饰物，除去它所具有的法律意义以外，其造型的视觉效果，要求能够有效地强化人们对产品的印象，加深记忆，并能起到引人注意和易于记忆的平面广告诉求效果。

5. 商品名称

商品名称是为区别于其他产品而取的名字，其首要功能在于能"有效区别"和"不会混淆"。产品名称不仅要给人深刻的印象、容易记忆、意义美好的感觉与联想，而且易读好写，便于传播，以便成为信用的代表、传统的象征。

在字体方面，商品名称应具有特定的字体，以区别于一般名称，并应有良好的视觉传达效果，字体个性突出，富有美感。

6. 插图

此处所指的插图即传达平面广告内容的图像，它是提高平面广告视觉注意力的重要元素，能够极大地左右平面广告的传播效果。现代人的生活节奏较快，因此很少有时间去仔细阅读广告的内文，而图片比文本更容易在短时间内让人们明白平面广告所传达的信息，因此在设计时需要格外注意。

8.2　输入并格式化点文本

输入文本的工作可以利用任何一种输入法完成。由于文本的字体和大小决定其显示状态，因此需要恰当地设置文本的字体、字号。

8.2.1　输入水平/垂直点文本

点文本及段落文本是文本在Illustrator中存在的两种不同形式，其中点文本的文本行是独立的，即文本行的长度随文本的增加而变长，且不会自动换行，如果需要换行必须按Enter键。

要输入点文本，可以使用文字工具 T 或直排文字工具，在文档中单击以插入光标，如图8.6所示，然后输入文本内容即可，如图8.7所示。输入完成后，可按ESC键或选择其他任意工具，即可确认文本输入，如图8.8所示。

图8.6　插入光标　　　　图8.7　输入文本　　　　图8.8　输入文本后的状态

8.2.2 实战演练：运动鞋宣传广告设计

在本例中，将主要通过输入点文本功能，并结合简单的文本格式化功能，设计一款运动鞋广告，其操作步骤如下。

01 打开"素材.ai"，如图8.9所示。

图8.9 素材文档

02 选择文字工具 T 在广告的左侧单击以插入一个文本光标，如图8.10所示。

图8.10 插入光标

03 在光标后以默认的黑色输入文本"全新轻松乐趣跑无限"，并在"控制"面板中设置基本字体及字号参数，得到图8.11所示的效果。

04 保持文本的选中状态，修改其填充色为0071BC，得到图8.12所示的效果。

05 按照第2~4步的方法，分别在其他位置再输入相关的文本，并对其字体和字号进行适当的调整，直至得到类似图8.13所示的效果。

图8.11 输入文字

图8.12 修改文字颜色

图8.13 添加其他的文字

8.2.3 相互转换水平及垂直排列的文本

在需要的情况下，可以相互转换水平文本及垂直文本的排列方向，其操作方法非常简单，用户可以选择"文字"|"文字方向"|"垂直"命令，将文本转换成为垂直排列，或选择"文字"|"文字方向"|"水平"命令，将文本转换成为水平排列。

例如，图8.14所示是将垂直文本转换为水平排列的文本。

图8.14 垂直文本转换为水平排列的文本示例

8.2.4 格式化字符属性

在Illustrator中，可以在输入文本的过程中，或在选中文本对象之后，在"控制"面板中设置一些基本的字符属性，它可以帮助用户快速设置一些常用的参数，此外，更多的参数则可以在"字符"面板中进行设置。按Ctrl+T快捷键或选择"窗口—文字—字符"命令，即可显示该面板，如图8.15所示。

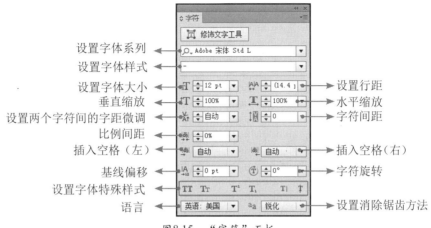

图8.15 "字符"面板

下面介绍"字符"面板中比较常用而且重要的参数。

设置字体系列：字体是排版中最基础、最重要的组成部分，在此下拉列表中将显示系统中已安装的字体。图8.16所示为不同字体的效果。

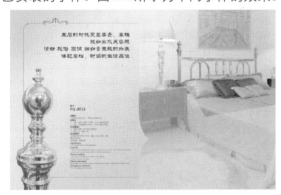
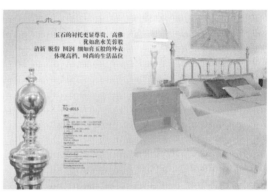

图8.16 设置不同字体时的效果

> **提示**
>
> 如果选择的文本包含2种或更多的字符属性，则该文本框显示为空白。此项功能也适用于其他字符属性，例如选中的文本具有多个字体大小属性时，则字体大小文本框也会显示为空白。

★ 设置字体样式：对于"Times New Roman"等标准英文字体，在此下拉列表中还提供了4种设置字体的选项。选择Regular选项，则字体将呈正常显示状态，无特殊字形效果。选择Italic选项，所选择的字体呈倾斜显示状态；选择Bold选项，所选择的字体呈加粗状态；选择Bold Italic选项，所选择的字体呈加粗且倾斜的显示状态。

> **提示**
>
> 根据所选字体提供的支持不同，在字形下拉菜单中显示的项目数量也不尽相同。若字体不支持任何字形设置，则此菜单显示为灰色不可用状态。

★ 设置字体大小：在此下拉列表中选择一个数值，或者直接在文本框中输入数值，可以控制所选择文本的大小。图8.17所示为不同字号的文本。

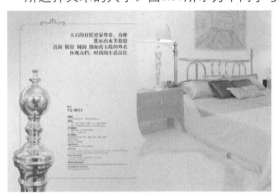 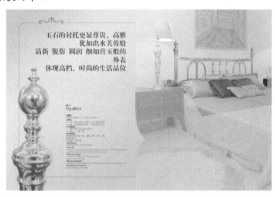

图8.17 设置不同字号时的效果

★ 设置行距：在此下拉列表中选择一个数值，或者直接在文本框中输入数值，可以设置两行文字之间的距离，数值越大，行距越大，图8.18所示为同一段文字应用不同行间距后的效果。

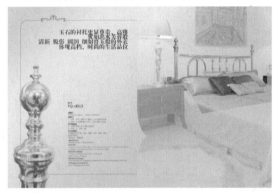 

图8.18 设置不同行距时的效果

★ 插入空格（左/右）：在这2个下拉列表中选择一个选项，可以为字符左侧或右侧增加空格。如图8.19所示是在"插入空格（左）"下拉列表中选择"1/2全角空格"选项前后的效果对比。

图8.19 应用不同行间距前后的效果对比

★ 垂直缩放、水平缩放：设置文本水平或者垂直缩放的比例。选择需要设置比例的文本，在文本框中输入百分数，即可调整文本的水平缩放或者垂直缩放的比例。如果数值大于100%，文本的高度或者宽度增大；如果数值小于100%，文本的高度或者宽度缩小。图8.20所示为原文本效果。图8.21所示为设置垂直缩放数值为150%后的效果。

图8.20 原文本　　　　　　　　　　　图8.21 设置垂直缩放后的效果

★ 字符间距：选择需要调整的文本，在此文本框中输入数值，或者在其下拉菜单中选择合适的数值，即可设置字符之间的距离。正值扩大字符的间距；负值缩小字符的间距。图8.22所示为原文本效果。图8.23所示为调整字符间距后得到的效果。

图8.22 原文本　　　　　　　　　　　图8.23 调整字符间距后的效果

★ 比例间距：此数值控制了所有选中文本的间距。数值越大，间距越大。图8.24所示是设置不同比例间距的效果。

图8.24 设置不同比例间距时的效果对比

★ 基线偏移：此参数仅用于设置选中文本的基线值。正值使基线向上移；负值使基线向下移。图8.25所示为原文本效果与调整字体大小及基线位置后的对比效果。

图8.25 原文本与调整字体大小及基线位置后的效果

★ 字符旋转：在"字符旋转"下拉列表中选择一个选项，或在其文本框中输入数值（取值范围为-360°~360°），可以对文字进行一定角度的旋转。输入正数，可以使文字向右方倾斜；输入负数，可以使文字向左方倾斜。效果如图8.26所示。

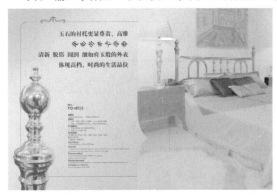
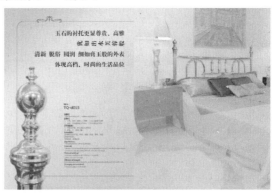

图8.26 设置不同字符旋转的对比

★ 设置字体特殊样式：单击其中的按钮，可以将选中的字体改变为此种形式显示。其中的按钮依次代表为：全部大写、小型大写、上标、下标、下划线和删除线，其中"全部大写"、"小型大写"只对英文字体有效。

★ 设置消除锯齿的方法：在此下拉菜单中选择一种消除锯齿的方法。选择"无"选项时，无抗锯齿效果；选择"锐化"选项时，字体的边缘很清晰；选择"明晰"选项时，字体的边缘轮廓平滑清晰，易于识别；选择"强"选项时，字体被加粗，但程度轻微。

▌8.2.5 实战演练：名品汇网页展示广告设计

在本例中，将主要使用输入并格式化文本功能，设计名品汇网页展示广告，其操作步骤如下。

01 按Ctrl+N快捷键新建一个文档，设置弹出的对话框，如图8.27所示。

02 使用矩形工具 绘制一个与文档相同大小的矩形，并设置其填充色为B51749，描边色为无，得到图8.28所示的效果。

03 使用椭圆工具 按住Shift键绘制一个正圆，将其置于广告文档的上方，并设置其填充色为白色，描边色为无，得到图8.29所示的效果。

图8.27 "新建文档"对话框 　　图8.28 绘制矩形 　　图8.29 绘制正圆

04 下面来输入文本并对其进行格式化处理。使用文字工具 在圆形内部单击以插入光标，然后输入文本"名品汇",设置其填充色为B51749,描边色为无,并在"字符"面板中指定其属性,如图8.30所示,得到图8.31所示的效果。

05 使用选择工具 ▶,按住Alt+Shift键向下复制当前的文本,然后使用文字工具 T 刷黑选中其中的3个字,再重新输入"名品特卖1-3折",再适当缩小其字体并调整位置,直至得到类似图8.32所示的效果。

图8.30 "字符"面板

图8.31 输入得到的文本

图8.32 编辑后的文本

06 按照第4步的方法,在下方继续输入文本,并按照类似图8.33所示的"字符"面板参数对其进行格式化处理,其填充色为3E3A39,描边色为无,得到图8.34所示的效果。

07 下面来在圆形的中下部绘制一个特殊图形。使用矩形工具 ▣ 在圆形中下部绘制一个矩形,设置其填充色为3E3A39,描边色为无,然后使用钢笔工具 ✍ 在矩形左侧中间处单击添加一个锚点,再按住Shift键+向右光标键移动该锚点的位置,用同样的方法处理右侧后,得到图8.35所示的效果。

图8.33 "字符"面板

图8.34 输入灰色文本

图8.35 绘制并编辑图形

08 按照第4步的方法,输入文本并设置其填充色为白色,描边色为无,然后对其进行格式化处理,其参数设置如图8.36所示,得到图8.37所示的效果。

09 使用矩形工具 ▣ 在广告的底部绘制一个与文档等宽的矩形,并设置其填充色为941E35,描边色为无,得到图8.38所示的效果。

10 最后,按照第4步的方法,在上一步绘制的矩形上输入文字,并设置其填充色为FFE100,描边色为无,并对其进行格式化处理,如图8.39所示,得到图8.40所示的最终效果。图8.41所示是为各图形添加了内阴影及投影之后的效果,读者可在学习了相关知识后尝试制作。

图8.36 "字符"面板

图8.37 格式化后的文本

图8.38 绘制矩形

图8.39 "字符"面板

图8.40 最终效果

图8.41 尝试效果

8.3 导入外部文本

对于已有的外部文本资料，如Word、记事本、网页等，用户可以根据需要，将其粘贴或导入到Illustrator文档中，下面就来讲解其相关操作。

8.3.1 粘贴文本

在文本数量相对较少，且排版要求不高的情况下，用户可以直接将文本资料粘贴到文档中。下面来讲解一些常用的粘贴文本的方法。

★ 插入光标并粘贴文本：选中需要添加的文本，执行"编辑－复制"命令，或者按Ctrl+C快捷键，然后在Illustrator文档中指定的位置插入文本光标。再执行"编辑－粘贴"命令，或者按Ctrl+V快捷键即可。此时，粘贴得到的文本属性将全部被清除，并按照插入光标时设置的文本属性来

设置粘贴后的文本。若复制的内容中包含图片，则在粘贴后也会消失。

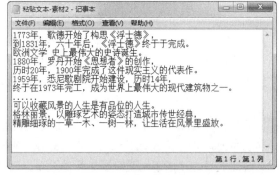

图8.42 记事本

★ 直接粘贴：在复制文本后，若不插入光标而直接执行粘贴操作，则可以创建相应大小的文本框，以装载粘贴的文本。此时，若是复制的记事本、网页中的内容，则粘贴后，原文本的所有属性将消失，取而代之的是当前所设置的文本属性；若是复制Word文档中的内容，则直接粘贴后，可以保留原有的文本属性，并能够将图片也一并粘贴到文档中，但要注意的是，由于兼容性的问题，粘贴得到的文字可能会被拆分为多个剪切蒙版，因此很难进行连贯的操作。

以图8.42中记事本所示的文本为例，图8.43所示是在Illustrator文档内插入光标，然后粘贴进去后的效果。

图8.43　粘贴文本后的效果

8.3.2　导入Word文档

要导入Word文档，可以选择"文件-置入"命令，在弹出的对话框中选择并打开要导入的Word文档即可。若要设置导入选项，可以在"置入"对话框中选中"显示导入选项"选项，再单击"打开"按钮，此时将弹出图8.44所示的对话框，用户可以根据需要在其中设置适当的参数。

图8.44　"Microsoft Word 选项"对话框

设置好所有的参数后，单击"确定"按钮退出，即可导入Word文档中的内容，此时光标将变为状态，此时在页面中合适的位置单击，即可将Word文档置入到文档中。要

注意的是，虽然置入后会保留文本的基本属性，由于Word文档的格式比较复杂，因此导入后的结果与Word文档中原本的版式会有较大的差别，且图片会全部消失，需要后期进行较多的调整。

以图8.45所示的Word文档为例，图8.46所示是将其导入Illustrator中以后的部分效果。

图8.45　置入的Word文档

安徽合肥枣园项目
产品定位及形象塑造报告

房地产营销管理部
2012/5/17

图8.46 导入后的部分内容

8.3.3 导入记事本文档

导入记事本的方法与导入 Word 相近，选择"文件－置入"命令后，选择要导入的记事本文件，若选中了"显示导入选项"选项，将弹出图8.47所示的"文本导入选项"对话框。

"文本导入选项"对话框中各选项的解释如下所述。

★ 平台：在此下拉列表中可以指定文件是在 Windows 还是在 Mac OS 中创建文件。

★ 字符集：在此下拉列表中可以指定用于创建文本文件时使用的计算机语言字符集。默认选择是与 Illustrator的默认语言和平台相对应的字符集。

★ 在每行结尾删除：选择此选项，可以将额外的回车符在每行结尾删除。在段落之间删除：选择此选项，可以将额外的回车符在段落之间删除。

★ 替换：选择此选项，可以用制表符替换指定数目的空格。

图8.47 "文本导入选项"对话框

8.4 输入并格式化段落文本

8.4.1 输入段落文本

段落文本与点文本的不同之处在于文本显示的范围由一个文本框界定，当输入的文本到达文本框的边缘时，文本就会自动换行；当调整文本框的边框时，文本会自动改变每一行显示的文本数量以适应新的文本框。

输入段落文本可以按以下操作步骤进行。

01 选择文字工具 **T** 或直排文字工具 **IT**。

02 在页面中拖动光标，创建一个段落文本框，文本光标显示在文本框内，如图8.48所示。

图8.48 绘制的文本框

03 在工具选项栏的"字符"面板和"段落"面板中设置文本选项。

04 在文本光标后输入文本并确认即可，如图8.49所示。

图8.49 输入文本后的效果

8.4.2 编辑文本框

第一次创建的段落文本定界框未必完全符合要求，因此，需要对文本框进行编辑处理。其编辑方法非常简单，用户可以像对对象一样，执行缩放或旋转等处理，若是在输入文本的过程中，可以按住Ctrl键分别拖动各个控制句柄，以改变其大小，也可以将光标置于四角控制句柄的外侧，以对其进行旋转处理，如图8.50所示。要注意的是，此时只是改变文本框的角度，而其中文本的角度不会发生变化，因此文本会根据文本框的形态进行重新排列。

在调整文本框大小时，若无法显示所有的文本，则在其右下角会显示一个红色的标识田，如图8.51所示，适当增大文本框以将全部文本显示出来即可。

图8.50 旋转文本框

图8.51 缩小文本框

8.4.3 相互转换点文本及段落文本

点文本和段落文本也可以相互转换，在转换时执行下列操作中的任意一种即可。

★ 执行"文字"|"转换为点文字"命令，或者执行"文字"|"转换为区域文字"命令。

★ 将光标置于点文本框右侧的实心圆形上，此时光标变为状态，双击即可将其转换为段落文本。反之，将光标置于段落文本右侧的实心圆形上，此时光标变为状态，双击即可将其转换为点文本。

> **提示**
>
> 在将段落文本转换为点文本时，若段落文本框中有未显示出来的文本，则会弹出提示框，询问用户是否要删除溢出的文本并转换为点文本，用户可根据需要确定或取消。

8.4.4　格式化段落属性

在Illustrator中，使用"段落"面板可以精确控制文本段落的对齐方式、缩进、段落间距、连字方式等属性，对出版物中的文章段落进行格式化，以增强出版物的可读性和美观性。

按Ctrl+Alt+T快捷组合键，或选择"窗口－文字－段落"命令，调出"段落"面板，如图8.52所示。

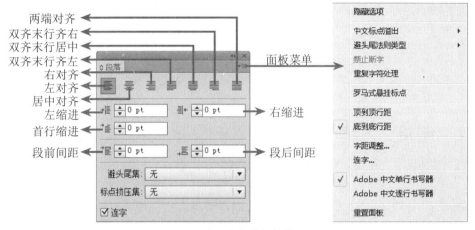

图8.52　"段落"面板

另外，在"控制"面板中，也可以设置段落的对齐方式。下面将以"段落"面板为例，讲解各段落属性的作用。

1.对齐方式

Illustrator提供了7种不同的段落对齐方式，以供在不同的需求下使用，下面分别对7种对齐方式进行详细讲解。

★　左对齐、居中对齐、右对齐：分别单击这3个按钮，可以使所选择的段落文字沿文本框左侧、中间或右侧进行对齐。图8.53、图8.54和图8.55所示为分别设置不同对齐方式时的效果。

图8.53　左对齐　　　　　　图8.54　居中对齐　　　　　　图8.55　右对齐图

★　双齐末行齐左、双齐末行居中、双齐末行齐右：这3个按钮的基本功能仍然是让文本居左、居中和居右对齐，与前面讲解的3个按钮不同的是，这3个按钮可以让除末行文本外的文本，对齐到文本框的两侧。图8.56和图8.57所示选择左对齐按钮与双齐末行齐左按钮时的对比效果。

★　两端对齐：单击此按钮，可以使所选择的段落文字沿文本框的两侧对齐，如图8.58所示。

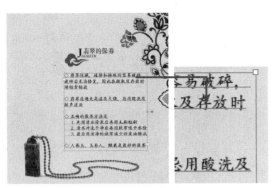

图8.56 左对齐

图8.57 双齐末行齐左

图8.58 两端对齐

2. 缩进

简单来说，缩进是指文本距离文本框的路径，在Illustrator中，用户可以为首行及段落整体指定缩进数值。下面对各个缩进进行详细讲解。

★ 左缩进/右缩进：在文本框中输入数值，可以控制文字段落的左侧或右侧相对于定界框的距离，如图8.59和图8.60所示。

★ 首行左缩进：在此文本框中输入数值，

可以控制选中段落的首行相对其他行的缩进值，如图8.61所示。

图8.59 左缩进效果

图8.60 右缩进效果

图8.61 首行左缩进效果

提示

如果在首行左缩进文本框中输入一个负数，且此数值不大于段落左缩进的数值，则可以创建首行悬挂缩进的效果，如图8.62所示。

图8.62　悬挂缩进效果

3. 段落间距

　　当用户按下回车键时，即可生成一个新的段落，每个段落之间都可以根据需要设置间距，以便于突出重点段落。在Illustrator中，用户可以指定段前或段后的间距。图8.63所示就是指定段前距离前后的效果对比。

图8.63　设置段前间距前后的效果对比

8.4.5　实战演练：黔江年货街招商广告设计

　　在本例中，将主要使用输入与格式化文本的字符与段落属性功能，来设计黔江年货街招商广告，其操作步骤如下。

01 打开随书所附光盘中的文件"\第8章\8.4.5　实战演练：黔江年货街招商广告设计-素材1.ai"，如图8.64所示。

02 使用文字工具 T 在"服务项目"的下方绘制一个约图8.65所示的大小的文本框。

图8.64　素材文档

图8.65　绘制文本框

03 打开随书所附光盘中的文件"\第8章\8.4.5　实战演练：黔江年货街招商广告设计-素材2.txt"，按Ctrl+A快捷键进行全选，再按Ctrl+V快捷键进行复制，然后返回广告设计文件中，按Ctrl+V快捷键粘贴文字至文本框中，得到类似图8.66所示的效果。

04 选中文本框，显示"字符"面板并设置其字符的基本参数，如图8.67所示，得到图8.68所示的效果。

图8.66　粘贴文本　　　　　　　图8.67　"字符"面板　　　　　图8.68　设置字符属性后的效果

05 下面来增加文本的段落间距，如图8.69所示，得到图8.70所示的效果。

图8.69　"段落"面板　　　　　　图8.70　增加段前间距后的效果

06 下面来为段落设置悬挂缩进效果，在设置时，需要在"段落"面板中指定左缩进与首行缩进数值，如图8.71所示，得到图8.72所示的效果。

07 在各段落的序号后面，添加数量不等的空格，使之排列得更为整齐，如图8.73所示。

图8.71　"段落"面板　　　图8.72　设置悬挂缩进后的效果　　　图8.73　添加空格以对齐后的文本效果

08 选中文本框，设置文本的填充色为710000，得到图8.74所示的效果。

09 按照上述方法，结合随书所附光盘中的文件"\第8章\8.4.5　实战演练：黔江年货街招商广告设计-素材3.txt"和"\第8章\8.4.5 实战演练：黔江年货街招商广告设计-素材4.txt"中的文本内容，制作得到类似图8.75所示的效果即可。

图8.74 设置文本颜色后的效果

图8.75 最终效果

8.5 查找和替换

作为一款专业的图形软件，Illustrator提供了非常实用的文本查找与替换处理功能，用户可以根据需要替换指定的文本或特殊字符。下面就来讲解一下其使用方法。

选择"编辑—查找和替换"命令，弹出其对话框，如图8.76所示。

图8.76 "查找和替换"对话框

在"查找和替换"对话框中，各参数讲解如下。

★ 查找/替换为：在这2个文本框中，用户可以指定要查找与替换的文本内容。单击"插入特殊字符"按钮 @▼，在弹出的菜单中可以选择要查找或替换的特殊字符，如项目符号、版权字符等。

★ 区分大小写：选中此选项，可以在查找字母时只搜索与"查找"文本框中字母的大写和小写准确匹配的文本字符串。

★ 全字匹配：选中此选项，可以在查找时只搜索与"查找"文本中输入的文本长度相同的单词。如果搜索字符为罗马单

词的组成部分，则会忽略。

★ 向后搜索：选中此选项后，将只向当前光标之后的文本执行查找与替换操作。

★ 检查隐藏图层：选中此选项，可以查找隐藏图层上的文本。找到隐藏图层上的文本时，可看到文本所在处被突出显示，但看不到文本。可以替换隐藏图层上的文本。

★ 检查锁定图层：选中此选项，可以查找锁定图层上的文本，但不能替换锁定图层上的文本。

★ 查找：单击此按钮，可以根据所设置的查找条件，在指定的范围中查找对象。当执行一次查找操作后，此处将变为"查找下一个"按钮。

★ 替换：对于找到满足条件的对象，可以单击此按钮，从而将其替换为另一种属性；若"替换为"文本框中设置完全为空，则将其替换为无。

★ 替换和查找：单击此按钮，将执行更改操作，并跳转至下一个满足搜索条件的位置。

全部替换：将指定范围中所有找到的对象，替换为指定的对象。

★ 完成：单击此按钮，将完成当前的查找与替换，并退出对话框。

以图8.77中所示的素材为例，图8.78所示是将其中的"我公司"替换为"点智文化广告公司"后的效果。

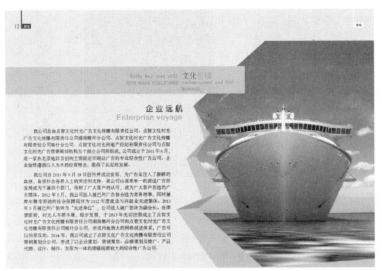

图8.77 素材文档

图8.78 替换后的效果

8.6 广告设计综合实例：点智文化招聘广告设计

在本例中，将结合绘制图形、添加文本、格式化文本的字符与段落属性等功能，设计一款点智文化招聘广告，其操作步骤如下。

01 按Ctrl+N快捷键新建一个文档，设置弹出的对话框，如图8.79所示。

02 使用矩形工具▣绘制一个与文档相同大小的矩形，并设置其填充色为5E3D37，描边色为无，得到图8.80所示的效果。将该颜色以"褐色"为名保存至"色板"面板中，以便于后面使用。

03 打开随书所附光盘中的文件"\第8章\8.6 广告设计综合实例：点智文化招聘广告设计-素材1.ai"，选中其中的图形并按Ctrl+C快捷键进行复制，然后返回广告设计文件中，并按Ctrl+V快捷键进行粘贴，将其置于文档的左侧，如图8.81所示。

图8.79 "创建文档"对话框　　图8.80 绘制矩形　　图8.81 摆放图形位置

04 选中上一步粘贴得到的图形，在"渐变"面板中设置其填充色，如图8.82所示，其中从左到右各色标的颜色值为C:1 M:52 Y:84 K:0、C:2 M:91 Y:100 K:22，得到图8.83所示的效果。

05 使用选择工具 按住Alt+Shift快捷键向左侧复制图形，并修改其渐变填充色，如图8.84所示，读者可直接修改右侧色标的颜色值为C:2 M:91 Y:100 K:39，得到图8.85所示的效果。

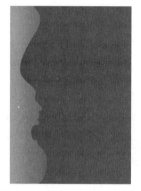

图8.82 "渐变"面板　　图8.83 设置渐变后的效果　　图8.84 修改渐变属性

06 选中左侧最底层的人物图形，按Ctrl+C快捷键进行复制，按Ctrl+F快捷键将其粘贴到前面，再按Ctrl+Shift+]快捷组合键将其移至最上层，然后向左侧拖动，直至得到类似图8.86所示的效果。

07 选中左侧的3个图形，使用选择工具 ，按住Alt+Shift键向右侧拖动，以创建得到其副本，然后在"变换"面板的菜单中选择"水平翻转"命令，适当调整好位置后，分别修改3个图形为灰色的渐变填充，直至得到类似图8.87所示的效果。

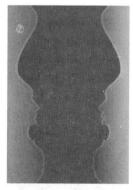

图8.85 设置渐变后的效果　　图8.86 调整图形位置后的效果　　图8.87 复制得到灰色图形

08 下面来向广告中添加文字、图像等内容。首先，使用文字工具 T 在文档中间上方单击以插入光标，在其中输入"加入我们的团队！"设置其填充色的颜色值为DFD6C1，描边色为无，在"字符"面板中适当调整其文本属性，如图8.88所示，得到类似图8.89所示的效果。

09 按照第2步中的方法，将上一步设置的文本颜色保存至"色板"面板中，并将其命名为"浅黄"。

10 按照第8步的方法，在上方再继续输入公司名称及网址文字，适当格式化后，得到类似图8.90所示的效果。

图8.88 "字符"面板

图8.89 输入得到的文本

图8.90 输入其他文本

11 下面来制作下方的图形及图像。选择矩形工具，绘制一个横向矩形，设置其填充色为无，描边色为"浅黄"，描边粗细为1pt，得到图8.91所示的效果。

12 使用直接选择工具，单击矩形底部的线条以将其选中，然后按Del键将其删除，得到图8.92所示的效果。

图8.91 绘制矩形框

图8.92 删除底部线条后的效果

13 使用钢笔工具 在矩形上方中间处添加锚点，然后选中该锚点并向上移动，直至得到类似图8.93所示的效果。

14 使用选择工具，按住Alt+Shift键向下进行复制，并在"变换"面板的菜单中选择"垂直翻转"命令，适当调整其位置后，得到图8.94所示的效果。

图8.93 添加并移动锚点后的效果

图8.94 复制并翻转对象

15 选择"文件—置入"命令，在弹出的对话框中打开随书所附光盘中的文件"\第8章\8.6 广告设计综合实例：点智文化招聘广告设计-素材2.psd"，在文档中单击以置入该图像，并适当调整其大小及位置，然后按照第8步中的方法，在下方输入文字，得到图8.95所示的效果。

16 下面来添加并格式化下方的说明文字。使用文字工具 T 在文档中绘制一个文本框，然后打开随书所附光盘中的文件"\第8章\8.6 广告设计综合实例：点智文化招聘广告设计-素材3.txt"，按Ctrl+A快捷键全选其中的文本，然后按Ctrl+C快捷键进行复制，再返回到广告设计文档中，按Ctrl+V快捷键进行粘贴，设置文本的填充色为"浅黄"，描边色为无，得到图8.96所示的效果。

图8.95　添加图像及文本后的效果

图8.96　粘贴文本后的效果

17 选中所有的文本，在"字符"和"段落"面板中设置其基本属性，如图8.97和图8.98所示，得到图8.99所示的效果。

图8.97　"字符"面板

图8.98　"段落"面板

图8.99　设置基本属性后的效果

18 选中各段段首的圆点及其后面的空格，在"字符"面板中修改其字体大小为6pt，得到图8.100所示的效果。

图8.100 添加空格对齐后的效果

图8.101 设置小标题的属性

19 分别选中"平面设计"、"市场营销"、"兼职发行"及"客服专员"这4个标题，在"字符"面板中将其字体样式设置为"Bold"，以加粗文字，再在"段落"面板中设置其段前间距为6pt，得到图8.101所示的效果。

20 最后，结合矩形工具、圆角矩形工具及前面讲解的输入并格式文本功能，在每个标题下方添加圆角矩形，然后修改标题文本颜色为"褐色"，再在底部添加矩形块及说明文字，即可得到图8.102所示的最终效果。

图8.102 最终效果

8.7 学习总结

在本章中，主要讲解了Illustrator中与文本相关的基本功能。由于在Illustrator的常见应用领域中，文本几乎都是不可或缺的元素，因此对文本的相关知识，应特别注意熟悉掌握。通过本章的学习，首先，读者应熟练掌握输入各类型文本及其格式化属性的设置方法，同时，还应该熟悉导入文本及查找和替换文本等功能。

8.8 练习题

一、选择题

1. 在"字符"面板中设置文字其中不包括？（　　）

　A.设置文字大小　　　　　　　　B.设置文字基线

　C.设置首行缩排　　　　　　　　D.设置文字行距

2. 下列哪些不是Illustrator"段落"面板中的设定项？（　　）

　A.首行缩进　　　　　　　　　　B.文字的对齐方式

　C.设置字体大小　　　　　　　　D.文字的行距

3. Illustrator"段落"面板中的对齐方式包括下面哪些？（　　）

　A.左对齐　　　　　　　　　　　B.居中对齐

　C.右对齐　　　　　　　　　　　D.顶部对齐

4. 以下可对文本框执行操作的有：（　　）

　A.旋转　　　　　　　　　　　　B.缩放

　C.位移　　　　　　　　　　　　D.透视扭曲

5. 下列将点文本转换为段落文本的操作中，错误的是（　　）。

　A.双击点文本后方的圆形控制句柄

　B.在文本边缘的任意一个控制句柄上双击

　C.选择"文字－转换为区域文字"命令

　D.绘制一个段落文本框，然后将点文本粘贴到其中

二、填空题

1. 输入点文本时，按（　　）键可以进行换行操作。

2. 要将当前的横排文本转换为直排，可选择（　　）命令。

3. 对于图8.103中的段落文本，其首行空2格的格式，可以使用（　　）参数设置得到。

雷　波

　　男，陕西户县人，副教授。1989年毕业于陕西财经学院。现任教于陕西财经职业技术学院，主要从事会计、审计等教学及其研究工作。曾参与国家社科基金一般项目《我国人力资源管理的信息化及方法论研究》（项目批号：101010g）等科研项目的研究。

图8.103　首行空2行的文本素材

三、上机题

1. 打开随书所附光盘中的文件"\第8章\8.8 练习题-上机题1-素材.ai"，如图8.104所示，结合本章中讲解的输入文字和格式化处理功能，制作得到类似图8.105所示的效果。

214

图8.104　素材对象

图8.105　添加文字后的效果

2. 打开随书所附光盘中的文件"\第8章\8.8 练习题-上机题2-素材.ai"，如图8.106所示，结合本章中讲解的输入文字并格式化处理功能，制作得到类似图8.107所示的效果。

图8.106　素材对象

图8.107　添加文字后的效果

提 示

本章所用到的素材及效果文件位于随书所附光盘"\第8章"的文件夹内，其文件名与章节号对应。

第9章 字效设计
——文本高级控制

在上一章中，我们已经学习了创建与格式化文本等基础知识。另外，也可以与图形相结合，或直接将文字转换为图形，通过编辑图形的形态，改变文字的整体效果，如制作异形文字、路径绕排文字及区域文字等，本章就讲解其相关知识。

9.1 字效设计概述

9.1.1 字效设计的概念

字效设计是指标准印刷字体之外的文字，是伴随着现代文明程度的提高，社会思潮的更新及信息交往的频繁而产生的具有鲜明个性的创意字体。在广告、招贴、海报、书籍封面等各个设计领域，特效文字均被广泛应用。图9.1所示就是一些纯粹的字效设计及应用于不同领域中的字效作品。

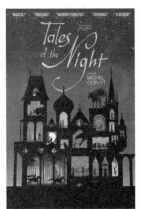

图9.1 字效设计示例

特效文字除了应用于以上领域外，还作为标志（Logo）被广泛应用于企业的识别系统中，读者可参见本书第3章中的相关讲解及实例。

9.1.2 字效的4种创意设计方法

无论汉字还是拉丁字体，任何文字的形成、变化都无法脱离基本笔形、质感和维度三种定义，因此这三者也是特效文字的创意源点，在创意设计时能够从这三个方面的任意一点出发，甚至综合运用这三个方面的设计元素，就能够使设计工作沿着明确的创意思路发展，得到令人眼前一亮的特效文字。

1. 修改文字基本形态

笔形即文字的形态，是文字构成的本质性因素之一，任何一种文字风格的构成，基本上都取决于字体基本笔形。例如，黑体文字的笔形与楷体截然不同，而黄草体与彩云体又各不相同，实际上造成文字间如此大区别的正是文字的点、横、竖、撇、捺等，由此我们可以清楚地看出，文字的基本笔形不仅是决定文字外观效果的本质性因素，也是文字创意的根本源点之一。

由基本形态变化创意文字的方法是指通过各种方法将文字的外形改变为不同的形态。例如，球形、散点形、方格晶体形等，或使文字从外形上断裂、破碎、相连，从而获得具有非凡创意效果的文字。图9.2所示的特效文字均为通过此方法获得的特效文字，可以看出文字的外形皆非普通字体所能够具有的外形。

图9.2 形态变化创意文字示例

2. 修改文字质感

文字质感是指为文字赋予某种机理后，使其产生质感，从而得到的一类特效文字。由于不同的质感能够引发人们不同的联想，因此当我们为文字赋予质感后，就能够使文字更加生动，从而更加准确地传达文字的内涵。

3. 修改文字维度

大部分文字是平面的，很显然这种平面在某种程度上会引起视觉的平淡化，因此有时需要通过各种手段使文字在维度方面发生变化，也就是使文字具有厚度、景深及透视等效果，这样即可创意出新的特效文字。

例如，图9.3所示的文字均为具有立体效果的特效文字。

图9.3 具有立体效果的特效文字

前面已经提到过，基本笔形、质感和维度这三者更是可以结合的，而结合出来的效果更加丰富和完美。如之前列举过的例子，在制作金属质感的文字时，将质感和维度结合能更加充分地表现出我们想要的效果，使文字既具有金属的光泽，又有体积感，让人感觉有震撼力。

4. 使文字形、意合一

形意文字是指以文字为基本元素，通过对文字局部的置换、文字笔画编辑或者简单图形的添加，使整体文字具有一种图形化的效果，从而使文字在具有传达意义的功能的同时，还具有视觉化的可观赏效果，达到形、意合一的效果。这样能够使文字在不失去原意的情况下，具有更强的可读性、可识性、新奇性、装饰性等。由于汉字是表意字，每一个汉字均有独立的意义，因此相对于表音的拉丁文而言，在创作形意特效文字方面具有独特的优势。

形意文字的实例效果如图9.4所示。

图9.4　形意文字效果示例

9.2 修饰文字工具 ⎯⎯⎯⎯⎯⎯⎯⎯○

使用修饰文字工具🔲可以根据需要，对点文字或段落文字中的单个字符进行位置、宽度、高度等调整。其使用方法非常简单，使用修饰文字工具🔲单击即可选中一个字符，其周围会显示4个圆形的控制句柄，如图9.5所示，然后执行以下操作。

★ 拖动左下角的控制句柄，或拖动字符本身，可以调整其位置。

★ 拖动左上角的控制句柄，可以改变文字的高度。

★ 拖动右上角的控制句柄，可以等比例改变文字的宽度与高度。

★ 拖动右下角的控制句柄，可以改变文字的宽度。

图9.6所示是调整文字大小及位置后的效果。

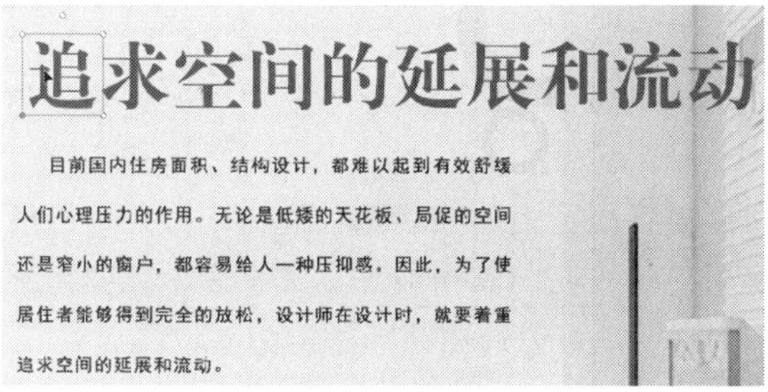

图9.5　选中文字

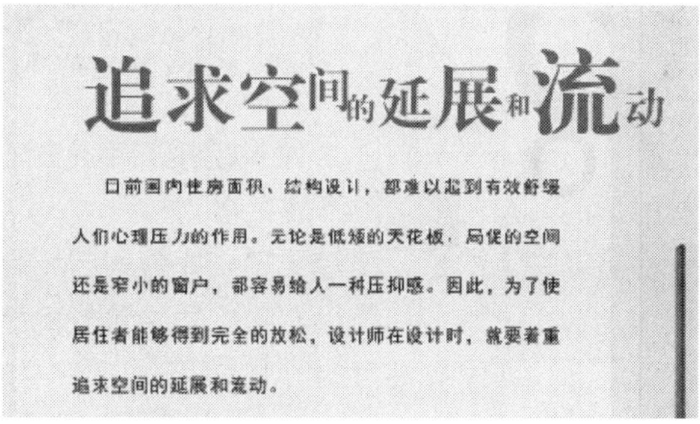

图9.6　编辑文字位置及大小后的效果

9.3 将文本转换为路径

虽然用户可以安装多种字体，以达到让版面更为美观的目的，但对于特殊的需要，字体还是远远不能满足设计的需求，此时就可以通过编辑文本的形态，使之变得更为丰富。要编辑文本的形态，首先就需要将其转换为路径，用户可以按Ctrl+Shift+O快捷键或选择"文字－创建轮廓"命令。

将文本转换为路径后，可以使其具有路径的所有特性，像编辑和处理任何其他路径那样编辑和处理这些路径，图9.7所示就是一些典型的异形文本的作品。

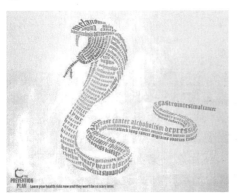

图9.7 将文字变形并进行艺术处理的作品

提示

"创建轮廓"命令一般用于为大号显示文字制作效果时使用，很少用于正文文本或其他较小号的文字。但要注意的是，一旦将文本转换为路径后，就无法再为其设置文本属性了。

9.4 制作路径绕排文字

路径绕排文字是指在当前已有的图形上输入文字，从而使文字能够随着图形的形态及变化而排列文字。

需要注意的是，路径文字只能是一行，任何不能排在路径上的文字都会溢流。另外，不能使用复合路径来创建路径文字。如果绘制的路径是可见的，在向其中添加了文字后，它变为不可见状态，即没有任何的填充与描边属性，如用户有需要，可以选中路径后再为其设置属性。

9.4.1 路径绕排文字的制作方法

创建路径绕排文本的方法非常简单，用户首先绘制一条要输入文本的路径，如图9.8所示，然后选择路径文字工具，并将光标置于路径上，直至光标变为 形状，如图9.9所示，单击在路径上插入一个文字光标，然后输入所需要的文字即可，如图9.10所示。

图9.8　绘制路径　　　　　　图9.9　光标的位置　　　　　　图9.10　创建路径文字

9.4.2　路径文字基本编辑处理

对于已经创建的路径绕排文本，原来的路径与文字是结合在一起的，但二者仍可以单独设置其属性。例如通过修改绕排文字路径的曲率、节点的位置等来修改路径的形状，从而影响文字的绕排效果，如图9.11所示。而对于路径，也可以为其指定描边颜色、描边粗细、描边样式及填充色等。

另外，对于文字，仍然可以设置其字体、字号、间距、行距、对齐方式等，如图9.12所示。

图9.11　编辑路径后的效果　　　　　　　　图9.12　更改字体、字号后的效果

9.4.3　路径绕排文字特殊效果处理

选中当前的路径文字，然后选择"文字—路径文字选项"命令，或双击路径文字工具 ，在弹出的对话框中可以为路径文字设置特殊效果，如图9.13所示。

图9.13　"路径文字选项"对话框

在该对话框中，各选项的含义解释如下。

★ 效果：此下拉列表中的选项，用于设置文本在路径上的分布方式。包括彩虹效果、倾斜、3D带状效果、阶梯效果和重力效果。图9.14所示为对路径文字应用的不同特殊效果。

★ 翻转：选择此选项，可以用来翻转路径文字。

★ 对齐路径：此下拉列表中的选项，用于选择路径在文字垂直方向的位置。

★ 间距：在此下拉列表中选择一个或直接

输入数值，可控制文字在路径急转弯或锐角处的水平距离。

倾斜

阶梯效果

图9.14　不同特殊效果

9.4.4　实战演练：圆环字符串特效文字设计

在本例中，将利用制作路径绕排文字来制作一个圆环形字符串特效文字，其操作步骤如下。

01 打开随书所附光盘中的文件"\第9章\9.4.4实战演练：圆环字符串特效文字设计-素材.ai"，如图9.15所示。

图9.15　素材文档

02 使用椭圆工具 ⬭ 按住Shift键绘制一个正圆形，并设置其填充色为无，描边色为白色，如图9.16所示。

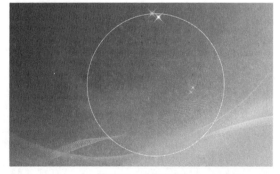

图9.16　绘制图形

03 下面在路径上输入数字。首先，选择路径文字工具 ⬚，并将光标置于圆环上，如图9.17所示。

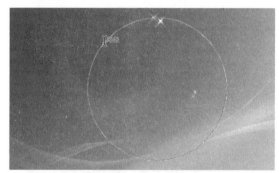

图9.17　摆放光标位置

04 单击鼠标左键以插入光标，然后输入多个数字"10"，并设置文字颜色为白色，得到类似图9.18所示的效果。此时，即使文字有溢出也可以不处理，它对案例的效果没有影响。

图9.18　输入数字后的效果

05 在"字符"面板中适当调整文字的字体和字号等属性，然后将圆环字符串置于左上方，如图9.19所示。

06 选中已经制作好的圆环字符串，按Ctrl+C快捷键进行复制，再按Ctrl+F快捷键将其粘贴到前方，然后按住Alt+Shift快捷键将其缩小，再适当修改其字体及字号属性，得到图9.20所示的效果。

所示的效果。

图9.21 制作其他字符串后的效果

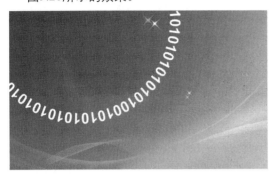

图9.19 适当格式化文字后的效果

图9.22 "透明度"面板

图9.20 缩小并格式化文字后的效果

07 按照上一步的方法，继续复制并调整更多的圆环字符串，直至得到类似图9.21所示的效果。

08 按Ctrl+A快捷键选中所有的字符串，然后显示"透明度"面板，在其中设置其混合模式为"叠加"，如图9.22所示，得到图9.23

图9.23 最终效果

9.5 制作区域文字

9.5.1 区域文字的制作方法

通过在图形中输入文字，可以让文字的排列限制在图形的范围内，从而获得异形排版效果。要在图形中输入文字，可以先绘制一个用于装载文字的图形，然后选择区域文字工具，并将光标置于图形内部，此时光标变为状态，单击插入光标，并输入或粘贴文本即可，如图9.24所示。

在制作图文绕排效果时，路径的形状起到了关键性的作用，因此要得到不同形状的绕排效果，只需要绘制不同形状的路径即可。另外，与输入沿路径绕排的文字一样，用户可以任意修改路径的形状，及其中文字的属性。

图9.24　输入文本后的效果

9.5.2　实战演练：区域特效文字设计

　　下面将利用Illustrator中制作区域特效文字的方法，设计一款三折页作品，其操作步骤如下。

01 打开素材，如图9.25所示。

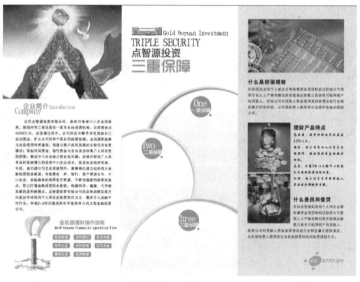

图9.25　素材文档

02 首先，我们来通过运算功能制作一个用于装载文字的图形。结合椭圆工具◎与矩形工具▢，分别绘制图9.26和图9.27所示的图形，其颜色可随意设置。

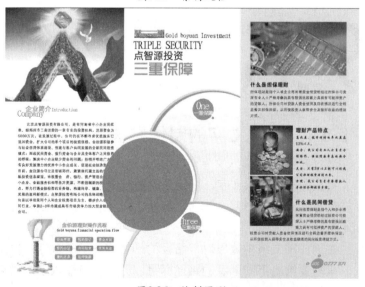

图9.26　绘制圆形

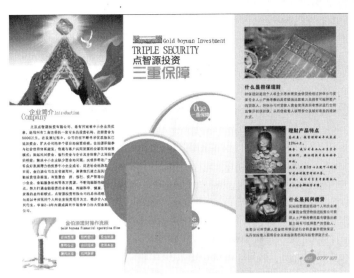

图9.27 绘制矩形

03 选中上一步绘制的2个图形，在"路径查找器"面板中单击图9.28所示的按钮，得到图9.29所示的效果。

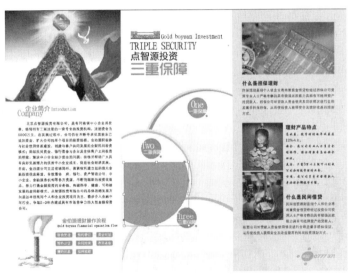

图9.28 "路径查找器"面板

图9.29 运算后的效果

04 下面来向图形中输入文本。使用区域文字工具 将光标置于图形的左上角位置，如图9.30所示。

05 单击鼠标左键以插入光标，然后在其中输入文字，得到类似图9.31所示的效果。

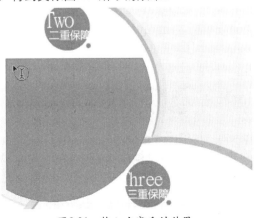

图9.30 摆放光标位置

图9.31 输入文字后的效果

06 在"字符"面板中适当设置一下文本的属性,得到类似图9.32所示的效果。

图9.32 格式化文字后的效果

07 按照第2~6步的方法,继续制作另外2部分的区域文字,得到图9.33所示的效果。

图9.33 最终效果

9.6 创建与设置图文绕排

顾名思义,文本绕排就是指让文本围绕某个指定的图形进行排列。在Illustrator中,用户可以制作一个简单的图文绕排效果,并对其绕排属性进行定义。下面就来讲解一下文本绕排的相关操作。

9.6.1 创建文本绕排

要创建文本绕排,可以选中要绕排的对象,然后选择"对象-文本绕排-建立"命令,即可以默认的参数为当前对象创建绕排属性,以图9.34所示的素材为例,图9.35所示是创建绕排后的效果。

图9.34 选中素材

图9.35 创建绕排后的效果

若要编辑绕排文本的属性，可以选择"对象－文本绕排－文本绕排选项"命令，在弹出的对话框中设置绕排的位移路径与是否反向绕排。

9.6.2 编辑文本绕排

若要修改绕排的形态，可以直接修改原来的图形对象的形态，修改后，绕排就会发生相应的变化，如图9.36所示。

图9.36 编辑绕排后的效果

9.7 字效设计综合实例——连体特效字设计

在本例中，将通过将文本转换为路径后，并对其形态进行编辑，从而设计得到连体特效字效果，其操作步骤如下。

01 打开随书所附光盘中的文件"\第9章\9.7 字效设计综合实例——连体特效字设计-素材.ai"，如图9.37所示。

图9.37 素材文档

02 使用文字工具 T，分别在画板中输入"迎圣诞"和"庆元旦"，选中这2个文本，设置其填充色为白色，描边色为无，然后在"字符"面板中设置其文本属性，如图9.38所示，得到类似图9.39所示的效果。

图9.38 "字符"面板

图9.39 输入的2行文字

03 下面来对个别文字的大小及位置进行编辑。选择修饰文字工具 ，选中"迎"字并向下调整其位置，并适当增大该文字，得到类似图9.40所示的效果。

04 按照上一步的方法，调整"庆"字的位置及大小，直至得到类似图9.41所示的效果。

图9.40 编辑"迎"字 　　　　　　　　　　　　　　图9.41 编辑"庆"字

05 下面来编辑文字的笔画。选中2个文本，按Ctrl+Shift+O快捷键将其转换为形状，然后使用直接选择工具 选中"迎"、"诞"及"庆"字中的点，按Delete键将其删除，得到类似图9.42所示的效果。

06 使用钢笔工具 绘制一个白色心形，并调整其大小至"迎"字的点上，如图9.43所示。读者也可以直接使用画板外部左侧提供的心形图形进行操作。

图9.42 删除点笔画 　　　　　　　　　　　　　　图9.43 添加心形

07 使用选择工具 ，按住Alt键拖动心形至"诞"和"庆"字被删除的点上，得到图9.44所示的效果。

08 下面来编辑为"庆"字添加花体笔画。首先，使用直接选择工具 选中"庆"字左侧的"丿"，并将其下半部分删除，适当编辑锚点位置，使之变为垂直的笔画，如图9.45所示。

图9.44 复制心形 　　　　　　　　　　　　　　图9.45 删除"庆"字中的笔画

09 使用钢笔工具 在"庆"字删除的笔画附近绘制一个螺旋线条，如图9.46所示，其线条属性设置如图9.47所示。

10 使用宽度工具 在螺旋线条靠近"庆"字的锚点上拖动，使之宽度与"庆"字的笔画相同，如图9.48所示。

11 继续使用宽度工具 编辑螺旋线条的宽度，直至得到类似图9.49所示的效果。

图9.46 绘制螺旋线条

图9.47 "描边"面板

图9.48 编辑宽度后的效果

图9.49 继续编辑宽度得到的结果

12 下面来编辑"庆元旦"3个字的连体效果。为了便于操作，可在要连体的线条上添加水平参考线，以确定其位置，图9.50所示是选中各字中的笔画并删除后的效果。

13 隐藏参考线，使用矩形工具□绘制一个白色矩形，将3个字的笔画连接在一起，如图9.51所示。

图9.50 删除横线线条

图9.51 绘制连接矩形

14 选中"庆"字左下角的螺旋笔画，按Ctrl+C快捷键进行复制，再按Ctrl+V快捷键进行粘贴，然后将其移至右上方，并将其旋转一定角度，使其与"旦"字中间的横线相连，适当调整其宽度后，得到类似图9.52所示的效果。

图9.53所示是选中所有文字内容，并对其添加投影及内发光之后的效果，读者可在学习了相关知识后尝试制作。

图9.52 最终效果

图9.53 尝试效果

9.8 学习总结

在本章中，主要讲解了文本的一些特殊编排方法。通过本章的学习，读者应掌握将文本转换为曲线后，对其形态进行编辑，从而制作得到异形特效文字的方法。同时，还应该熟悉结合文本与图形，制作出路径绕排文字与区域文字的方法。

9.9 练习题

一、选择题

1. 下列可以使用修饰文字工具 ⭐ 完成的操作有（　　　）。
   - A.改变文字的大小
   - B.改变文字的位置
   - C.改变文字的角度
   - D.分别改变文字的宽度与高度

2. 将文字转换为路径后，可以设置属性的有（　　　）。
   - A.设置文字的字体
   - B.设置文字的描边色
   - C.设置文字的渐变填充色
   - D.设置文字的内侧对齐描边

3. 下列关于区域文字的说法中，不正确的是（　　　）。
   - A.可以在开放路径中输入区域文字
   - B.可以在闭合路径中输入区域文字
   - C.处于区域中的文字，仍然可以设置字体、字号、基线偏移等属性
   - D.区域文字要先将其转换为普通文字，然后才可以转换为路径

4. 对点文本而言，必须将其转换为曲线后才能实现的是（　　　）。
   - A.为文字设置渐变填充
   - B.改变文字的大小
   - C.即使缺少字体，也不会影响观看
   - D.为文字添加描边

5. 下列可以为路径绕排文字设置的效果有（　　　）。
   - A.彩虹效果
   - B.倾斜
   - C.阶梯效果
   - D.重力效果

6. 输入路径绕排文字时，对路径的要求是：（　　　）。
   - A.路径必须是闭合路径，而且不能有填充色
   - B.路径必须是开放路径，而且不能有边线色
   - C.路径可以是开放路径，也可以是闭合路径
   - D.路径可以是开放路径，也可以是闭合路径，但都不能有填充色

7. 下面关于Illustrator文字转化为路径的相关内容中，哪个是不正确的？（　　　）
   - A.无法将应用了中文字体的文字转换路径
   - B.文字转为图形之后，还可以转回文字
   - C.如果要给文字填充渐变色，必须将文字转换为图形
   - D.只有转换为路径后的文字，才可以进行透视扭曲处理

二、填空题

1. 选中文本后，按（　　　）键可以将其转换为曲线。
2. 要改变路径绕排文字中文字的位置，可以使用（　　　）工具进行调整。
3. 显示/隐藏"字符"面板 快捷键是（　　　）。

三、上机题

1. 打开随书所附光盘中的文件"\第9章\9.9 练习题-上机题1-素材.ai"，如图9.54所示，通过输入"虎"字并编辑其笔画，然后制作得到图9.55所示的效果。

图9.54 素材图像 　　　　　　　图9.55 制作得到的文字效果

2. 打开随书所附光盘中的文件"\第9章\9.9 练习题-上机题2-素材1.ai"和"\第9章\9.9 练习题-上机题2-素材2.ai"，如图9.56所示，结合本章讲解的转换文字为路径并进行编辑处理等功能，制作得到图9.57所示的文字效果。

图9.56 素材图像 　　　　　　　图9.57 制作得到的文字效果

提示

本章所用到的素材及效果文件位于随书所附光盘"\第9章"的文件夹内，其文件名与章节号对应。

第10章　装帧设计
——画笔与符号

画笔与符号是Illustrator中具有特色的功能，二者共同的特点就是在使用方法上较为简单，但它们都可以通过使用预设与自定义两种途径来获得大量的特殊画笔与自定义符号，从而帮助我们实现多样的绘图处理。在本章中就详细讲解这两个功能的使用方法与技巧。

10.1 装帧设计概述

▌10.1.1 装帧设计的基本元素

从书籍装帧的角度看，目前的书籍可以被划分为平装本、精装本、豪华本、珍藏本4类。平装本一般价格便宜，普及性广，印数大，装帧较为简单；精装本使用的材料较好，通过一个硬的外包装以便于进行保存；而豪华本和珍藏本的价格比较昂贵，通常采用精美的材料，有的甚至选用了上等的真皮和金银装饰，或采用仿古的线订方法。

通常情况下，封面设计人员所接触的绝大部分是平装书籍的设计任务，少有精装本，而豪华本、珍藏本更是少之又少，因此本书重点讲解的是平装书籍的封面组成、设计方法与理念。

平装本的封面包括正封(即书籍封面)、书脊(即书背)及封底，这3部分的示意图如图10.1所示。有一些平装书为了增加信息量及装帧效果，还有勒口，如图10.2所示。

由于书籍的封面是一个尺寸不大的设计区域，因此切实运用好每一种封面的设计元素就显得特别重要。下面将讲解在设计封面时可能运用到的各种构成元素。

图10.1 封面构成示意图

图10.2 具有勒口的图书封面

▌10.1.2 书脊厚度的计算方法

书脊厚度的计算公式如下：

印张×开本÷2×纸的厚度。

或者也可以使用下面的公式：

全书页码数÷2×纸的厚度。

例如：一本16开的书籍，共有正文314页，扉页、版权页、目录页共14页，使用80克金球胶版纸进行彩色印刷，则其书脊厚度的计算方法如下所述。

首先，计算出整本书的印张数：

（314+14）÷16=20.5个印张

然后，按书脊厚度计算公式进行计算：

20.5×160÷2×0.098≈16毫米

由于已知全书的页码数为328，因此也可以直接使用第二个公式进行计算，即：

328÷2×0.098≈16毫米

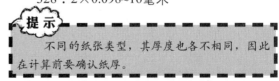

提示

不同的纸张类型，其厚度也各不相同，因此在计算前要确认纸厚。

▌10.1.3 封面尺寸的计算方法

以16K尺寸的封面为例，其尺寸为宽度×高度=185mm×260mm，其封面的高度就是260mm。而对于封面的宽度，则需在设计时将正封、书脊与封底三者的宽度尺寸相加。例如当前制作的封面设计文件中，其封面的宽度就应该是正封宽度+书脊宽度+封底宽度=185mm+12mm+185mm=382mm。

10.1.4 封面设计人员应具备的职业素质

虽然封面设计并不是一个独立的职业，它与其他平面设计领域的工作并没有本质的区别，但掌握下面一些职业技能，仍然能够提高封面设计方面的职业技能。设计师的素质培养不是一蹴而就的，因此下面关于职业素质方面的原则，需要长期坚持。

★ 由于封面设计需要对图书内容有深入理解，因此阅读各类不同图书，对于快速理解图书主题而提高工作效率有很大的帮助。

★ 与其他类设计工作一样，封面设计人员所需要面对的除了广大的读者外，还有设计项目的客户，因此也常常面临在自己的设计方案与客户的意见之间折中的情况。从这一点来说，掌握与客户的沟通技能就显得非常重要，否则很容易使自己成为操作人员而使客户成为设计人员。

★ 对于一个初入行业的封面设计人员而言，成长最快的方法是模仿其他优秀图书的封面设计理念，在模仿中不断积累，最终形成自己的风格。因此，至少要记住每一类图书的10个封面设计方案，并能够说出这些方案的优点之所在。

★ 点、线、面是平面设计永恒的主题，因此切实掌握构成方面的技巧，并在各种封面设计的项目中磨炼，能够使自己的构图能力日趋高超，最终成为此中高手。

10.2 使用画笔

在本书第3章的内容中，已经讲解了画笔工具 ✐ ，而此处讲解的使用画笔，主要是指使用"画笔"面板中提供的各种特殊画笔，而非画笔工具 ✐ 。选择"窗口－画笔"命令即可显示此面板，如图10.3所示。

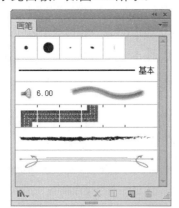

图10.3 "画笔"面板

更直观地说，"画笔"面板中的画笔，是一种特殊的描边属性，因此这些画笔的使用，并不限于使用画笔工具 ✐ 绘制的路径，只要我们为对象设置了描边属性，就可以在"画笔"面板中进行画笔的应用与设置。

10.2.1 调用画笔预设

在Illustrator中，包括了书法画笔、散点画笔、毛刷画笔、图案画笔，以及艺术画笔共5种类型，并提供了相应的画笔预设，用户可以单击"画笔"面板左下角的画笔库菜单按钮 ✐ ，在弹出的菜单中选择一个画笔预设类型，从而将其载入进来，如图10.4所示。在载入画笔后，每个画笔预设会单独显示在一个面板中，如图10.5所示。

图10.4 画笔预设

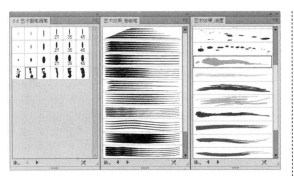

图10.5　显示在独立面板中的画笔预设

10.2.2　应用画笔

　　要应用画笔到现有的路径上，可以选中路径后，在"画笔"面板中单击一个要应用的画笔即可，例如图10.6所示是将蓝、黄圆形进行混合后的效果，图10.7所示是使用晶格化工具对混合图形进行处理后的效果。

图10.6　混合后的图形

图10.7　晶格化处理后的图形

　　图10.8所示就是打开"艺术效果_油墨"画笔预设后，应用到对象上，并进行多次复制、调整后的效果。

图10.8　应用画笔预设后的效果

10.2.3　书法画笔

　　顾名思义，使用书法画笔可以沿着路径创建出具有书法效果的笔画。双击任意一个书法画笔，将弹出类似图10.9所示的对话框，在其中可以定义该画笔的属性，从而影响应用到对象上的画笔效果。

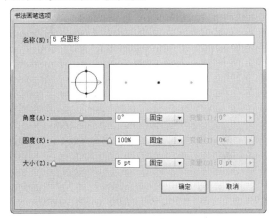

图10.9　"书法画笔选项"对话框

　　以图10.10所示的素材为例，其中的"悦"字已经为其设置了1pt的普通描边效果，图10.11所示是应用了默认提供的"5点椭圆形"画笔预设后的效果。

图10.10　素材文档

图10.11　应用书法画笔后的效果

10.2.4　散点画笔

这种类型的画笔可创建图案沿着路径分布的效果。双击任意一个散点画笔，将弹出类似图10.12所示的对话框，在其中可以定义该画笔的属性，从而影响应用到对象上的画笔效果。

以图10.13中所示的白色曲线路径为例，图10.14所示是为其应用一个星形散点画笔，并适当调整画笔参数后的效果。

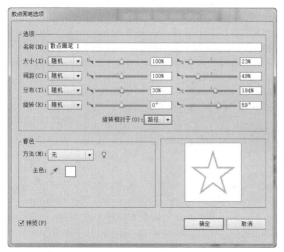

图10.12　"散点画笔选项"对话框

图10.13　素材文档

图10.14　散点画笔效果

10.2.5　毛刷画笔

这种类型的画笔可使用毛刷创建具有自然画笔外观的画笔描边。双击任意一个毛刷画笔，将弹出类似图10.15所示的对话框，在其中可以定义该画笔的属性，从而影响应用到对象上的画笔效果。

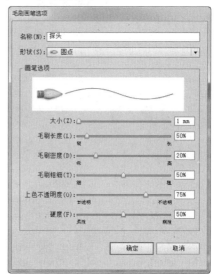

图10.15　"毛刷画笔选项"对话框

10.2.6　图案画笔

应用这种类型的画笔可以绘制由图案组成的路径，这种图案沿着路径不断地重复。 双击任意一个图案画笔，将弹出类似图10.16所示的对话框，在其中可以定义该画笔的属性，从而影响应用到对象上的画笔效果。

以图10.17所示的素材为例，图10.18所示是为其中的主体文字添加边框并应用默认的"牛仔布接缝"画笔后的效果。

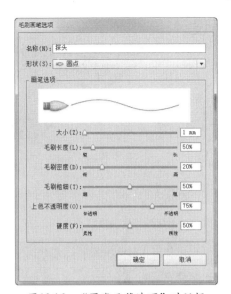

图10.16 "图案画笔选项"对话框

图10.17 素材文档

图10.18 添加牛仔边框后的效果

▌ 10.2.7 艺术画笔

应用这种类型的画笔可以创建一个对象或轮廓线沿着路径方向均匀展开的效果。双击任意一个艺术画笔，将弹出类似图10.19所示的对话框，在其中可以定义该画笔的属性，从而影响应用到对象上的画笔效果。

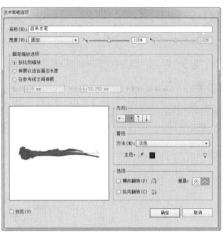

图10.19 "艺术画笔选项"对话框

以图10.20所示素材为例，其中是以直线绘制了"千"字的笔画，图10.21所示是显示"艺术效果_油墨"画笔预设后，应用其中"自来水笔"画笔后的效果。

图10.20 素材文档

图10.21 应用艺术画笔后的效果

10.2.8 实战演练:《建筑经济》封面设计

在本例中,将利用Illustrator中提供的艺术画笔来为图书《建筑经济》设计封面,其操作步骤如下。

01 打开随书所附光盘中的文件"\第10章\10.2.8 实战演练:《建筑经济》封面设计-素材.ai",如图10.22所示。

图10.22 素材文档

02 下面来在正封的左下角位置绘制半圆形。首先,选择椭圆工具 ,按住Shift键在正封左下角绘制一个正圆形,并设置其填充色为无,描边色为黑色,描边粗细为1pt即可,如图10.23所示。

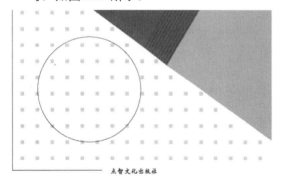

图10.23 绘制正圆

03 使用直接选择工具 选中正圆顶部的锚点,并按Delete键将其删除,得到图10.24所示的半圆。

04 显示"画笔"面板,并单击其左下角的画笔库菜单按钮 ,在弹出的菜单中选择"箭头-箭头_特殊"命令,以显示该类画笔,并在其中单击名为"箭头 2.30"的画笔,如图10.25所示,此时该画笔将自动保存至"画笔"面板中,并得到图10.26所示的效果。

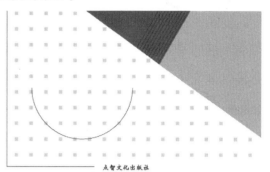

图10.24 编辑得到半圆形

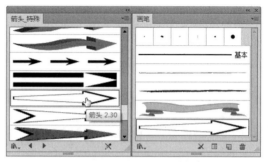

图10.25 "画笔"面板

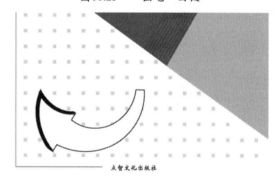

图10.26 应用画笔后的效果

05 选中制作得到的弯曲箭头图形,按Ctrl+C快捷键进行复制,再按Ctrl+F快捷键将其粘贴到前面,然后使用旋转工具 按住Shift键,将副本箭头旋转90度,并向上移动其位置,得到图10.27所示的效果。

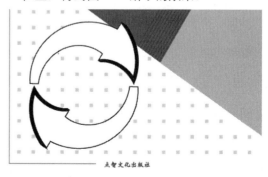

图10.27 复制箭头

06 按照上一步的方法，再复制2个箭头并适当调整其角度及大小，直至得到图10.28所示的整体效果。

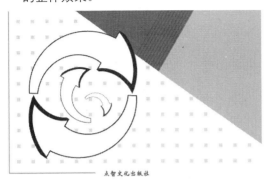

图10.28 制作其他箭头

07 下面来继续编辑制作完成的画笔。选中4个应用了画笔的对象，选择"对象－扩展外观"命令，以将其转换为普通形状。

08 保持对象为选中状态，再选择"对象－路径－轮廓化描边"命令，从而将其描边转换为形状。

09 保持对象为选中状态，设置其描边色为黑色，描边粗细为1pt，得到图10.29所示的效果。图10.30所示是为其添加了外发光及投影后的效果，读者可在学习了相关功能后尝试制作，图10.31所示是本例的整体效果。

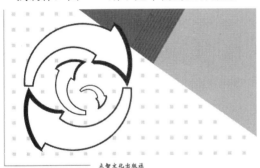

图10.29 设置描边后的效果

图10.30 添加外发光及投影后的效果

图10.31 整体效果

10.2.9 自定义画笔

虽然Illustrator提供了大量的画笔预设，但在实际工作时，往往还是无法满足我们的需要，此时就可以根据需要创建自定义的画笔。

要自定义画笔，可以选中一个要定义为画笔的对象，然后单击"画笔"面板中的新建画笔按钮，在弹出的对话框选择要定义的画笔类型，如图10.32所示，单击"确定"按钮后，在接下来的对话框中设置该类型画笔的参数，再次单击"确定"按钮即可。

图10.32 "新建画笔"对话框

10.2.10 实战演练：《大学生就业与创业指导》封面设计

在本例中，将通过绘制图形并将其定义艺术画笔等功能，设计图书《大学生就业与创业指导》的封面，其操作步骤如下。

01 打开随书所附光盘中的文件"\第10章\10.2.10 实战演练：《大学生就业与创业指导》封面设计-素材.ai"，如图10.33所示。

02 首先，结合矩形工具、多边形工具等，绘制一个图10.34所示的铅笔。

图10.33 素材文档

图10.34 绘制的铅笔

03 选中整个铅笔图形，将其拖至"画笔"面板中，在弹出的对话框中选择"艺术画笔"选项，如图10.35所示。

图10.35 "新建画笔"对话框

04 单击"确定"按钮退出对话框，在接下来弹出的"艺术画笔选项"对话框中，设置其参数，其中，要特别注意将左、右两条虚线拖至铅笔中间的位置，使之能够自动拉伸，如图10.36所示。

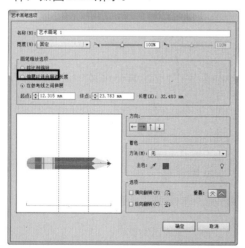

图10.36 "艺术画笔选项"对话框

05 设置完成后，单击"确定"按钮退出对话框，从而将其定义为画笔，如图10.37所示。

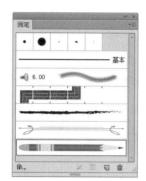

图10.37 "画笔"面板

06 使用钢笔工具 在正封中绘制一个线条，如图10.38所示。

图10.38 绘制线条

07 在选中线条的情况下，在"画笔"面板中选择之前定义的艺术画笔，得到图10.39所示的效果。图10.40所示是添加了其他元素后的最终效果。

图10.39 应用艺术画笔后的效果

图10.40 最终效果

10.3 使用符号

10.3.1 符号的特点

符号是Illustrator中非常有特色的一个功能，其特点如下。

★ 符号可重复使用、易于编辑且不会增加文件大小。

★ 应用到文件中的符号称为实例，实例和符号之间存在着链接，如编辑符号，实例将随之更新。

★ 符号还极好地支持 SWF 和 SVG 导出。

10.3.2 了解"符号"面板

在Illustrator中，创建与管理符号的相关操作都可以在"符号"面板中完成，选择"窗口－符号"命令，即可显示此面板，如图10.41所示。

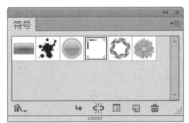

图10.41 "符号"面板

10.3.3 置入符号

置入符号是指从"符号"面板中，将符号添加到画板中，用户可以在"符号"面板中选择一个要置入的符号，然后使用以下几种方法进行置入。

★ 拖动符号至画板中。

★ 单击"符号"面板中的置入符号实例按钮，即可在画板中置入符号。

★ 使用符号喷枪工具在舞台中拖动，即可创建多个符号。以图10.42所示的素材为例，图10.43所示是以默认的"照亮的橙色"符号为例，在画板中涂抹后的效果。

★ 双击符号喷枪工具还可以调出其对话框，以设置相关的参数，如图10.44所示。

图10.42 素材文档

图10.43 置入符号后的效果

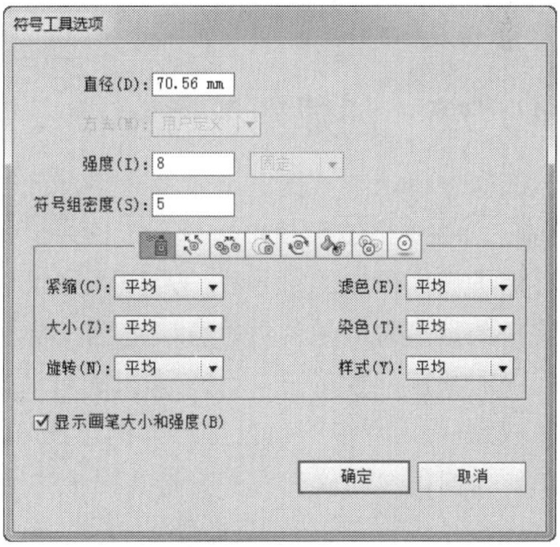

图10.44 "符号工具选项"对话框

★ 直径：改变笔头大小，也可以按"["或"]"键进行调整。

★ 方法：在此下拉列表中可以选择符号的绘制方式，其中包括了平均、用户定义及随机等方式。

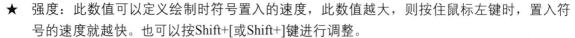

★ 强度：此数值可以定义绘制时符号置入的速度，此数值越大，则按住鼠标左键时，置入符号的速度就越快。也可以按Shift+[或Shift+]键进行调整。

★ 符号组密度：此数值越高，实例堆积密度越大。

属性定义：在对话框下半部分，可以设置当前所选工具的相关参数，用户可根据需要对与符号相关的各工具属性进行定义。

10.3.4　编辑符号

在Illustrator中，提供了多种对符号进行位移、旋转、紧缩、缩放、着色、滤色及样式等属性调整的工具，如图10.45所示，用户可根据需要选择各个工具进行符号处理。

图10.45　符号工具组

例如图10.46所示为原图像，图10.47所示是使用花形符号绘制得到的多个符号，图10.48所示是对其的位置、角度、大小及滤色属性进行调整后的效果。

值得一提的是，对于各个符号编辑工具，可以执行按住鼠标左键编辑，与按住Alt键的同时再按住鼠标左键进行编辑，二者的编辑效果是刚好相反的。例如在使用符号缩放器工具 时，按住鼠标左键可放大符号，而按住Alt键的同时再按住鼠标左键时，可以缩小符号。

图10.46　素材文档

图10.47　绘制得到的多个符号

图10.48　编辑符号属性后的效果

10.3.5　创建新符号

在Illustrator中，提供了大量的预设符号，用户可以单击"符号"面板左下角的符号库菜单按钮 ，在弹出的菜单中选择一个命令，即可载入相应的符号。

除了使用预设的符号外，用户也可以根据需要自定义新的符号，其方法非常简单，用户只需要将要定义为符号的对象直接拖至"符号"面板中，或在选中对象的情况下，单击"符号"面板中的新建符号按钮 ，在弹出的对话框中设置相应的参数即可。

以图10.49所示的白色星形为例，图10.50所示是将其定义至"符号"面板后的效果，由于该图形为白色，因此在在"符号"面板中无法预览出其具体的形态。

图10.49　素材

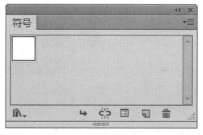

图10.50　"符号"面板

以图10.51所示的素材为例，图10.52所示是在画板中添加多个符号并编辑其属性后的效果。

图10.51 素材文档

图10.52 绘制符号并调整后的效果

10.3.6 实战演练：《计算机网络技术》封面设计

在本例中，将利用自定义符号并对其进行编辑等技术，来设计图书《计算机网络技术》的封面，其操作步骤如下。

01 打开随书所附光盘中的文件"\第10章\10.3.6 实战演练：《计算机网络技术》封面设计-素材.ai"，如图10.53所示。

图10.53 素材文件

02 首先，选中画板外上方的素材，如图10.54所示（为便于观看，暂时将其设置为绿色背景），然后将其拖至"符号"面板中，从而创建得到一个新的符号，如图10.55所示。

图10.54 素材图形

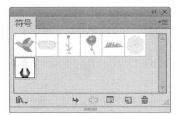

图10.55 "符号"面板

03 选中上一步创建的符号，并使用符号喷枪工具 在书名的上方拖动以创建得到多个符号实例，如图10.56所示。

图10.56 绘制多个符号实例

04 下面来编辑一下符号的属性。首先，使用符号移位器工具 在符号实例的边缘进行拖动，使其边缘的符号超出上、右侧的边缘，并使下方接近书名的白色矩形块，如图10.57所示。

05 下面来调整一下各符号实例的大小。使用符号缩放器工具 在中间的符号上按住鼠标左键以将其放大，再按住Alt键将在外围的符号上拖动，以将其缩小，得到类似图10.58所示的效果。

图10.57　调整符号实例的边缘

图10.58　调整符号实例的大小

06 选中符号实例，然后在"透明度"面板中设置其混合模式为"叠加"，如图10.59所示，使之与背景能够混合在一起，得到图10.60所示的效果。

图10.59　"透明度"面板

07 下面再来调整一下符号的透明度。选择符号滤色器工具 🔘，在外围的符号实例上单击，以降低其不透明度，直至得到图10.61所示的效果，图10.62所示是封面的整体效果。

图10.60　设置混合模式后的效果

图10.61　设置符号实例透明度后的效果

图10.62　整体效果

10.3.7　断开符号的链接

在创建符号之后，画板中的符号实例与"符号"面板中的符号是存在链接关系的，若要断开它们的链接状态，可以在画板中选中该符号，然后单击断开符号链接按钮 🔣，或在"符号"面板的菜单中选择"断开符号链接"命令。

要注意的是，断开符号链接后，画板中的对象将被恢复为定义符号前的状态，因此无法继续使用各种符号编辑工具对其进行处理，所以在断开链接前要特别注意。

10.4 封面设计综合实例——《决胜品牌营销》封面设计

在本例中，将结合绘图、画笔、符号等功能，来设计图书《决胜品牌营销》的封面，其操作步骤如下。

01 按Ctrl+N快捷键新建一个文档，如图10.63所示。在本例中，封面的开本尺寸为185*260mm，书脊为7.7mm，因此整个封面的宽度就是正封宽度+书脊宽度+封底宽度＝185mm+7.7mm+185mm=377.7mm。

02 下面来添加辅助线。按Ctrl+R快捷键显示标尺并添加2条垂直参考线，分别选中这2条参考线，并在"控制"面板中设置其水平位置为185mm和192.7mm，以标示出书脊的位置，如图10.64所示。

图10.63 "新建文档"对话框

图10.64 添加参考线

03 下面来制作封面的整体背景。使用矩形工具沿着画板外围的出血线绘制一个矩形，并设置其填充色为E7D6B9，描边色为无，得到图10.65所示的效果。

图10.65 绘制矩形

04 选择"文件－置入"命令，在弹出的对话框中打开随书所附光盘中的文件"\第10章\10.4 封面设计综合实例——《决胜品牌营销》封面设计-素材1.jpg"，适当调整其大小，使之与文档的出血范围相匹配，如图10.66所示。

图10.66 置入图像

05 选中上一步置入的位图，显示"透明度"面板，并设置其混合模式为"叠加"，如图10.67所示，得到图10.68所示的效果。

06 继续使用矩形工具，绘制一个矩形，覆盖正封与书脊的下半部分，并设置其填充色为B71C22，描边色为无，得到图10.69所示的效果。

图10.67　"透明度"面板

图10.68　设置混合模式后的效果

图10.69　绘制矩形

07 使用钢笔工具 在矩形顶部中间处添加一个锚点，并向下移动该锚点，直至得到类似图10.70所示的效果。

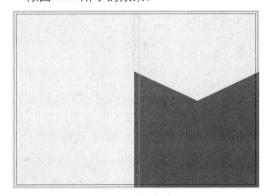

图10.70　编辑后的矩形

08 按照第6步的方法，在封底的位置绘制另一

个矩形，如图10.71所示。

09 下面来在封面的上方和下方添加装饰图形。首先，使用直线段工具 在封面的顶部绘制一条横线，设置其描边色为FAC000，描边粗细为10pt。

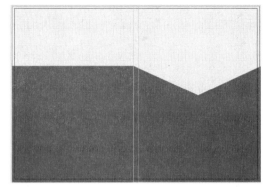

图10.71　绘制矩形

10 显示"画笔"面板，单击其左下角的画笔库菜单按钮 ，在弹出的菜单中选择"艺术效果－艺术效果_粉笔炭笔铅笔"命令，以显示该面板，然后在选中上一步绘制的线条后，选择图10.72所示的画笔，得到图10.73所示的效果。

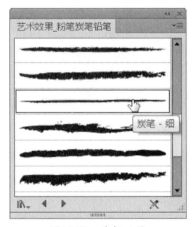

图10.72　选择画笔

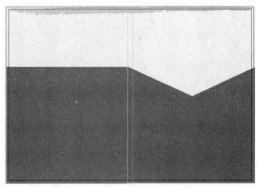

图10.73　应用画笔后的效果

11 使用选择工具 ，按住Alt+Shift快捷键向下拖动应用画笔后的线条，以创建得到其副本，并将其置于封面的底部，如图10.74所示。

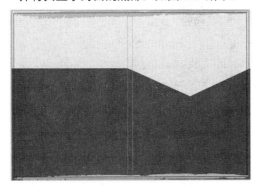

图10.74　向下复制线条

12 结合文字工具 T 及直线段工具 / ，在正封的上方输入相关的文字内容，并绘制装饰线条，如图10.75所示。

图10.75　添加文字及线条

13 选中书中的3个线条，确认其描边粗细为1pt，然后选择第10步中使用的画笔，得到图10.76所示的效果。

图10.76　为线条应用画笔后的效果

14 按照第12~13步的方法，沿着正封中间的倒三角形的左右边缘，绘制2条斜线，并选择图10.77所示的画笔，得到图10.78所示的效果。

图10.77　选择画笔

图10.78　应用画笔后的效果

15 下面来制作封底中的装饰文字。分别选中正封中的"决胜"、"品牌"及"营销"文字，并将它们调整为相同的大小，然后拖至"符号"面板中以新建符号，如图10.79所示。

图10.79　"符号"面板

16 按Shift+S快捷键选择符号喷枪工具 ，分别选择上一步定义的符号，在封底的上方按住鼠标左键涂抹，得到类似图10.80所示的效果。

17 选择符号缩放器工具 对3组符号实例进行大小调整，得到类似图10.81所示的效果。

图10.80　添加多组符号实例

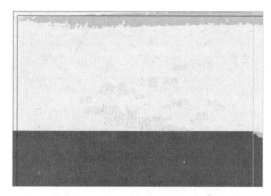

图10.82　设置混合模式后的效果

19 最后，为封面中添加文字、出版社、作者等信息，以及必要的封面组成图形（请打开随书所附光盘中的文件"\第10章\10.4 封面设计综合实例——《决胜品牌营销》封面设计-素材2.ai"）等，即可完成整体封面，如图10.83所示。

图10.81　编辑符号实例大小后的效果

18 选中所有的符号实例，按Ctrl+G快捷键将其编组，然后按照第5步的方法将其混合模式设置为"叠加"，得到图10.82所示的效果。

图10.83　最终效果

10.5 学习总结 ————o

　　　　在本章中，主要讲解了画笔与符号两大功能。通过本章的学习，读者应能够掌握画笔与符号功能的基本用法，并对自定义各类型的画笔、设置画笔基本参数、应用符号、自定义符号等操作有一个较为深入的了解。

10.6 练习题 ————o

一、选择题

　　1. 下列有关Illustrator画笔工具✐的使用描述不正确的是（　　　）。

　　　　A.只有使用画笔工具✐绘制得到的路径，才可以应用"画笔"面板中的特殊画笔

　　　　B.双击工具箱中的画笔工具✐，在"画笔工具选项"对话框中，保真度值越大，所画曲线上的锚点越多

C.在"画笔工具选项"对话框中，平滑度值越大，所画曲线与画笔移动的方向差别越大，值越小，所画曲线与画笔移动的方向差别越小

D.在使用画笔工具 ✐ 绘制的过程中，若按住Alt键可以绘制得到闭合的路径

2. 在Illustrator的"画笔"面板中，共包含4种类型的笔刷，下列哪项不包含其中？（　　）

A.书法效果画笔　　　　　B.散点画笔　　　　　C.边线画笔　　　　　D.图案画笔

3. 在Illustrator中，获得特殊画笔的方法有（　　）。

A.载入Illustrator自带的画笔　　　　　B.自定义画笔

C.将符号转换为画笔　　　　　D.将图形样式转换为画笔

二、填空题

1. 显示"画笔"面板 快捷键是（　　）。

2. 显示符号面板的快捷键是（　　）。

3. 要重复某个对象进行描边处理，可以将其定义为（　　）画笔类型。

4. 要改变符号的颜色，可以使用（　　）工具；要改变符号的大小，可使用（　　）工具。

5. 要改变符号的大小，可以使用（　　）键或（　　）键。

三、上机题

1. 打开随书所附光盘中的文件"\第10章\10.6 练习题-上机题1-素材.ai"，如图10.84所示，其画板右侧包含图10.85所示的图形，将其定义为符号，然后在正封的下半部分处理得到图10.86所示的效果。

图10.84　素材文档　　　　　图10.85　素材图形　　　　　图10.86　处理后的效果

2. 打开随书所附光盘中的文件"\第10章\10.6 练习题-上机题2-素材.ai"，如图10.87所示，结合Illustrator中自带的"艺术效果_油墨"画笔，为封面添加图10.88所示的装饰效果。

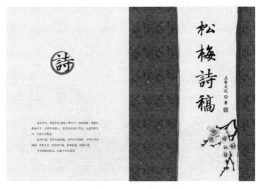

图10.87　素材图形　　　　　　　　图10.88　处理后的效果

提示

本章所用到的素材及效果文件位于随书所附光盘"\第10章"的文件夹内，其文件名与章节号对应。

第11章 海报设计
——导入与编辑位图

Illustrator除了是一个强大的矢量图软件外，同时还提供了比较丰富的位图处理功能，让我们可以根据实际的工作需要，置入或编辑位图，让作品更美观、精彩。在本章中，我们先讲解关于位图的一些基本操作，如置入、链接及位图与矢量图的相互转换等知识。

11.1 海报设计概述

11.1.1 海报的基本概念

海报又名"招贴"或"招贴画"，英文为Posters，它属于户外广告的一种，常分布在各街道、影剧院、展览会、商业闹区、车站、码头、公园等公共场所。国外也称之为"瞬间"的街头艺术。

海报相比其他广告形式来说具有画面大、内容广泛、艺术表现力丰富、远视效果强烈的特点。海报是人们极为常见的一种招贴形式，多用于电影、戏剧、比赛、文艺演出等活动。海报中通常要写清楚活动的性质，活动的主办单位、时间、地点等内容。海报的语言要求简明扼要，形式要做到新颖美观。

11.1.2 海报的分类

海报按其应用领域的不同，大致可以分为商业海报、文化海报、电影海报及公益海报等，下面来分别介绍一下其特点。

1. 商业海报

商业海报是指宣传商品或商业服务的商业广告性海报。商业海报的设计，要恰当地配合产品的格调和受众对象。

2. 文化海报

文化海报是指各种社会文娱活动及各类展览的宣传海报。展览的种类很多，不同的展览都有它各自的特点，设计师需要了解展览和活动的内容，才能运用恰当的方法表现其内容和风格，如图11.1所示。

图11.1　文化海报作品欣赏

3. 电影海报

电影海报是海报的分支，电影海报主要是起到吸引观众注意、刺激电影票房收入的作用，与戏剧海报、文化海报等有几分类似，如图11.2所示。

4. 公益海报

公益海报是带有一定思想性的。这类海报具有特定的对公众的教育意义，其海报主题包括各种社会公益、道德的宣传，或政治思想的宣传，弘扬爱心奉献、共同进步的精神等。

图11.2 电影海报作品欣赏

11.2 置入图像

Illustrator支持将多种格式的图像置入到文档中，如jpg、psD.tif、bmp、png、ai、eps、pdf等，尤其对于png及psd等可包含有透明背景的图像，则可以在置入后保留其透明背景。下面就来讲解一下置入图像的方法。

要置入图像，可以按照以下方法操作。

★ 从Windows资源管理器中，直接拖动要置入的图像至页面中，释放鼠标即可。

★ 选择"文件－置入"命令，此时将弹出图11.3所示的对话框。

"置入"对话框中各选项的功能解释如下。

★ 链接：选中此选项后，图片将以链接的方式置入到文档中，当图片做出修改时，会及时地反馈给用户，并进行更新，但若图片链接丢失，则无法再显示该图片的内容；若取消此选项，则以嵌入的方式置入到文档中。

图11.3 "置入"对话框

★ 模板：选择此选项后，置入的图片会单独位于一个图层中，并作为文档的模板，以半透明的方式显示。

★ 替换：若在Illustrator文档中选中了一个图片，并选中此选项，则可以使用此次置入的图片，替换原来的图片。

★ 显示导入选项：勾选此复选项后，单击"打开"按钮后，就会弹出"图像导入选项"对话框。

在打开一幅图形或图像后，光标将显示其缩览图，如图11.4所示。此时，用户可以使用以下2种方式置入该对象。图11.5所示是通过拖动的方式将图像置入以后的效果。

★ 按住鼠标左键拖动，可等比例缩放当前对象，释放鼠标后，即可置入对象。

★ 单击鼠标左键，将按照对象的尺寸将其置入到文档中。

图11.4　光标状态　　　　　　　　　　　　图11.5　置入图像后的效果

11.3 管理图像链接

Illustrator可以置入多种文件格式，并默认以链接的方式进行保存，用户可以根据需要，对这些链接文件进行编辑和管理，本节就来讲解其相关操作及技巧。

11.3.1 了解"链接"面板

在Illustrator中，管理与编辑链接文件的操作都可以在"链接"面板中完成，用户可以选择"窗口—链接"命令，即可显示此面板，如图11.6所示。

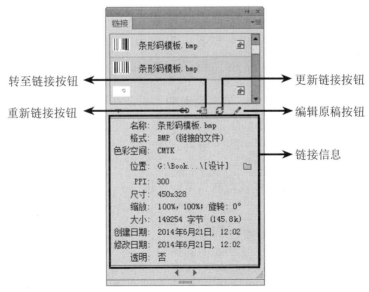

转至链接按钮　　　　　　　　　　更新链接按钮

重新链接按钮　　　　　　　　　　编辑原稿按钮

链接信息

名称：条形码模板.bmp
格式：BMP（链接的文件）
色彩空间：CMYK
位置：G:\Book...\[设计]
PPI：300
尺寸：450x328
缩放：100%, 100%; 旋转: 0°
大小：149254 字节 (145.8k)
创建日期：2014年6月21日, 12:02
修改日期：2014年6月21日, 12:02
透明：否

图11.6　"链接"面板

在"链接"面板中各选项的含义解释如下。

★ 重新链接按钮：该按钮可以对已有的链接进行替换。在选中某个链接的基础上，单击此按钮，在弹出的对话框中选择要替换的图片后单击"置入"按钮，完成替换。

★ 转至链接按钮：在选中某个链接的基础上，单击此按钮，可以切换到该链接所在位置进行显示。

★ 更新链接按钮：若链接文件被修改过，就会在文件名右侧显示一个叹号图标，单击此按钮即可进行更新。

★ 编辑原稿按钮：单击此按钮，可以快速转换到编辑图片软件编辑原文件。

> **提示**
>
> 单击"链接"面板右上角的面板按钮，在弹出的菜单中可以选择与上述按钮功能相同的命令。

另外，在选中一个置入的对象后，也可以在"控制"面板中进行简单的控制，若显示其名称，在弹出的菜单中也可以执行与"链接"面板中相同的重新链接、转至链接等操作，如图11.7所示。

图11.7 "控制"面板

下面将以"链接"面板为主，讲解Illustrator中管理链接对象的方法。

11.3.2 查看链接信息

若要查看链接对象的信息，在默认情况下，直接选中一个链接对象，即可在"链接"面板底部显示相关的信息；若下方没有显示，则可以单击"链接"面板下方的三角按钮，以展开链接信息。

"链接"面板中的链接信息作用在于，可以对图片的基本信息进行了解。其参数解释如下所述。

★ 名称：显示链接对象的名称。

★ 格式：显示链接对象的文件格式。

★ 色彩空间：显示链接对象的颜色模式。

★ 位置：显示链接对象所在的位置，单击后面的"显示在资源管理器中"按钮，可打开其所在的文件夹。

★ PPI：显示链接对象在当前文档中的分辨率。

★ 尺寸：显示链接对象的像素尺寸。

★ 缩放：显示链接对象的缩放比例及旋转角度等变换信息。

★ 大小：显示链接对象的大小。

★ 创建日期：显示链接对象创建时的日期。

★ 修改日期：显示链接对象最后一次编辑时的日期。

★ 透明：显示链接对象是否具有透明属性。

11.3.3 嵌入

默认情况下，外部对象置入到Illustrator文档中后，会保持为链接的关系，其好处在于当前的文档与链接的文件是相对独立的，可以分别对它们进行编辑处理，但缺点就是，链接的文件一定要一直存在，若移动了位置或删除，则在文档中会提示链接错误，导致无法正确输出和印刷。

相对较为保险的方法，就是将链接的对象嵌入到当前文档中，虽然这样做会导致增加文档的大小,但由于对象已经嵌入,因此不用担心链接错误等问题。而在有需要时,也可以将嵌入的对象取消嵌入,将其还原为原本的文件。

要嵌入对象,可以在"链接"面板中将其选中,然后单击"链接"面板右上角的面板按钮 ,从弹出的面板菜单中可以选择"嵌入图像"命令。

执行上述操作后,即可将所选的链接文件嵌入到当前出版物中,完成嵌入的链接图片文件名的后面会显示"嵌入"图标。

11.3.4 取消嵌入

要取消链接文件的嵌入,可以将其选中,然后单击"链接"面板右上角的面板按钮,从弹出的面板菜单中可以选择"取消嵌入"命令,在弹出的对话框中可选择文件保存的位置、名称及格式。

要注意的是,在Illustrator中,只支持将对象导出为PSD或TIF格式。

11.3.5 跳转至链接对象所在的位置

要跳转至链接对象所在的位置,可以在"链接"面板中选中该对象,然后单击"链接"面板中的"转至链接"按钮,或在"链接"面板的面板菜单中选择"转到链接"命令,即可快速跳转到链接图所在的位置。

11.3.6 更新链接

在未嵌入对象时,链接的对象发生了修改变化,会弹出图11.8左图所示的对话框,单击"是"按钮即可自动更新链接,若链接丢失,则会继续弹出类似图11.8右图所示的对话框,此时可以单击"替换"按钮来选择其链接文件,也可以单击"忽略"按钮放弃重新链接。

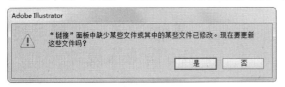
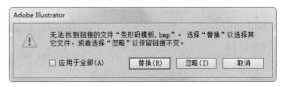

图11.8 提示框

> **提示**
> 将丢失的图片文件,移动回该Illustrator文件所在的文件夹中,可恢复丢失的链接。对于链接的替换,也可以利用"重新链接"按钮,在打开的重新链接对话框中选择所要替换的图片。若要避免丢失链接,可将所有链接对象与Illustrator文档放在相同文件夹内,或不随便更改链接图的文件夹。

11.4 转换位图与矢量图

在前面的讲解中已经说明,位图和矢量图各有其特点,而在Illustrator设计中,常常会将矢量图转换为位图,然后来执行一些特殊操作,同时也有一些作品,是一种矢量风格,需要矢量素材来制作,这里也可以将位图转化为矢量图。下面就来讲解一下位图与矢量图之间相互转换的方法。

11.4.1 描摹位图为矢量图

在选中位图对象后,可以在"控制"面板中单击"图像描摹"按钮,或选择"对象—图像描摹－建立"命令，即可以默认的参数对位图进行矢量化处理，但此时并没有最终确认转换结果，用户可根据需要，在接下来的"控制"面板中设置其参数，如图11.9所示。

图11.9 "控制"面板

在"预设"下拉列表中，可以选择预设的选项对位图进行转换处理，在"视图"下拉列表中，还可以设置当前显示的选项，若单击图像描摹面板按钮▤，即可调出"图像描摹"面板，如图11.10所示。

提示

在选中图像后，单击"图像描摹"按钮右侧的三角按钮▼，也可以调出与"预设"相同的预设下拉列表。

图11.10 "图像描摹"面板

在"图像描摹"面板中，展开高级参数后，用户可以进行更多的自定义设置。在设置完成后，要单击"控制"面板中的"扩展"按钮来最终确认转换。

另外，若选择"图像－图像描摹－建立并扩展"命令，则可以以默认的参数进行描摹并扩展。

图11.11所示是以"低保真度照片"预设进行处理前后的效果对比。

图11.11 描摹前后的效果对比

11.4.2 实战演练：狼族男装 促销海报设计

在本例中，将结合置入图像并将其转换为位图等处理方法，来设计狼族男装促销的海报，其操作步骤如下。

01 按Ctrl+N快捷键新建一个文档，设置弹出的对话框，如图11.12所示。

图11.12 "新建文档"对话框

02 选择"文件－置入"命令，在弹出的对话框中打开随书所附光盘中的文件"\第11章\11.4.2 实战演练：狼族男装促销海报设计-素材1.psd"，然后在画板中单击以将其置入到文档中。

03 对上一步置入的图片进行缩放处理，使之与整个画板相匹配，如图11.13所示。

图11.13 置入图像

04 按照第2步的方法，再置入随书所附光盘中的文件"\第11章\11.4.2 实战演练：狼族男装促销海报设计-素材2.psd"，其中包含了一个书法字"男"，将其置入到文档中以后，得到图11.14所示的效果。

图11.14 置入书法字

05 选中"男"字后，在"控制"面板中单击"图像描摹"右侧的三角按钮▾，在弹出的菜单中选择"黑白徽标"命令，如图11.15所示，得到图11.16所示的效果。

图11.15 描摹图像

图11.16 描摹后的效果

06 保持描摹后的对象为选中状态，在"控制"面板中单击"扩展"按钮，从而完成描摹处理。

07 使用直接选择工具，选中文字周围任意一个白色图像，然后选择"选择－相同－填色和描边"命令，从而将所有的白色图形选中，再按Delete键将其删除，得到图11.17所示的效果。

图11.17 删除白色块后的效果

08 保持"男"字的选中状态,设置其填充色为F8F3B1,描边色为无,得到图11.18所示的效果。

图11.18　设置颜色后的效果

09 适当缩小"男"字,并将其置于海报的顶部位置,如图11.19所示。

图11.19　缩放并调整文字位置

10 按照第4~9步的方法,分别置入随书所附光盘中的文件"\第11章\11.4.2 实战演练:狼族男装促销海报设计-素材3.psd"~"素材5.psd",并对其中的文字进行描摹、设置颜色、缩放及位移等处理,直至得到图11.20所示的效果。

11 最后,在"男人本色"文字的右侧,添加装饰线条及说明文字,得到图11.21所示的效果。

图11.20　制作其他文字后的效果

图11.21　最终效果

11.4.3　栅格化矢量图为位图

矢量图转位图,只需要选择需要转化的矢量图,应用"对象-栅格化"命令,弹出图11.22所示的对话框,设置好后单击"确定"按钮即可。

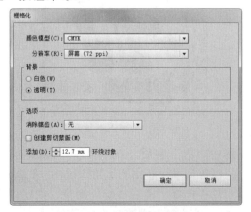

图11.22　"栅格化"对话框

11.5 海报设计综合实例——4G手机促销海报设计

在本例中，将通过置入图像并对其进行缩放、设置不透明度及添加投影等处理，来设计一款4G手机促销海报，其操作步骤如下。

01 按Ctrl+N快捷键新建一个文档，设置弹出的对话框，如图11.23所示。

图11.23 "新建文档"对话框

02 选择矩形工具，沿着文档的出血线绘制一个矩形，并在"渐变"面板中设置其填充色，如图11.24所示，再设置描边色为无，得到图11.25所示的效果。

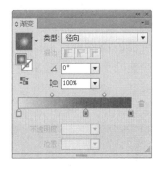

图11.24 "渐变"面板

03 选择"文件－置入"命令，在弹出的对话框中打开随书所附光盘中的文件"\第11章\11.5 海报设计综合实例——4G手机促销海报设计-素材1.psd"，在画板内单击以将其置入进来，然后调整其大小，使之与文档相匹配，如图11.26所示。

图11.25 设置渐变后的效果

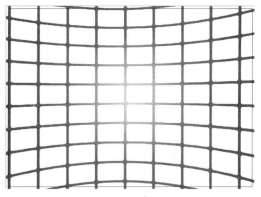

图11.26 置入并调整图像

04 显示"透明度"面板，并在其中降低其"不透明度"数值，如图11.27所示，得到图11.28所示的效果。

05 按照第3步的方法，置入随书所附光盘中的文件"\第11章\11.5 海报设计综合实例——4G手机促销海报设计-素材2.psd"，并将其置于画板的底部位置，如图11.29所示。

图11.27 "透明度"面板

图11.28 设置不透明度后的效果

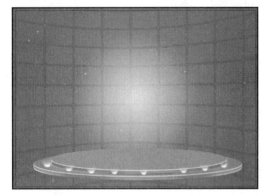

图11.29 置入舞台图像

06 按照第3步的方法，再置入随书所附光盘中的文件"\第11章\11.5 海报设计综合实例——4G手机促销海报设计-素材3.psd"，按住Shift键将该手机图像缩小，并置于舞台的上方，如图11.30所示。

图11.30 置入手机图像

07 按照第3步的方法，再置入随书所附光盘中的文件"\第11章\11.5 海报设计综合实例——4G手机促销海报设计-素材4.psd"，适当调整其大小后，将其置于现有手机的左侧，并使二者有一定的重叠，然后按Ctrl+[快捷键向下调整其层次，直至被右侧

的手机盖住，如图11.31所示。

图11.31 置入另一个手机图像并调整顺序

08 按照上一步的方法，再置入随书所附光盘中的文件"\第11章\11.5 海报设计综合实例——4G手机促销海报设计-素材5.psd"~"11.5 海报设计综合实例——4G手机促销海报设计-素材7.psd"，适当调整后，得到图11.32所示的效果。

图11.32 置入其他手机图像

09 至此，我们已经完成了海报中主体图像的制作，在后面的操作中，可结合为对象添加立体、投影及倒影等处理手法，完善整个海报的内容，读者可在学习了相关知识后尝试制作，如图11.33所示。

图11.33 最终效果

11.6 学习总结

在本章中，主要讲解了置入与编辑位图的方法。通过本章的学习，读者应能够掌握常用的置入图像的方法，及Illustrator中支持的图像置入类型，并熟悉对图像进行管理的基本操作，如嵌入链接、查看链接信息等，另外，对于位图与矢量图之间的转换，也应该有较好的理解。

11.7 练习题

一、选择题

1. 在Illustrator中，下列描述哪个是不正确的？（　　　）

A.Illustrator可以置入TIFF格式的图像

B.Illustrator可以置入JPEG格式的图像

C.Illustrator不能置入PSD格式的图像

D.Illustrator可以置入PNG格式的图像

2. 在Illustrator文件中置入的图像，有链接和嵌入之分，它们的区别在于（　　　）。

A.嵌入的图像色彩逼真

B.置入的图像链接到文件中，文件就会变大

C.置入的图像嵌入到文件中，文件就会变大

D.链接的图像会以灰阶形式显示

3. 下列关于嵌入与链接图像的说法中，正确的是（　　　）。

A.具有透明背景的图像，在嵌入后，将默认以白色填充原来的透明部分

B.链接的图像在修改后，则在Illustrator文档会显示为链接丢失状态，需要重新链接

C.无法为矢量图形创建链接

D.嵌入的图像，在修改其原始文件后，不会在Illustrator中反应出来

4. 下列关于转换位图与矢量图的说法中，不正确的是（　　　）。

A.由于Illustrator同时提供了转换为位图与转换为矢量图功能，因此在Illustrator中可以在二者之间进行无损的转换

B.无法将带有渐变网格填充的对象转换为位图

C.将位图转换为矢量图时，可以在"控制"面板或"图像描摹"面板中完成转换操作

D.无法对位图应用"栅格化"命令

二、填空题

1. 要跳转到某个图像在Illustrator文档中的位置，可以在"链接"面板中选中该图像，然后单击（　　　）按钮。

2. 要嵌入当前选中的图片，可以单击"控制"面板中的（　　　）按钮。

三、上机题

1. 新建一个750*400px的文档，然后结合随书所附光盘中的文件"\第11章\11.7 练习题-上机题1-素材1.psd"至"\第11章\11.7 练习题-上机题1-素材3.psd"，如图11.34所示，最终调整得到图11.35所示的效果。

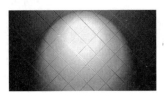

图11.34　素材1~3

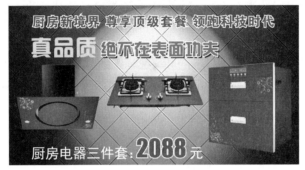

图11.35　处理得到的效果

2. 打开随书所附光盘中的文件"\第11章\11.7　练习题-上机题2-素材.ai"，如图11.36所示，将右侧的2个位图文字转换为矢量图，然后摆放至海报文件中，得到图11.37所示的效果。

图11.36　素材文档

图11.37　处理后的效果

提示

本章所用到的素材及效果文件位于随书所附光盘"\第11章"的文件夹内，其文件名与章节号对应。

第12章　包装设计
——对象的融合处理

在Illustrator中，提供了很多用于对象融合处理的功能，如不透明度、混合模式、剪切蒙版及不透明蒙版等，综合利用这些功能，可以帮助我们对作品中的各元素进行更好的融合处理，尤其是时下，各类设计作品都要求推陈出新、在视觉上能够在众多同类产品中脱颖而出，而充分地利用恰当的素材与混合功能，可以很好地为作品增添几分吸引力。本章就来讲解这些常用的图像融合功能。

12.1 包装设计概述

12.1.1 包装设计的概念

包装设计由两个概念构成，一是包装结构设计，二是包装装潢设计。

"包装"是指产品诞生后为保护产品的完好无损而采用的各种产品保护层，以便于在运输、装卸、库存、销售的过程中，通过使用合理、有效、经济的保护层保护产品，避免产品损坏而失去它原有的价值，所以包装强调结构的科学性、实用性。通常，包装要做到防潮、防挥发、防污染变质、防腐烂，在某些场合还要防止曝光、氧化、受热或受冷及不良气体的损害。我们常见的商品，大到电视机、冰箱，小到钢笔、图钉、光盘等，都有不同的包装形式。这些都是属于包装结构的范围之内。

"装潢"指对产品保护层的美化修饰工作，可以说是消费者对产品的第一印象，也是消费者在购买产品以前主观所能够了解到该商品内容的唯一途径。不仅要求它具备说明产品功用的实际功能，还应以美观的姿态呈现在消费者面前，从而提高产品的受注目程度，甚至是让人产生爱不释手的购物冲动。

对大多数平面设计师来说，主要接触的还是包装的"装潢"设计。

12.1.2 包装装潢设计的基本流程

一个典型的包装设计的制作流程为处理平面图形、包装盒体的平面设计及包装盒的三维可视化，下面分别针对每一个阶段进行讲解。

1. 处理平面图形

此阶段进行的工作是根据构思的需要，对素材进行处理及加工，例如制作所需要的肌理，或者通过扫描获得包装所需要的图形图像。由于许多素材来自于数码相机，因此对通过数码相机拍摄的照片进行加工，也是此阶段需要进行处理的工作。另外，如果在包装中需要使用具有特殊效果的文字，则该文字也应该在此阶段制作完成。

在绝大多数情况下，此阶段使用的软件是Photoshop，因为使用此软件不仅能够配合扫描仪完成扫描、修饰照片的工作，也可以配合数码相机完成修饰、艺术化处理的工作。

2. 包装盒体的平面设计

整体平面设计是指将包装装潢设计中所涉及到的对象在平面设计软件中进行整体编排设计的过程，此过程所涉及的工作包括文字设计、图形设计、色彩设计、图文编排等。

本书中讲解的Illustrator软件就可以很好地完成各种包装设计工作，其相关设计实例，可参考本章后面的内容。

3. 三维可视化

由于包装本身就属于一个三维结构，因此仅仅在平面上观看其设计效果并对其完成品加以想象，远不如直接观看一个三维对象更加直观而明确。因此，这一阶段的工作任务就是利用上节所述的第二个阶段所得到的平面作品，制作具有三维立体效果的盒体。

在此我们可以通过以下两种方法来得到具有三维立体效果的盒体。第一种方法：利用Photoshop这个具有强大图像处理功能的软件，制作具有三维效果的盒体，如图12.1所示。

图12.1 使用Photoshop模拟的包装立体效果

这种方法的优点是简单、方便、技术成本较低，而且在制作的同时能够修改设计中所存在的缺陷，但其不足之处在于逼真程度不够，而且一次仅能够制作一个角度上的立体效果。

第二种方法，利用3ds max等三维软件，制作具有三维效果的盒体。这种方法的优点在于能够获得极为逼真的三维效果，而且能够通过改变摄像机角度等简单操作，获得其他角度的三维效果，在需要的情况下，还能够制作三维浏览动画，以更好地体现包装的效果。不足之处在于操作相对复杂、技术成本相对较高。

12.1.3 常见包装品印刷用纸及工艺

1. 烟酒类包装

纸张：多采用300～350g白底白卡纸（单粉卡纸）或灰底白卡纸，如果盒的尺寸较大，可用250～350g对裱，也可用金卡纸和银卡纸。

后道工艺：有过光胶、哑胶、局部UV、磨砂、烫铂(有金色．银色．宝石蓝色等多种色彩的金属质感膜供选择)、凹凸等工艺。

2. 礼品盒

纸张：多采用157～210g铜版纸或哑粉纸，裱800～1200g双灰板纸。

内盒(内卡)：常用发泡胶内衬丝绸绒布、海绵等材料。

后道工艺：有过光胶、哑胶、局部UV、压纹、烫铂。

3. IT类电子产品

纸张：多采用250～300g白卡或灰卡纸，裱w9（白色）或B9（黄色）坑纸。

内盒(内卡)：常用坑纸或卡纸，也可用发泡胶、纸托、海绵或植绒吸塑等材料。

后道工艺：有过光胶、哑胶、局部UV、烫铂。

4. 月饼类高档礼品盒

纸张：多采用157g铜版纸裱双灰板或白板，也可用布纹纸或其他特种工艺纸。

内盒（内卡）：常用发泡胶裱丝绸绒布、海绵或植绒吸塑等材料。

后道工艺：有过光胶、哑胶、局部UV、磨砂、压纹、烫铂。

5. 药品包装

纸张：多采用250～350g白底白卡纸（单粉卡纸）或灰底白卡纸，也可用金卡纸和银卡纸。

后道工艺：有过光胶、哑胶、局部UV、磨砂、烫铂等工艺。

6. 保健类礼品盒

纸张：多采用157g铜版纸裱双灰板或白板，也可用布纹纸或其他特种工艺纸。

内盒（内卡）：常用发泡胶裱丝绸绒布、海绵或植绒吸塑等材料。

后道工艺：有过光胶、哑胶、局部UV、磨砂、压纹、烫铂。

在Illustrator中，除了提供非常强大的版面设计功能，还提供了一定的对象之间的融合处理功能，如不透明度、混合模式、剪切蒙版及不透明蒙版等，在本节中，就来讲解这些知识的使用方法。

12.2 了解"透明度"面板

按Ctrl+Shift+F10快捷组合键或选择"窗口—透明度"命令，将弹出"透明度"面板，如图12.2所示。

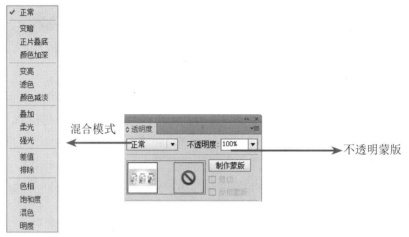

图12.2 "透明度"面板

"效果"面板中各选项的含义解释如下。

★ 混合模式：在此下拉列表中，共包含了16种混合模式，用于创建对象之间不同的混合效果。

★ 不透明度：在此文本框中输入数值，用于控制对象的透明属性，该数值越大则越不透明，该数值越小则越透明。当数值为100%时完全不透明，而数值为0%时完全透明。

★ 隔离混合：当多个设置了混合模式的对象群组在一起时，其混合模式效果将作用于所有其下方的对象，选择了该选项后，混合模式将只作用于群组内的图像。

★ 挖空组：当多个具有透明属性的对象群组在一起时，群组内的对象之间也存在透明效果，即透过群组中上面的对象可以看到下面的对象。选择该选项后，群组内对象的透明属性将只作用于该群组以外的对象。

12.3 设置不透明度

使用"不透明度"参数，可以控制对象的不透明度属性，若在对象列表中选择需要的对象，也可以为对象的不同部分设置不透明效果。

以图12.3所示的文档为例，选中其中的荷花对象后，图12.4所示是分别设置其不透明度为75%和50%时的效果。

图12.3 素材文档 　　　　图12.4 设置对象不透明度分别为75%和50%

12.4 设置混合模式

12.4.1 16种混合模式详解

简单来说，混合模式就是以一定的方式让对象之间进行融合，根据所选混合模式的不同，得到的结果也大相径庭。

下面将以图12.5所示的图像为例，讲解各混合模式的作用。

★ 正常：该模式为混合模式的默认模式，只是把两个对象重叠在一起，不会产生任何混合效果，在修改不透明度的情况下，下层图像才会显示出来。

★ 变暗：选择此模式，将以上方对象中的较暗像素代替下方对象中与之相对应的较亮像素，以下方对象中的较暗区域代替上方图层中的较亮区域，因此叠加后整体图像呈暗色调，如图12.6所示。

图12.5 素材文档 　　　　图12.6 "变暗"模式

★ 正片叠底：基色与混合色的复合，得到的颜色一般较暗。与黑色复合的任何颜色会产生黑色，与白色复合的任何颜色则会保持原来的颜色。选择对象，在混合模式选项框选择正片叠底，效果如图12.7所示。此效果类似于使用多支魔术水彩笔在页面上添加颜色。

★ 颜色加深：选择此模式可以生成非常暗的合成效果，其原理为上方对象的颜色值与下方对象的颜色值采取一定的算法相减，如图12.8所示。

图12.7 "正片叠底"模式 　　　　图12.8 "颜色加深"模式

★ 变亮：此模式与变暗模式相反，将以上方对象中较亮像素代替下方对象中与之相对应的较暗像素，且以下方对象中的较亮区域代替上方对象中的较暗区域，因此叠加后整体图像呈亮色调。

★ 滤色：与正片叠底模式不同，该模式下对象重叠得到的颜色显亮，使用黑色过滤时颜色不改变，使用白色过滤得到白色。应用滤色模式后，效果如图12.9所示。

★ 颜色减淡：选择此模式可以生成非常亮的合成效果，其原理为上方对象的颜色值与下方对象的颜色值采取一定的算法相加，此模式通常被用来创建光源中心点极亮效果，如图12.10所示。

图12.9 "滤色"模式　　　　　　　　　　图12.10 "颜色减淡"模式

★ 叠加：该模式的混合效果使亮部更亮，暗部更暗，可以保留当前颜色的明暗对比，以表现原始颜色的明度和暗度，如图12.11所示。

★ 柔光：使颜色变亮或变暗，具体取决于混合色。如果上层对象的颜色比50%灰色亮，则图像变亮；反之，则图像变暗。

★ 强光：此模式的叠加效果与柔光类似，但其加亮与变暗的程度较柔光模式大许多，效果如图12.12所示。

图12.11 "叠加"模式　　　　　　　　　　图12.12 "强光"模式

★ 差值：此模式可在上方对象中减去下方对象相应处像素的颜色值，通常用于使图像变暗并取得反相效果。若想反转当前基色值，则可以与白色混合，与黑色混合则不会发生变化。

★ 排除：选择此模式，可创建一种与差值模式相似但具有高对比度低饱和度、色彩更柔和的效果。若想反转基色值，则可以与白色混合，与黑色混合则不会发生变化，如图12.13所示。

★ 色相：选择此模式，最终图像的像素值由下方对象的亮度与饱和度及上方对象的色相值构成。

★ 饱和度：选择此模式，最终对象的像素值由下方图层的亮度和色相值及上方图层的饱和度值构成。

★ 混色：选择此模式，最终对象的像素值由下方对象的亮度及上方对象的色相和饱和度值构成。此模式可以保留图片的灰阶，在给单色图片上色和给彩色图片着色的运用上非常有用。

★ 明度：选择此模式，最终对象的像素值由上层对象与下层对象的色调、饱和度进行混合，创建最终颜色。此模式下的对象效果与颜色模式下的对象效果相反，效果如图12.14所示。

图12.13 "排除"模式

图12.14 "明度"模式

12.4.2 设置混合选项

在"透明度"面板底部，可以选择"隔离混合"与"挖空组"选项，它们可用于控制编组对象中的混合模式的混合原则。

以图12.15中所示的图形为例，其中是2个橙黄色、重叠在一起的正圆形。图12.16所示是分别选中每个圆形并设置其混合模式为"强光"，并将二者编组后的效果，默认情况下，没有设置任何的混合选项，因此其混合原则为：两个圆形与背景图形之间混合，同时两个圆形之间也相互混合。

图12.15 素材图形

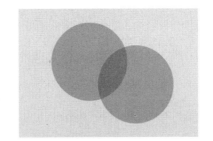
图12.16 设置混合模式并编组后的效果

图12.17所示是在选中编组对象，并选中"隔离混合"选项后的效果，其作用在于，组中的对象不再与背景进行混合（相当于设置为"正常"模式），而只是在组中相重叠的区域进行混合。

图12.18所示是取消选中"隔离混合"选项，然后选中"挖空组"选项后的效果，其作用在于，组中各对象之间重叠的区域被隐藏，然后直接与背景进行融合。

图12.19所示是同时选项"隔离混合"与"挖空组"选项时的效果，其作用就是组中的对象不与背景图形发生混合，对象之间也不混合。

图12.17 选择"隔离混合"选项

图12.18 选择"挖空组"选项

图12.19 同时选中"隔离混合"和"挖空组"选项

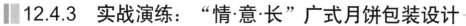

12.4.3 实战演练："情·意·长"广式月饼包装设计

在本例中，将结合置入图像、设置不透明度及混合模式等功能，来设计"情·意·长"广式月饼的包装，其操作步骤如下。

01 按Ctrl+N快捷键新建一个文档，设置弹出的对话框，如图12.20所示。

图12.20 "新建文档"对话框

02 使用矩形工具沿着文档边缘绘制一个与其相同大小的矩形，设置其填充色为渐变，如图12.21所示，从左到右各色标的颜色值分别为C0 M23 Y48 KC0 M5 Y27 K5和C0 M23 Y48 K9，再设置其描边色为无，得到图12.22所示的效果。

图12.21 "渐变"面板

图12.22 创建得到的渐变效果

03 选择"文件—置入"命令，在弹出的对话框中打开随书所附光盘中的文件"\第12章\12.4.3 实战演练："情·意·长"广式月饼包装设计-素材1.psd"，适当调整该图像的大小，使之与整个画板相匹配，如图12.23所示。

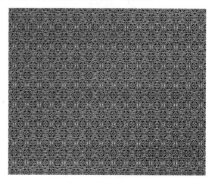

图12.23 置入素材图像

04 保持上一步置入的图像为选中状态，在"透明度"面板中设置其混合模式为"柔光"，不透明度为85%，得到图12.24所示的效果。

图12.24 设置混合模式后的效果

05 下面来绘制包装的主体图形。选择矩形工具，设置其填充色为713B1D，描边色为无，然后绘制一个横向的矩形条，如图12.25所示。

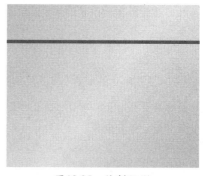

图12.25 绘制矩形

06 按照第3步的方法，置入随书所附光盘中的文件"\第12章\12.4.3 实战演练："情·意·长"广式月饼包装设计-素材2.psd"，并将其置于矩形的下方，如图12.26所示。

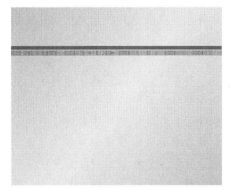

图12.26 置入素材

07 按照第2步的方法，再绘制一个填充色为E50011的矩形，如图12.27所示。选中该矩形，按Ctrl+C快捷键复制一次在后面备用。

图12.27 绘制矩形

08 按照第3步的方法，置入随书所附光盘中的文件"\第12章\12.4.3 实战演练："情·意·长"广式月饼包装设计-素材3.ai"，并适当调整其大小及位置，得到类似图12.28所示的效果。

图12.28 置入并调整素材

09 选中上一步置入的素材，按Ctrl+F快捷键将第7步复制的矩形粘贴在素材上方，如图12.29所示。

图12.29 粘贴矩形

10 选中素材与矩形，按Ctrl+7快捷键创建剪切蒙版，得到图12.30所示的效果，设置剪切蒙版对象的混合模式为"正片叠底"，得到图12.31所示的效果。

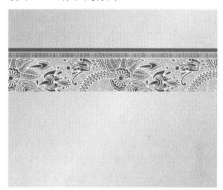

图12.30 创建剪切蒙版后的效果

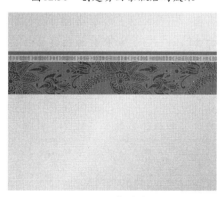

图12.31 设置混合模式后的效果

11 选中上方的矩形及横纹，按Ctrl+C快捷键进行复制，再按Ctrl+F快捷键进行原位粘贴，分别拖动这2个对象至下方，并适当调整好其位置，得到图12.32所示的效果。

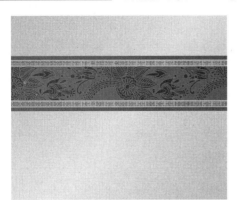

图12.32 向下复制装饰对象

12 按照第3步的方法，置入随书所附光盘中的文件"\第12章\12.4.3 实战演练："情·意·长"广式月饼包装设计-素材4.psd"，并适当调整其大小后，置于中间位置，如图12.33所示。

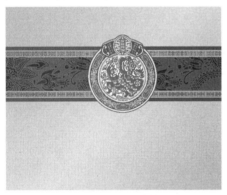

图12.33 置入素材

13 按照上一步的方法，再置入随书所附光盘中的文件"\第12章\12.4.3 实战演练："情·意·长"广式月饼包装设计-素材5.psd"，并将其置于文档的右下角，如图12.34所示，再设置其混合模式为"滤色"，得到图12.35所示的效果。

图12.34 置入云纹素材

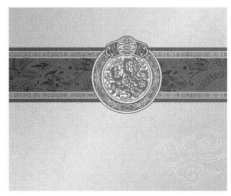

图12.35 设置混合模式后的效果

14 使用选择工具，按住Alt键向左上方拖动云纹图像，以创建得到其副本，并将其置于左上方的位置，如图12.36所示。

图12.36 复制素材后的效果

15 最后，按照第3步的方法置入随书所附光盘中的文件"\第12章\12.4.3 实战演练："情·意·长"广式月饼包装设计-素材6.psd"，并适当调整好其大小及位置，即可完成整个包装，如图12.37所示。对于本步骤中置入的素材内容，用户也可以自行尝试输入和处理。

图12.37 最终效果

12.5 剪切蒙版

使用剪切蒙版功能可以将对象控制在视图中显示的部位。剪切蒙版的形状可以是在Illustrator中绘制的任何路径图形。任何图形或位图对象一旦建立了剪切蒙版，在预览模式下，都将只显示剪切蒙版以内的部分，且系统只能打印输出剪切蒙版以内的部分。

12.5.1 创建剪切蒙版

要创建剪切蒙版，首先应准备好两部分内容，一是剪切图形，它用于定义剪切蒙版最终的形态，它必须是一条矢量路径；二是被蒙版对象，它可以是任意的对象，如图像、编组、图形等都可以，然后将剪切图形置于目标对象的上方，如图12.38所示，将二者选中后，按Ctrl+7快捷键，或选择"图像－剪切蒙版－建立"命令即可，如图12.39所示。

图12.38 素材文档

图12.39 创建剪切蒙版后的效果

创建剪切蒙版后，选中的对象将会组成一个剪切组，如图12.40所示。此时，我们可以选中整个剪切蒙版对象，为它设置不同的属性，例如图12.41所示是为其设置了10pt白色描边后的效果。

图12.40 "图层"面板

图12.41 设置描边后的效果

12.5.2 编辑剪切蒙版

对于剪切蒙版对象，用户可以使用选择工具![选择工具]双击该对象，以进入其编辑状态，如图12.42所示。此时，用户可分别选中并编辑剪切路径与被蒙版对象，双击任意一个对象，即可进入到其编辑状态，例如图12.43和图12.44所示分别为进行到剪切路径与图像的编辑状态时的效果。

图12.42　进入剪切蒙版的编辑状态　图12.43　进入剪切路径的编辑状态　图12.44　进入图像的编辑状态

编辑完成后，在对象外部的空白处双击，即可退出编辑状态。

12.5.3　释放剪切蒙版

要释放剪切蒙版，可以在选中剪切蒙版对象后，按Ctrl+Alt+7快捷组合键，或选择"对象－剪切蒙版－释放"命令即可。

12.6　不透明蒙版

12.6.1　不透明蒙版的工作原理

在Illustrator中，不透明蒙版的核心是有选择地对图像进行屏蔽，其原理是用户可以在不透明蒙版中添加图形，并根据其亮度，来控制相应区域内容的显示与隐藏，其中黑色代表完全隐藏，白色代表完全显示，而灰色则根据其灰度等级的不同，表现出不同程度的透明效果。

例如以图12.45所示的素材为例，其中间的对象，为其在不透明蒙版中添加一个相同大小的矩形，并设置为从白到黑的垂直渐变，得到了图12.46所示的效果。其最底部为纯黑色，因此被完全隐藏，其最顶为纯白色，因此对象完全显示，而中间是灰色的过渡，因此产生了不同程度的透明效果。

图12.45　素材文档

图12.46　添加不透明蒙版后的效果

12.6.2 创建不透明蒙版

要创建不透明蒙版，可以在选中对象后，直接双击"透明度"面板中的不透明蒙版缩略图，或单击"制作蒙版"按钮即可，如图12.47所示。

 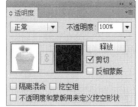

图12.47 创建不透明蒙版前后的效果

12.6.3 编辑不透明蒙版

在创建不透明蒙版后，我们可以在不透明蒙版中绘制图形，并根据需要设置其黑、白、灰色，以控制对象的显示或隐藏。用户还可以直接将现有的图形，通过复制、粘贴的方式将其添加到不透明蒙版中。

> **提示**
>
> 按住Alt键单击不透明蒙版缩略图，可以进入其编辑状态，以方便我们进行更直观的编辑；再次按住Alt键单击不透明蒙版缩略图，即可退出；另外，若要继续编辑对象，需要单击对象缩略图，以退出不透明蒙版编辑状态。

默认情况下，会选中"剪切"选项，不透明蒙版以黑色进行填充，从而隐藏当前所选对象；若取消选中此选项，则可以使不透明蒙版变为以白色填充，从而显示当前所选对象，如图12.48所示。若选中"反相蒙版"选项，则可以反相不透明蒙版中所有对象的色彩，如图12.49所示。

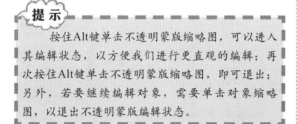

图12.48 原不透明蒙版效果

图12.49 选中"反相蒙版"后的效果

12.6.4 实战演练：山珍礼品包装设计

在本例中，将结合混合模式、不透明蒙版等功能，设计一款山珍礼品的包装，其操作步骤如下。

01 按Ctrl+N快捷键新建一个文档，设置弹出的对话框，如图12.50所示。

图12.50 "新建文档"对话框

02 使用矩形工具沿着文档边缘绘制一个与其相同大小的矩形，设置其填充色为渐变，如图12.51所示，从左到右各色标的颜色值分别为C0 M19 Y100 K0和C15 M100 Y90 K29，再设置其描边色为无，得到图12.52所示的效果。

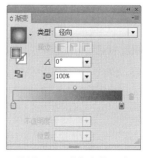

图12.51 "渐变"面板

275

图12.52 渐变效果

图12.55 置入图像

03 按照上一步的方法，在画板的下半部分再绘制一个渐变矩形，其参数设置如图12.53所示，从左到右各色标的颜色值为C0 M13 Y49 K0和C3 M38 Y78 K5，得到图12.54所示的效果。

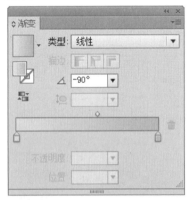

图12.53 "渐变"面板

图12.56 设置混合模式后的效果

06 按照第4~5步的方法，置入随书所附光盘中的文件"\第12章\12.6.4 实战演练：山珍礼品包装设计-素材2.ai"，将其置于画板的右下方，并设置其混合模式为"颜色加深"，不透明度为40%，得到图12.57所示的效果。

图12.54 渐变效果

04 选择"文件—置入"命令，在弹出的对话框中打开随书所附光盘中的文件"\第12章\12.6.4 实战演练：山珍礼品包装设计-素材1.psd"，适当调整该图像的大小，然后置于图12.55所示的位置。

05 在"透明度"面板中设置图像的混合模式为"柔光"，得到图12.56所示的效果。

图12.57 设置混合模式后的效果

07 下面来为上一步载入的图形添加不透明蒙版。使用矩形工具■绘制一个比素材图形略大一些的矩形，设置其填充色为黑、白色的水平渐变，得到类似图12.58所示的效果。

08 选中黑白渐变矩形，按Ctrl+X快捷键进行剪切，然后再选择第6步置入的素材图形，在"透明度"面板中单击"制作蒙版"按

钮，再按Ctrl+F快捷键进行粘贴，得到图
12.59所示的效果。

图12.58 绘制渐变矩形

图12.59 制作不透明蒙版后的效果

09 在"透明度"面板中单击对象缩略图，以退
出不透明蒙版编辑状态。使用选择工具，
按住Alt+Shift键向左侧拖动并复制，然后在
"变换"面板菜单中选择"水平翻转"命
令，适当调整其位置后，得到图12.60所示
的效果。

图12.60 复制并翻转对象

10 使用文字工具在画板的上半部分输入文
字"山珍礼品"，并使用修饰文字工具
对"礼品"两字进行适当的缩小，并设置
其填充色为黑色，描边色为黄色，描边粗
细为2pt，得到图12.61所示的效果。

图12.61 输入文字

11 下面来为文字制作倒影效果。使用选择工具
，按住Alt+Shift快捷键向下拖动复制文
字，并在"变换"面板菜单中选择"垂直
翻转"命令，适当调整文字位置后，得到
图12.62所示的效果。

图12.62 复制并翻转文字

12 按照第7步的方法，制作一个图12.63所示的
渐变矩形，再按照第8步的方法为文字添加
不透明蒙版，得到图12.64所示的效果。

13 在"透明度"面板中单击对象缩略图，以
退出不透明蒙版编辑状态。选中倒影文字
并在"透明度"面板中设置其混合模式为
"正片叠底"，不透明度为30%，得到图
12.65所示的效果。

图12.63 绘制渐变矩形

图12.64 制作不透明蒙版后的效果

图12.65 设置混合模式后的效果

14 按照第4步的方法，置入随书所附光盘中的文件 "\第12章\12.6.4 实战演练：山珍礼品包装设计-素材3.psd"，以添加包装中的其他内容，如图12.66所示。读者也可以自行尝试制作该内容。

图12.66 最终效果

▌ 12.6.5 释放不透明蒙版

在选中不透明蒙版缩略图后，可以单击"释放"按钮，以释放当前的不透明蒙版，此时，Illustrator会将不透明蒙版中的对象还原为普通的图形，并与原对象叠加在一起显示，如图12.67所示。

图12.67 释放后的不透明蒙版

12.7 包装设计综合实例——"桂香月"月饼包装设计

在本例中，将结合混合模式、不透明度、剪切蒙版及内发光、外发光等功能，来设计一款"桂香月"月饼包装，其操作步骤如下。

01 按Ctrl+N快捷键新建一个文档，设置弹出的对话框，如图12.68所示。

02 在此文档中，距离四边30mm的位置，是用于折向四周的，为了便于在操作时区分，应按Ctrl+R快捷键显示标尺，然后分别添加参考线，如图12.69所示。

图12.68 "新建文档"对话框

图12.69　添加辅助线

03 下面来制作包装的背景。使用矩形工具 ▣ 沿文档的出血线绘制矩形，设置其填充色为C30D22，描边色为无，得到图12.70所示的效果。

图12.70　绘制红色矩形

04 选择"文件－置入"命令，在弹出的对话框中打开随书所附光盘中的文件"\第12章\12.7包装设计综合实例——"桂香月"月饼包装设计-素材1.psd"，适当调整其大小，然后置于文档左侧位置，如图12.71所示。

图12.71　添加素材

05 在"透明度"面板中设置花纹图像的混合模式为"叠加"，得到图12.72所示的效果。

06 使用选择工具 �... ，按住Alt+Shift快捷键向右侧拖动，并置于右侧的边缘处，如图12.73所示。

图12.72　设置混合模式后的效果

图12.73　向右复制得到的效果

07 下面来制作包装中心的主体内容。首先，使用矩形工具 ▣ 绘制图12.74所示的矩形，其填充色可任意设置，能与后面的背景内容区分开即可。

图12.74　绘制矩形

08 使用矩形工具 ▣ 和椭圆工具 ◉ ，绘制图12.75所示的2个图形，选中绘制的圆形，单击"路径查找器"面板中图12.76所示的按钮，从而将二者合并在一起。

09 选中上一步运算得到的图形，由于该图形在后面会反复用到，因此可以将其向右侧复制一份备用。然后选中画板中的图形与第7步绘制的矩形，再单击"路径查找器"面板中图12.77所示的按钮，得到图12.78所示的效果。

图12.75　绘制矩形与圆形

图12.76　"路径查找器"面板

图12.77　"路径查找器"面板

图12.78　运算后的效果

10 选择"文件－置入"命令，在弹出的对话框中打开随书所附光盘中的文件"\第12章\12.7包装设计综合实例——"桂香月"月饼包装设计-素材2.psd，适当调整其大小，然后置于文档中间位置，并按Ctrl+[快捷键将其调整到运算后的图形下方，如图12.79所示。

11 选中运算后的图形与上一步置入的图像，按Ctrl+7快捷键进行创建剪切蒙版，得到图

12.80所示的效果。

图12.79　调整对象位置与顺序

图12.80　创建剪切蒙版后的效果

12 下面来为剪切蒙版对象添加一个外发光效果，在将其选中后，可选择"效果－风格化－外发光"命令，设置弹出的对话框，如图12.81所示，得到图12.82所示的效果。

图12.81　"外发光"对话框

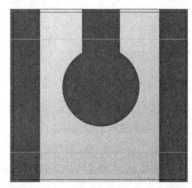

图12.82　添加外发光后的效果

13 下面来为现有剪切蒙版对象再增加一个渐变叠加效果，使其更具立体感。首先，使用直接选择工具▶，按住Alt键单击剪切蒙版边缘，以选中其中的剪切路径，然后取消选中任意对象，再按Ctrl+F快捷键将其粘贴到当前图层的最上层，并为其设置一个图12.83所示的黑白渐变填充色。

图12.83　设置黑白渐变后的效果

14 设置黑白渐变图形的混合模式为"柔光"，得到图12.84所示的效果。

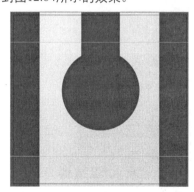

图12.84　设置混合模式后的效果

15 按照第4~6步的方法，置入素材随书所附光盘中的文件"\第12章\12.7　包装设计综合实例——"桂香月"月饼包装设计-素材3.psd"，将其置于左侧并复制一个至右侧，按Ctrl+[快捷键向下调整其顺序，并按照第12步的方法，为其添加相同的"外发光"效果，直至得到类似图12.85所示的效果。

16 将第9步中备份的图形复制一份到其原始位置，并设置其填充色为7F4E20，描边色为无，得到如图12.86所示的效果。

17 保持选中上一步编辑的图形，按Ctrl+C快捷键复制一次，然后按照第4步的方法，置入随书所附光盘中的文件"\第12章\12.7　包

装设计综合实例——"桂香月"月饼包装设计-素材4.psd"，适当调整其大小，并置于中间的位置，然后按Ctrl+F快捷键粘贴到上方，得到类似图12.87所示的效果。

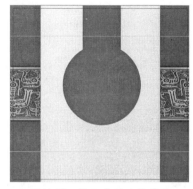

图12.85　添加素材后的效果

图12.86　设置颜色后的效果

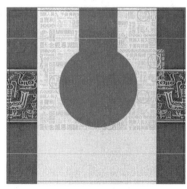

图12.87　置入素材并粘贴图形

18 选中上一步粘贴的图形及导入的素材，按Ctrl+7快捷键创建剪切蒙版，得到图12.88所示的效果，再设置其混合模式为"柔光"，得到如图12.89所示的效果。

19 在"图层"面板中选中下方的褐色方与圆的图形，选择"效果－风格化－内发光"命令，设置弹出的对话框，如图12.90所示，得到图12.91所示的效果。

图12.88 创建剪切蒙版后的效果

图12.89 设置混合模式后的效果

图12.90 "内发光"对话框

图12.91 内发光效果

20 下面在凹陷位置为其增加一个立体边缘。首先，将之前备份的方与圆图形复制一份到其原始位置，然后选择"对象－路径－偏移路径"命令，在弹出的对话框中设置其

"位移"数值为3mm，单击"确定"按钮退出对话框。

21 此时，选中的是偏移后的路径，再使用选择工具，按住Shift键单击原始路径以将其选中，如图12.92所示。然后单击"路径查找器"面板中图12.93所示的按钮，得到图12.94所示的效果。

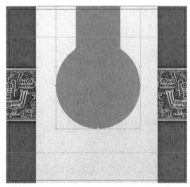

图12.92 偏移并选中2个图形

图12.93 "路径查找器"面板

图12.94 运算后的效果

22 选中运算后得到的描边图形，在"渐变"面板中设置其填充色，如图12.95所示，得到图12.96所示的效果，图12.97所示是按照第12步的方法，为其添加略小一些的外发光后的效果。

23 最后，置入随书所附光盘中的文件"\第12章\12.7 包装设计综合实例——"桂香月"月饼包装设计-素材5.psd"及"\第12章\12.7

包装设计综合实例——"桂香月"月饼包装设计-素材6.psd",对其进行适当的复制、缩放及位移等调整处理,即可得到图12.98所示的最终效果。

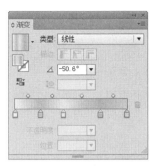

图12.95 "渐变"面板

图12.96 设置渐变后的效果

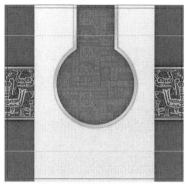

图12.97 添加外发光后的效果

图12.98 最终效果

12.8 学习总结 ○

在本章中,主要讲解了Illustrator中用于对象混合的各种功能。通过本章的学习,读者应能够掌握一些常用的混合模式,如不透明度、混合模式及剪切蒙版,同时也应能够较为熟练地使用不透明蒙版功能,并综合利用这些混合功能,进行图形处理与作品设计。

12.9 练习题 ○

一、选择题

1. 在Illustrator中,下列哪种方法可以将一个位图对象处理为渐变透明效果(　　　)。

　　A.渐变工具 　　　　　　　　　　　B.复合路径

　　C.剪切蒙版 　　　　　　　　　　　D.不透明蒙版

2. 下列有关Illustrator蒙版描述不正确的是（　　　）。

A.通过"透明度"面板弹出菜单中的"建立不透明蒙版"命令，可以在两个图形之间建立不透明蒙版

B.剪切蒙版可以遮盖图形的部分区域

C.只有一般路径可用来制作剪切蒙版，复合路径不能用来制作剪切蒙版

D.剪切蒙版之间各对象的关系一旦建立，就不能解除

3. 当通过Illustrator "透明度"面板对图形施加透明效果时，下面的描述正确的是（　　　）。

A.在默认状态下，当对一个具有填充色和描边色的图形施加透明效果时，物体的填充色、描边色的透明度都同时发生变化

B.只能同时对图形的填充色和描边色施加透明效果

C.可对图形的填充色和描边色分别施加透明效果

D.透明效果一旦施加就不能更改

4. 下列关于不透明度参数的说法中，正确的是（　　　）。

A.位于所有对象下方的对象，无法为其设置不透明度，因为其下方没有可以显示的对象

B.在Illustrator中，可以为编组对象、图像或图形设置不透明度属性

C.为对象设置不透明度后，就无法再为其设置混合模式

D.为对象设置不透明蒙版后，则无法再为其设置不透明度

二、填空题

1. 利用（　　　）面板，可以设置图形对象的混合模式和不透明度。

2. 要利用一个图形来限制对象的显示范围，可以使用（　　　）蒙版；要利用图形的黑、白、灰颜色限制对象的显示范围，可以使用（　　　）蒙版。

3. 对于图12.99中所示的文字与水墨图片，要快速去除其白色背景而保留黑色，得到图12.100所示的效果，可以使用（　　　）或（　　　）混合模式。

图12.99　原始素材　　　　　　　　　　　　图12.100　设置混合模式后的效果

三、上机题

1. 打开随书所附光盘中的文件"\第12章\12.9　练习题-上机题1-素材1.ai"，如图12.101所示，再置入随书所附光盘中的文件"\第12章\12.9　练习题-上机题1-素材2.jpg"，如图12.102所示，结合其中的文字图形及置入的图像，制作得到图12.103所示的效果。

图12.101　素材1　　　　　　　图12.102　素材2　　　　　　图12.103　制作得到的字动画效果

2. 打开随书所附光盘中的文件"\第12章\12.9　练习题-上机题2-素材1.ai"，如图12.104所示，再置入随书所附光盘中的文件"\第12章\12.9　练习题-上机题2-素材2.psd"～"\第12章\12.9　练习题-上机题2-素材4.psd"，如图12.105所示，结合本章讲解的融合处理知识，设计得到图12.106所示的包装作品。

图12.104　素 材1

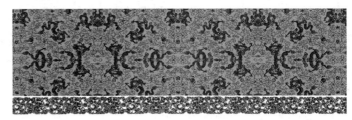

图12.105　素材2～素材4

图12.106　包装设计作品

 提 示

本章所用到的素材及效果文件位于随书所附光盘"\第12章"的文件夹内，其文件名与章节号对应。

第13章 易拉宝设计
——对象的特效处理

通过为作品添加特效，可以让其整体的视觉效果更为突出，而作为一款专业的设计，AI提供了很多非常实用的特效处理功能，如在多个对象之间进行混合及包含大量特效命令的Illustrator与Photoshop效果，在本章中，就来讲解一下这些常用的特效处理功能。

13.1 易拉宝设计概述

13.1.1 易拉宝的概念

易拉宝又称海报架、展示架、展架，常在店门口、街头或会展中做展示之用，从而起到宣传的作用，其特点是造型新颖、线条简洁、轻巧便携、方便运输、容易存放、安装简单、即挂即用、经济实用，其主体采用铝合金材料，粘贴式铝合金横梁，支撑杆为铁合金材质，采用三节皮筋连接，侧封片采用工程塑料，产品美观，精致，质量稳定，性价比高，实用性强。

图13.1所示是一些易拉宝设计作品的整体效果图。

图13.1 易拉宝设计

13.1.2 易拉宝设计的印刷设置

在平面设计中，易拉宝设计就是指设计易拉宝悬挂的印刷品，下面来介绍一下其涉及到的印刷设置。

★ 尺寸：易拉宝的常用尺寸为800mm×2000mm，在宽度上，也会有850mm、900mm、1000mm及1200mm等尺寸，而高度上，也有1800mm的尺寸，具体应视客户的要求而定。

★ 颜色模式：与其他印刷品一样，是采用CMYK颜色模式。

★ 分辨率：易拉宝可以在Illustrator中设计完成后，将其输出为JPEG或PNG格式的图片，然后交给印厂进行印刷，此时就涉及到印刷分辨率的问题，通常采用的是72~150像素/英寸。若图片内容无法满足需要，且易拉宝中没要特别展示的细节（如字号较小的文字等），可适当降低一些（比72像素/英寸更低）；反之，若易拉宝中有较多的细节需要展示，则相应地要提高一些分辨率，但最高设置为150像素/英寸已经完全可以满足需求。

★ 出血：易拉宝不需要设置出血。

13.2 混合对象

混合功能可在两个对象或多个对象间，产生一连串色彩与形状连续变化的对象，它支持处理多种类型的对象，如开放路径、闭合路径、群组对象及复合路径等。在本节中，就来讲解一下制作与编辑混合对象的方法。

13.2.1 创建混合

在Illustrator中，可以按照以下方法创建混合。

使用混合工具 ，依次在要混合的各个对象上单击即可。

选中要混合的多个对象后，按Ctrl+Alt+B快捷组合键或选择"对象－混合－建立"命令。

以图13.2所示的素材为例，将其中的文字图形向左上方复制一份并修改成为红色，然后在二者之间创建混合，得到图13.3所示的效果。

图13.4 "混合选项"对话框

"混合选项"对话框中各参数的解释如下。

★ 间距：在此下拉列表中，可以设置"平滑颜色"、"指定的步数"及"指定的距离"选项。在选择后2个选项时，可以在下拉列表后面指定其具体数值。例如图13.5所示是在选中"指定的步数"选项时，分别设置数值为5和100后的混合效果。

图13.2 素材文档

图13.3 混合后的效果

13.2.2 设置混合选项

在选中混合对象后，可以选择"对象－混合－混合选项"命令，调出图13.4所示的对话框。

图13.5 设置不同步数的效果

★ 取向：在此可以设置对齐页面与对齐路径

两个选项，图13.6所示是其效果对比。

图13.6　设置不同取向时的效果对比

13.2.3　编辑混合对象

创建混合后，可以使用直接选择工具选中混合对象的路径线或锚点，对其形态进行处理，也可以按住Alt键，单击组成混合的各个对象以将其选中，然后调整其颜色、位置、大小及角度等属性，例如图13.7和图13.8所示是将前面混合后的文字，调整了其中心形的颜色及位置后的效果。

图13.7　调整心形颜色后的效果

图13.8　调整心形位置后的效果

13.2.4　编辑混合路径

在混合对象时，会自动在各个对象之间生成一个直线的混合路径，混合对象就是沿着这条路径进行混合的，用户可以使用直接选择工具将其选中，还可以结合路径编辑功能调整其形态，从而改变混合对象的整体形态。

以图13.9所示的星形与圆形的混合对象为例，二者之间存在一条直线路径，图13.10所示是为其添加锚点并调整为曲线后的效果，可以看出，整个混合对象的形态都发生了变化。

图13.9　原对象

图13.10　改变混合路径后的效果

13.2.5　替换混合路径

　　除了直接编辑混合路径外，用户也可以直接绘制一个新的路径，然后使用该路径来替换原有的混合路径，其操作方法非常简单，用户首先绘制一条用于替换的路径，然后同时选中替换路径与混合对象，再选择"对象-混合-替换混合轴"命令即可。

　　例如图13.11所示的混合对象为例，在其上方绘制了一条曲线，图13.12所示是替换混合路径后的效果。

图13.11　原始混合对象　　　　　　　　　　图13.12　替换混合路径后的效果

13.3　Illustrator与PS效果

　　在Illustrator中，用户可以在"效果"菜单中选择大量的特效处理命令，它分为Illustrator效果与PS效果两部分。

13.3.1　了解Illustrator与PS效果

　　Illustrator效果大多属于矢量效果，是基于Illustrator引擎生成的，在最终输出时才根据文件数据运算出最适合分辨率来进行栅格化。在实际操作中，Illustrator效果往往会造成较大的系统负担，因为它需要不断重新计算得到结果。Illustrator效果主要包括了3D化处理、变形、扭曲、路径查找器及风格化等命令。

　　PS效果属于从Photoshop移植到Illustrator中的效果，可以实现像素化、扭曲、模糊、素描、纹理等效果的处理，其特点是应用时便已进行栅格化，将图形效果的像素确定（放大显示可以看到马赛克），它往往在最终输出时得出比输出前较差一些的效果，因为两次栅格化往往造成一定的损失。

　　值得一提的是，除了SVG滤镜组外，Illustrator效果与PS效果均可应用于矢量或位图对象，并在"外观"面板中生成相应的项目。

　　各组效果的基本功能解释如下。

★　3D：将开放路径或封闭路径，或是位图对象，转换为可以备光、打光和投影的三维(3D)对象。

★　SVG滤镜：添加基于XML的图形属性，例如在图稿中添加投影。

★　变形：使对象扭曲或变形，可作用的对象有路径、文本、网格、混合和栅格图像。

★　扭曲和变换（Illustrator效果）：改变矢量对象的形状，或使用"外观"面板将效果应用于添加到位图对象上的填充或描边。

★　栅格化：将矢量对象转换为位图对象。

★　裁剪标记：将裁剪标记应用于选定的对象。

★　路径：将对象路径相对于对象的原始位置进行偏移、将文字转化为如同任何其他图形对象那样可进行编辑和操作的一组复合路径、将所选对象的描边更改为与原始描边相同粗细的填色对象。还可以使用"外观"面板将这些命令应用于添加到位图对象上的填充或描边。

★ 路径查找器：将组、图层或子图层合并到单一的可编辑对象中。

★ 转换为形状：改变矢量对象或位图对象的形状。

★ 风格化（Illustrator效果）：向对象添加箭头、投影、圆角、羽化边缘、发光及涂抹风格的外观。

★ 像素化：通过将颜色值相近的像素集结成块来清晰地定义一个选区。

★ 扭曲（Photoshop效果）：对图像进行几何扭曲及改变对象形状。

★ 模糊：可在图像中对指定线条和阴影区域的轮廓边线旁的像素进行平衡，从而润色图像，使过渡显得更柔和。

★ 画笔描边：使用不同的画笔和油墨描边效果创建绘画效果或美术效果。

★ 素描：向图像添加纹理，常用于制作 3D 效果。这些效果还适用于创建美术效果或手绘效果。

★ 纹理：使图像表面具有深度感或质地感，或是为其赋予有机风格。

★ 艺术效果：在传统介质上模拟应用绘画效果。

★ 视频：对从视频中捕获的图像或用于电视放映的图稿进行优化处理。

★ 风格化（Photoshop效果）："照亮边缘"命令可以通过替换像素及查找和提高图像对比度的方法，为选区生成绘画效果或印象派效果。

13.3.2 了解"外观"面板

在Illustrator中，"外观"面板显示了当前选中对象的基本属性，并可以调用相应的面板或对话框，来对参数进行再次调整。例如在选中矢量对象时，会显示其填充与描边属性，如图13.13所示，若选中的是链接的图片或嵌入的图片，将显示类似图13.14所示的状态。

此外，当为对象应用了效果时，也会将相应的命令记录下来，当选中该对象时，即可在"外观"面板中显示出来，例如在图13.15所示的"外观"面板中，表示当前选中的对象应用了"内发光"和"外发光"2个效果。

图13.13 选中图形时的
"外观"面板

图13.14 选择图片时的
"外观"面板

图13.15 应用效果后的
"外观"面板

当需要将效果转换为普通图形时，可以选择"对象—扩展外观"命令。

13.4 常用效果讲解

13.4.1 凸出和斜角

凸出和斜角特效用于使平面图形沿Z轴伸出一定的厚度，形成3D效果。选择一个图形，然后执行"效果－3D－凸出和斜角"命令，将弹出"3D凸出和斜角选项"对话框，单击"更多选项"按钮，可以展开其扩展参数，如图13.16所示。

1. 基本参数讲解

下面将以图13.17中所示的"12"文字为例，讲解此效果的使用方法。

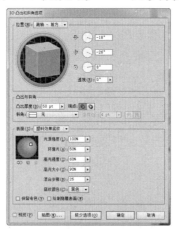

图13.16 "3D凸出和斜角选项"对话框

图13.17 素材图形

★ 位置：在此下拉列表中，可以选择固定的对象位置，以快速为对象应用3D效果。另外，也可以用鼠标按住并拖动预览窗口中的立方体自行设置，或在右侧调整其X/Y/Z以及"透视"的数值。图13.18所示为不同位置所形成的3D对象。

图13.18 设置不同的位置

★ 凸出厚度：用于3D图形的厚度，用户可直接在文本框中输入数值，也可以拖动滑块进行设定，如图13.19所示。

图13.19 设置不同的厚度

★ 端点：此项包含两个按钮：当按下开启端点按钮◎时，3D对象为实心，如图13.20所示，当选择关闭端点按钮◎时，3D对象为空心，如图13.21所示。

图13.20　创建3D实心对象　　　　图13.21　创建3D空心对象

★ 斜角：此项用于3D对象的倒角。倒角的形状可以在后面的下拉列表框中进行选择，默认值"无"。选择了倒角之后，下方的高度选项将被高亮显示，之后用户可在文本框中输入数值设定倒角的厚度。单击"斜角外扩"按钮，将在保持对象大小的基础上增加像素形成倒角；单击"斜角内缩"按钮，将从远对象上切除部分像素形成倒角。

图13.22所示的就是几种不同形状的倒角。

图13.22　设置不同形状的斜角

★ 表面：此下拉列表框中包含4个选项选择"线框"将创建线框对象；选择"无底纹"对象将不产生明暗色调；选择"扩散底纹"和"塑料效果底纹"对象会产生有不同光泽的明暗效果。

★ 贴图：Illustrator支持以"符号"作为贴图，为3D模型进行简单的贴图处理。单击此按钮，可弹出图13.23所示的对话框，在其中选择要设置贴图的表面，然后指定符号即可。

图13.23　"贴图"对话框

2. 扩展参数设置

在单击"更多选项"按钮后，可以显示更多用于控制光照属性的参数，可根据需要进行设置。

★ 预览窗口：在此可以预览灯光效果，另外，球体上有一个方形小标记◻，表明当前光源的方向和所在的位置。用户用鼠标点击并任意移动其位置以变化光源，如图13.24所示。

图13.24　设定光源方向

★ "将所选光源移动到对象后面"按钮∞：单击此按钮可将选中光源置于对象后方，之后，此处将变为"将所选光源移动到对象前面"按钮◉，再次单击则可将光源置前。

★ "新建光源"按钮∞：单击此按钮将添加一个新的光源。

★ "删除光源"按钮🗑：单击此按钮将删除选中的光源。

★ 光源强度：该选项用于设定选中的光源的亮度。

★ 环境光：该选项用于设定环境光的亮度，如图13.25所示。

图13.25　设置不同的环境光

★ 高光强度：用于设定高光区的亮度。

★ 高光大小：用于高光区的范围。

★ 混合步骤：该项用于设定高光区和阴影部分的混合步数，该值越大颜色过渡越自然。

★ 底纹颜色：在此可选择明暗调的颜色，其中包括"无"、"黑色"和"自定"3个选项。

★ 保留专色：如果用户在对象中使用了专色，选择此选项可保证专色不被改变。

★ 绘制隐藏表面：选中此选项后，使对象隐藏的面显示出来。

▌ 13.4.2　绕转

使用"效果－3D－绕转"命令可用于使2D图形在3D空间中围绕中心轴旋转，并可以模拟透视效果。其对话框如图13.26所示，其中的参数与"3D凸出和斜角选项"对话框中的参数基本相同，故不再详细讲解。

图13.27所示是原图形及绕转后的效果。

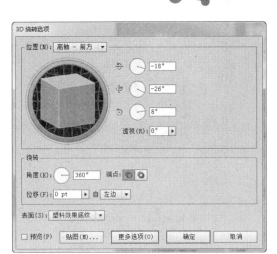

图13.26 设置绕转选项

图13.27 通过绕转产生一个3D物体

13.4.3 投影

利用"投影"命令可以为任意对象添加阴影效果，还可以设置阴影的混合模式、不透明度、模糊程度及颜色等参数。

执行"效果－风格化－投影"命令，弹出图13.28所示的对话框。

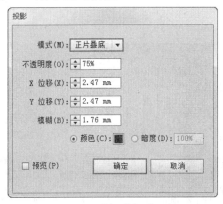

图13.28 "投影"对话框

该对话框中各选项的功能解释如下。

★ 模式：在该下拉列表框中可以选择阴影的混合模式。

★ 不透明度：在此文本框中输入数值，用于控制阴影的透明属性。

★ X位移：在此文本框中输入数值，用于控制阴影在X轴上的位置。

★ Y位移：在此文本框中输入数值，用于控制阴影在Y轴上的位置。

★ 模糊：在此文本框中输入数值，用于控制阴影的模糊强度。

★ 颜色：选择此选项，并单击后面的色块，在弹出的对话框中可以设置投影的颜色。

★ 暗度：选中此选项时，将以当前对象的副本作为投影，并根据指定的数值来降低副本对象的暗度。

图13.29所示为原图像。

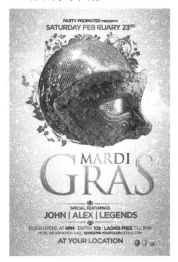

图13.29 原图像

图13.30所示是为下方的标题文字设置得到的2种不同的投影效果。

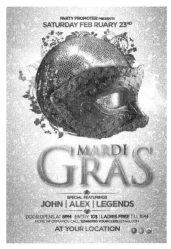

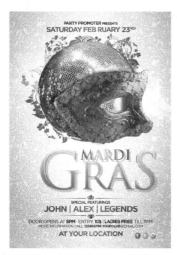

图13.30 添加投影效果

13.4.4 内发光

使用"效果-风格化内发光"命令可以为图像内边缘添加发光效果,其相应的对话框如图13.31所示。其中的"中心"和"边缘"选项,用于控制创建发光效果的方式。

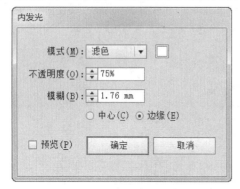

图13.31 "内发光"对话框

图13.32所示为图像添加内发光后的2种不同效果。

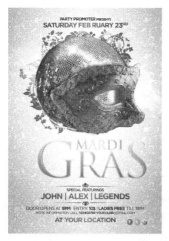

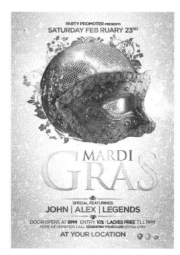

图13.32 添加内发光后的效果

13.4.5 外发光

使用"外发光"命令可以为图像添加发光效果,其相应的对话框如图13.33所示。其中"方法"下拉列表框中的"柔和"和"精确"选项,用于控制发光边缘的清晰和模糊程度。

图13.33 "外发光"对话框

图13.34所示为图像添加外发光前后的效果对比。

图13.34 添加外发光前后的效果对比

13.4.6 实战演练：红河谷楼盘易拉宝设计

在本例中，将结合投影、涂抹、波纹效果及内发光等命令，来设计一款红河谷楼盘的易拉宝，其操作步骤如下。

01 打开随书所附光盘中的文件"\第13章\13.4.6实战演练：红河谷楼盘易拉宝设计-素材1.ai"，如图13.35所示。本例设计的易拉宝尺寸为800mm×2000mm，由于主要是展示其设计手法及实现技术，为了便于操作，笔者将其大小缩小为正常尺寸的1/10，即80mm×200mm。

图13.35 素材文档

02 使用矩形工具 ▣ 绘制一个比画板略小一些的矩形，并设置其填充色为渐变，如图13.36所示，再设置其描边色为无，得到图13.37所示的效果。

图13.36 "渐变"面板 　图13.37 绘制得到的渐变矩形

03 选择"对象－风格化－投影"命令，设置弹出的对话框，如图13.38所示，得到图13.39所示的效果。

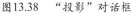

图13.38 "投影"对话框 　图13.39 添加投影后的效果

04 选择"对象－风格化－内发光"命令，设置弹出的对话框，如图13.40所示，其中颜色块的颜色值为492B12，得到图13.41所示的效果。

05 选择"对象－风格化－涂抹"命令，设置弹出的对话框，如图13.42所示，得到图13.43所示的效果。

06 选择"对象－扭曲和变换－波纹效果"命令，设置弹出的对话框，如图13.44所示，得到图13.45所示的效果。

07 按Ctrl+C快捷键复制当前的图形，按Ctrl+F快捷键将其粘贴到前面，然后在"外观"面板中将前面添加的"投影""内发光"及"涂抹"效果删除，得到类似图13.46所示的效果。

图13.40 "内发光"对话框

图13.41 添加内发光后的效果

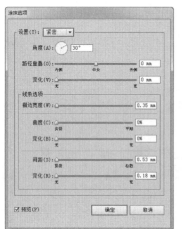

图13.42 "涂抹选项"对话框

图13.43 添加涂抹后的效果

图13.44 "波纹效果"对话框

图13.45 添加波纹后的效果

08 保持图形的选中状态，选择"对象－扩展外观"命令，以将其转换为普通图形，得到图13.47所示的效果。

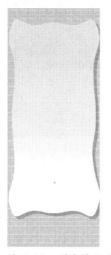
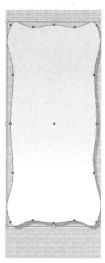

图13.46 删除外观后的效果　　图13.47 扩展外观后的效果

09 选择"文件－置入"命令，在弹出的对话框中打开随书所附光盘中的文件"\第13章\13.4.6 实战演练：红河谷楼盘易拉宝设计-素材2.jpg"，适当调整其大小及位置，得到如图13.48所示的效果。

图13.48 置入并调整图片

10 选中图片，并按Ctrl+[快捷键向下调整一层，再按住Shift键选中第8步编辑得到的图形，然后按Ctrl+7快捷键创建剪切蒙版，得到图13.49所示的效果。

11 最后，结合图形绘制及输入并格式化文字等功能，继续添加易拉宝中的相关说明文字即可，如图13.50所示。

图13.49 创建剪切蒙版后的效果

图13.50 最终效果

13.5 易拉宝设计综合实例——双节大乐购易拉宝设计

在本例中，将结合对象混合与对象效果制作功能，来设计一款双节大乐购易拉宝，其操作步骤如下。

01 按Ctrl+N快捷键新建一个文档，设置弹出的对话框，如图13.51所示。本例设计的易拉宝尺寸为1200mm×2000mm，由于主要是展示其设计手法及实现技术，为了便于操作，笔者将其大小缩小为正常尺寸的1/10，即120mm×200mm。

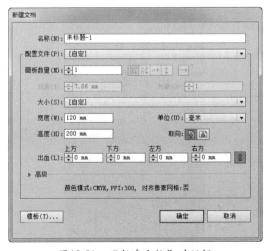

图13.51 "新建文档"对话框

02 选择"文件-置入"命令，在弹出的对话框中打开随书所附光盘中的文件"\第13章\13.5 易拉宝设计综合实例——双节大乐购易拉宝设计-素材1.png"，适当调整其大小及位置，得到图13.52所示的效果。

图13.52 置入并调整图像

03 打开随书所附光盘中的文件"\第13章\13.5 易拉宝设计综合实例——双节大乐购易拉宝设计-素材2.ai"，复制其中的图形至易拉宝设计文档中，并设置其填充色为E73649，适当调整大小后，置于文档的上方中间处，如图13.53所示。

图13.53　粘贴并调整文字图形

04 继续选中上一步粘贴得到的文字，按Ctrl+C快捷键进行复制，再按Ctrl+F快捷键将其粘贴到上方，修改其填充色为560005，并使用选择工具![箭头图标]按住Alt+Shift快捷键向中心缩小，得到类似图13.54所示的效果。为便于观看，笔者暂时隐藏了较大的文字图形。

图13.54　缩小文字

05 选中上一步编辑后的暗红色文字，按Ctrl+[快捷键将其向下调整一层，得到图13.55所示的效果。

06 选中大小两个文字图形，按Ctrl+Alt+B快捷组合键创建对象混合，得到图13.56所示的效果。

图13.55　调整文字的层次

图13.56　混合后的效果

07 再次按Ctrl+F快捷键将第4步制作的大文字图形粘贴到前面，并修改其填充色为F4EEA2，得到图13.57所示的效果。

图13.57　粘贴并修改文字颜色

08 下面来为混合对象添加一个发光效果。选中混合对象后，选择"效果－风格化－外发光"命令，设置弹出的对话框，如图13.58所示，其中颜色块的颜色值为F5EB68，得到图13.59所示的效果。

09 最后，在易拉宝下方输入相关的说明文字，即可得到图13.60所示的最终效果。

图13.58　"外发光"对话框

图13.59　添加外发光后的效果

图13.60　最终效果

13.6 学习总结

在本章中，主要讲解了对象混合及对象效果功能。通过本章的学习，读者应能够掌握不同形状、色彩、数量对象之间的混合，并能够熟练使用常用的内/外发光、投影、凸出和斜角等命令，为图像添加特效。

13.7 练习题

一、选择题

1. 对于使用混合工具的描述正确的是？（　　　）

A.混合工具只能进行图形的混合而不能进行颜色的混合

B.两个图形进行混合时，中间混合图形的数量是不可以改变的

C.混合工具不能对两个以上的图形进行连续混合

D.执行完混合命令之后，可以对混合路径进行编辑

2. 在Illustrator中，使用混合工具对具有相同描边色，不同填充色的封闭图形进行混合，下列哪种描述正确？（　　　）

A.当两个图形的填充色都是CMYK模式定义的颜色时，颜色和图形的形状都发生混合

B.当两个图形的填充色都是渐变色时，颜色和图形的形状都发生混合

C.当两个图形的填充色都是图案时，图案和图形的形状都发生混合

D.当两个图形的填充色都是图案时，图案不发生混合，只有图形的形状发生混和

3. Illustrator中若要对两个以上的图形进行混合，下列描述正确的是（　　　　）。

  A.这些图形都必须是封闭图形

  B.将所有图形选中，然后"执行对象－混和－建立"命令

  C.使用混合工具顺次在图形上单击

  D.不能对两个以上的图形执行混合命令

4. 下列选项哪些属于Illustrator风格化效果？（　　　　）

  A.内发光   B.外发光

  C.圆角   D.阴影

二、填空题

1. 使用混合工具最少可对（　　　　）个对象进行混合处理。

2. 内发光、外发光及圆角等效果，均属于（　　　　）效果。

3. 默认情况下，一个对象拥有（　　　）、（　　　）和（　　　）3个外观属性。

三、上机题

1. 打开随书所附光盘中的文件"\第13章\13.6　学习总结-上机题1-素材.ai"，如图13.61所示，结合投影与外发光效果，制作得到图13.62所示的效果。

图13.61　素材文档

图13.62　添加效果后的状态

2. 打开随书所附光盘中的文件"\第13章\13.6　学习总结-上机题2-素材.ai"，如图13.63所示，结合混合功能，制作得到图64所示的效果。

图13.63　素材文档

图13.64　混合后的状态

提示

  本章所用到的素材及效果文件位于随书所附光盘"\第13章"的文件夹内，其文件名与章节号对应。

第14章 宣传品设计
——设计与应用样式

在Illustrator中,样式是一系参数的集合,并可以分为图形样式、字符样式及段落样式3种,通过定义并应用样式,可以帮助我们更快速地去应用、修改所定义的对象属性,从而大大提高我们的工作效率。在本章中,将分别针对图形样式、字符样式及段落样式的创建与编辑方法及技巧进行讲解。

14.1 宣传单设计概述

14.1.1 宣传单的概念

宣传单又称宣传单页，是商家为宣传自己的一种印刷品，一般为单页双面印刷或单面印刷，多采用以铜版纸为主的全彩印刷方式。

> **提示**
>
> 一页即指一张纸，每张纸都包含正面与反面，而"面"又常用"P"来表示，也就是说，一页是包含两面或2P。

宣传单已经成为重要的商业贸易媒体，成为企业充分展示自己的最佳渠道，更是企业最常用的产品宣传手段，也是宣传企业形象的重要手段之一。它能非常有效地把企业形象提升到一个新的层次，更好地把企业的产品和服务展示给大众，能非常详细地说明产品的功能、用途及其优点，诠释企业的文化理念，所以宣传单已经成为企业必不可少的企业形象宣传工具之一。

宣传单多用于活动推广或产品介绍，部分宣传单还会加入一定的企业形象宣传元素，但由于宣传单的页面有限，因此往往企业形象宣传的部分只占1面（P）或半面（P）。

图14.1所示是一些优秀的宣传单设计作品。

图14.1 宣传单作品

14.1.2 宣传单的分类

宣传单较常见的分类为单页和折页，单页即单面或双面设计，而折页即以一定的数量进行折叠处理，在设计时也会为各折页设计不同的内容，较常见的是双折页（又称对折页）、三折页，也有一些会采用四折页及多折页的设计方式，如图14.2所示。

图14.2 折页设计欣赏

14.1.3 宣传单的设计要点

根据行业的不同，其宣传单设计的特点也各有不同，下面列出一些常见行业的宣传单设计要点供读者参考。

★ 医院宣传单设计：医院的宣传单设计要求稳重大方、安全、健康，给人以和谐、可信的感觉。设计风格要求大众化生活化。

★ 药品宣传单设计：药品宣传单设计比较独特，根据消费对象分为：医院用(消费对象为院长、医生、护士等)；药店用(消费对象为店长、导购、驻店医生等)；用途不同，设计风格要做相应的调整。

★ 医疗器械宣传单设计：医疗器械宣传单设计一般从产品本身的性能出发，来体现产品的功能和优点，进而向消费者传达产品的信息。

★ 食品宣传单设计：食品宣传单设计要从食品的特点出发，来体现视觉、味觉等特点，诱发消费者的食欲，达到购买欲望。

★ IT企业宣传单设计：IT企业宣传单设计要求简洁明快，并结合IT企业的特点，融入高科技的信息，来体现IT企业的行业特点。

★ 房产宣传单设计：房产宣传单设计一般根据房地产的楼盘销售情况做相应的设计，如：开盘用、形象宣传用、楼盘特点用等。此类宣传单设计要求体现时尚、前卫、和谐、人文环境等。

★ 酒店宣传单设计：酒店的宣传单设计要求体现高档、享受等感觉，在设计时用一些独特的元素来体现酒店的品质。

★ 学校宣传单设计：学校宣传单设计根据用途不同大致分为形象宣传、招生、毕业留念册等。

★ 服装宣传单设计：服装宣传单设计更注重消费者档次、视觉、触觉的需要，同时根据服装的类型风格不同，设计风格也不尽相同，如休闲类、工装类等。

★ 招商宣传单设计：招商宣传单设计主要体现招商的概念，展现自身的优势，用来吸引投资者的兴趣。

★ 校庆宣传单设计：校庆宣传单设计要体现喜庆、团圆、美好向上、怀旧的概念。

★ 企业宣传单年报设计：企业宣传单年报设计一般是对企业本年度工作进程的整体展现，设计一般都是大场面展现大事记。一般要求设计者要有深厚的文化底蕴。

★ 体育宣传单设计：时尚、动感、方便是这个行业的特点，根据具体的行业不同，表现也略有不同。

★ 公司宣传单设计：公司宣传单设计一般体现公司内部的状况，在设计方面要求比较沉稳。

14.2 图形样式

图形样式是被命名的一系列对象属性的集合，如填充、效果、透明度、混合模式等。它被存储在"图形样式"面板，用户可选择"窗口—图形样式"命令来显示，如图14.3所示。

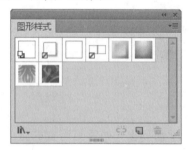

图14.3 "图形样式"面板

用户可以将其中的样式施加到对象上来改变对象的外观，但对象的原始结构并不发生改变。

14.2.1 创建图形样式

要创建样式，可以直接将包含属性的对象拖至"图形样式"面板中，如图14.4所示，释放鼠标，即可创建包含该对象属性的图形样式。

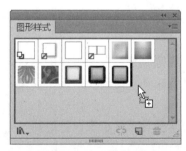

图14.4 图形样式面板

以图14.5所示的对象为例，图14.6所示是创建得到的相应的图形样式。

图14.5 原始图形

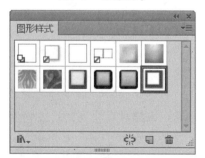

图14.6 创建得到的图形样式

14.2.2 应用图形样式

选择要应用样式的对象，在"图形样

式"面板上单击要应用的样式即可。在Illustrator中，除了普通的图形对象外，图形样式还可以被施加到图片、编组等对象上。

14.2.3 断开与图形样式的链接

在选中对象后，"图形样式"面板中也会选中相应的图形样式，二者之间保持着链接关系，若要断开链接，可以单击"图形样式"面板下方的"断开图形样式链接"按钮，或在"图形样式"面板的菜单中选择"断开图形样式链接"命令即可。

14.3 字符样式

在Illustrator中，为了满足多元化的设计与排版需求而加入了字符样式功能，它相当于对文字属性设置的一个集合，并能够统一、快速地应用于文本中，且便于进行统一编辑及修改。

要设置和编辑字符样式，首先要选择"窗口－字符样式"命令，以显示"字符样式"面板，如图14.7所示。

图14.7 "字符样式"面板

1. 创建字符样式

要创建字符样式，可以在"字符样式"面板中单击"创建新样式"按钮，即可按照默认的参数创建一个字符样式，如图14.8所示。

图14.8 "字符样式"面板

若是在创建字符样式时，刷黑选中了文本内容，则会按照当前文本所设置的格式创

建新的字符样式。

2. 编辑字符样式

在创建了字符样式后，双击要编辑的字符样式，即可弹出图14.9所示的对话框。

在"字符样式选项"对话框中，在左侧分别可以选择"基本字符格式"、"高级字符格式"等选项，然后在右侧的对话框中可以设置不同的字符属性。

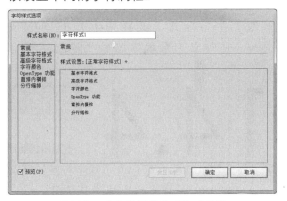

图14.9 "字符样式选项"对话框

3. 应用字符样式

当选中一个文字图层时，在"字符样式"面板中单击某个字符样式，即可为当前文字图层中所有的文本应用字符样式。

若是刷黑选中文本，则字符样式仅应用于选中的文本。

4. 覆盖与重新定义字符样式

在创建字符样式以后，若当前选择的文本中，含有与当前所选字符样式不同的参数，则该样式上会显示一个"+"，如图14.10所示。

此时，在"字符样式"面板菜单中选择"清除优先选项"命令，可以将当前字符样式所定义的属性应用于所选的文本中，并清除与字符样式不同的属性；若在"字符样式"面板菜单中选择"重新定义字符样式"命令，则可以依据当前所选文本的属性，将其更新至所选中的字符样式中。

图14.10　"字符样式"面板

5. 复制字符样式

若要创建一个与某字符样式相似的新字符样式，则可以选中该字符样式，然后单击"字符样式"面板中上角的面板按钮，在弹出的菜单中选择"复制字符样式"命令，即可创建一个所选样式的副本，如图14.11所示。

图14.11　"字符样式"面板

6. 载入字符样式

若要调用某Illustrator格式文件中保存的字符样式，则可以单击"字符样式"面板右上角的面板按钮，在弹出的菜单中选择"载入字符样式"命令，在弹出的对话框中选择包含要载入的字符样式的PSD文件即可。

7. 删除字符样式

对于无用的字符样式，可以选中该样式，然后单击"字符样式"面板底部的"删除当前字符样式"按钮，在弹出的对话框中单击"是"按钮即可。

14.4　段落样式

在Illustrator中，为了便于在处理多段文本时控制其属性而新增了段落样式功能，它包含了对字符及段落属性的设置。

要设置和编辑字符样式，首先要选择"窗口—段落样式"命令，以显示"段落样式"面板，如图14.12所示。

创建与编辑段落样式的方法，与前面讲解的创建与编辑字符样式的方法基本相同，在编辑段落样式的属性时，将弹出图14.13所示的对话框，在左侧的列表中选择不同的选项，然后在右侧设置不同的参数即可。

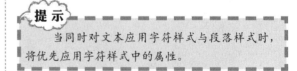

提示

当同时对文本应用字符样式与段落样式时，将优先应用字符样式中的属性。

图14.12　"段落样式"面板

图14.13 "段落样式选项"对话框

14.5 宣传单设计综合实例——楼盘宣传单设计

在本例中，将主要使用Illustrator中的段落样式功能设计一款楼盘宣传单，其操作步骤如下。

01 打开随书所附光盘中的文件"\第14章\14.5宣传单设计综合实例——楼盘宣传单设计-素材1.ai"，如图14.14所示。

图14.14 素材文档

02 在画板左侧中间处绘制一个文本框，以默认的文本属性输入一段文本，如图14.15所示。其中第1段为标题，第2段为正文。

图14.15 添加文字内容

03 下面来定义应用于正文的段落样式。刷黑选中正文文字，在"段落样式"面板中单击"创建新的样式"按钮，以创建一个新的段落样式，然后单击刚刚新建的段落样式，以应用该样式，但此时文字不会有变化，因此时是依据选中的文字创建的样式，下面来继续修改样式。

04 双击上一步创建的段落样式，在弹出的对话框中，首先修改其名称为"正文"，然后在左侧选择"基本字符属性"选项，然后在右侧设置其具体参数，如图14.16所示，此时可以预览到画板中的效果。

图14.16 设置基本字符属性

05 保持在"段落样式选项"对话框中，选择"字符颜色"选项，并在右侧选择图14.17所示的颜色。

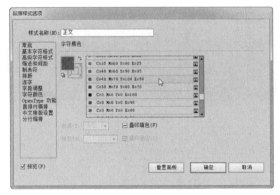

图14.17 设置字符颜色

06 设置完成后，单击"确定"按钮退出对话框，得到图14.18所示的效果。

图14.18 设置并应用段落样式后的效果

07 下面来定义应用于标题的段落样式。首先，刷黑选中标题文字，然后按照第3~6步的方法创建新样式，其中所设置的参数如图14.19、图14.20和图14.21所示，得到图14.22所示的效果。

图14.19 设置基本字符属性

图14.20 设置间距属性

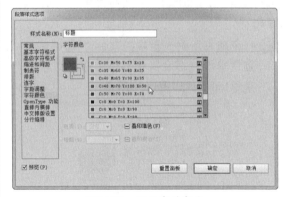

图14.21 设置字符颜色

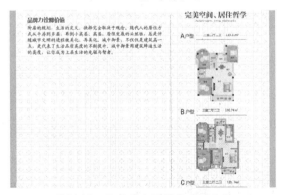

图14.22 设置并应用样式后的效果

08　选择"文件—置入"命令，在弹出的对话框中打开随书所附光盘中的文件"\第14章\14.5　宣传单设计综合实例——楼盘宣传单设计-素材2.psd"，适当调整其大小及位置后，得到如图14.23所示的效果。

图14.23　置入图片后的效果

09　按照上一步的方法，再置入"素材3.psd"，得到图14.24所示的效果。

图14.24　置入另一个图片

10　按照第9步的方法，置入文本及图像，并结合前面定义的"标题"与"正文"段落样，继续处理其他的文字内容，得到图14.25所示的最终效果，此时的"段落样式"面板如图14.26所示。

图14.25　最终效果

图14.26　"段落样式"面板

14.6　学习总结

在本章中，主要讲解了Illustrator中的样式功能，其中主要包括了图形样式、字符样式及段落样式。通过本章的学习，读者应能够较熟悉这3种样式的创建与应用方法，并能够根据需要对样式进行修改与更新。

14.7　练习题

一、选择题

1. 下列属于Illustrator中包含的样式功能有（　　　）。

A.图形样式 　　　　　　B. 字符样式

C. 符号样式 　　　　　　D. 段落样式

2.图形样式可以记录的属性包括：（ 　　 ）。

A.填充 　　　　B.描边 　　　　C.效果 　　　　D.3D

二、填空题

1. 对于字符样式与段落样式，（ 　　 ）应用的优先级更高。

2. 选中一个应用了样式的对象，会在"图形样式"面板中选中相应的图形样式，此时单击（ 　　 ）按钮即可断开二者之间的联系。

三、上机题

1. 打开随书所附光盘中的文件"\第14章\14.7 练习题-上机题1-素材.ai"，如图14.27所示。首先，将其中中间的圆形选中，为其添加径向渐变及内发光、发外光等效果，直至得到类似图14.28所示的效果，然后将其保存为一个图形样式，分别应用于其他3个图形，再修改其色彩，直至得到如图14.29所示的效果。

图14.27、素材图形 　　　　　图14.28　制作中心的图形 　　　　图14.29　最终效果

2. 打开随书所附光盘中的文件"\第14章\14.7 练习题-上机题2-素材.ai"，如图14.30所示，以其中的基本文字为基础，结合段落样式与绘制并连续复制线条功能，制作得到图14.31所示的效果。

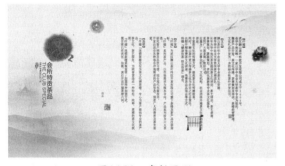 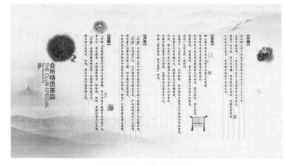

图14.30　素材图形 　　　　　　　　　图14.31　最终效果

提示

本章所用到的素材及效果文件位于随书所附光盘"\第14章"的文件夹内，其文件名与章节号对应。

第15章
综合案例

本章展示了5个完整案例的制作过程。这些案例类型的范围涉及包装设计、广告设计、封面设计、宣传单设计及易拉宝设计等领域，笔者建议在学习这些案例之前，应先尝试使用光盘中提供的素材自己制作这些案例，在制作过程中遇到问题之后，再仔细阅读本章所讲解的相关步骤，以加强学习效果。

15.1 花开富贵月饼包装设计 ——————○

在本例中，将结合绘制与格式化图形、导入图像与添加效果等技术，设计一款月饼包装。在整体设计上，将以红、黄色为主，配合恰当的图形、图像、文字及特殊效果等，彰显包装大气、复古、尊贵的产品形象，其操作步骤如下。

01 按Ctrl+N快捷键新建一个文档，如图15.1所示。

图15.1　"新建文档"对话框

02 按Ctrl+R快捷键显示标尺，分别在距离四边70mm处添加辅助线，以作为包装的折叠标记，如图15.2所示。

图15.2　添加辅助线

03 下面先来设计一下包装的整体背景。选择矩形工具 ▣，沿着出血线绘制一个矩形，在"渐变"面板中设置其填充色，如图15.3所示，从左到右各色标的颜色值分别为C0 M100 Y100 K0和C0 M100 Y100 K50，再设置描边色为无，得到图15.4所示的效果。

04 打开随书所附光盘中的文件"\第15章\15.1

花开富贵月饼包装设计-素材1.ai"，选中其中的花纹图形，按Ctrl+C快捷键进行复制，然后返回包装设计文档中，按Ctrl+V快捷键进行粘贴，适当调整其大小及位置后，得以类似图15.5所示的效果。

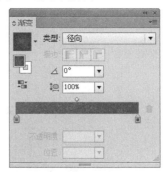

图15.3　"渐变"面板

图15.4　设置渐变后的效果

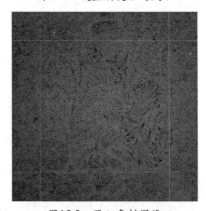

图15.5　置入素材图像

05 选中上一步粘贴得到的图形，在"透明度"

面板中设置其混合模式为"叠加",不透明度为30%,得到图15.6所示的效果。

图15.6 设置混合后的效果

06 选择"文件－置入"命令,在弹出的对话框中打开随书所附光盘中的文件"\第15章\15.1 花开富贵月饼包装设计-素材2.psd",适当调整其大小后,置于包装右上方,如图15.7所示。

图15.7 置入图像

07 按照第3步的方法,绘制横向的矩形,其渐变填充设置如图15.8所示,其中第1、3、5个色标的颜色值为C6 M58 Y92 K0,第2、4个色标的颜色值为C6 M2 Y56 K0,其描边为无,得到图15.9所示的效果。

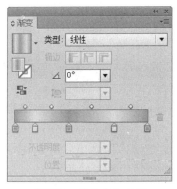

图15.8 "渐变"面板

图15.9 设置渐变后的效果

08 选中上一步绘制得到的渐变矩形,按Ctrl+C快捷键进行复制,再按Ctrl+F快捷键将其粘贴到上方,然后按住Alt键调整其高度,再修改其填充色为910000,得到图15.10所示的效果。

图15.10 绘制矩形

09 按照上一步的方法,再复制2个矩形,适当调小其高度,分别设置其填充色为D8B861和390002,得到图15.11所示的效果。

图15.11 绘制矩形

10 打开随书所附光盘中的文件"\第15章\15.1 花开富贵月饼包装设计-素材3.ai",选中其中的文字，然后复制并粘贴到包装设计文档中，适当调整其大小后置于包装的左侧，修改其填充色为390002，得到图15.12所示的效果。

图15.12 摆放文字的位置

11 使用选择工具 ▶ ，按住Alt键分别向下、右、右下位置复制文字，并将下方的2个文字副本的填充色修改为D8B861，得到图15.13所示的效果。

图15.13 复制并调整文字的颜色

12 下面来制作中间的圆环主体图形。首先，使用椭圆工具 ◯ ，按住Shift键绘制一个正圆，设置其填充色为F6EF87，描边色为390002，得到图15.14所示的效果。

13 选中上一步绘制的圆形，按Ctrl+C快捷键进行复制，再按Ctrl+F快捷键粘贴到上方，然后按住Alt+Shift快捷键向内缩小，得到图15.15所示的效果。

14 选中大小两个圆形，在"路径查找器"面板中单击图15.16所示的按钮，得到图15.17所示的圆环效果。

15 按照第13步的方法复制并粘贴上一步制作得到的圆环，然后设置其描边色为无，得到

图15.18所示的效果。

图15.14 绘制正圆

图15.15 复制并缩小正圆

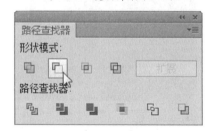

图15.16 "路径查找器"面板

图15.17 制作得到的圆环效果

16 选择"效果－风格化－内发光"命令，设置弹出的对话框，如图15.19所示，得到图15.20所示的效果。

图15.18 复制并设置描边为无后的效果

图15.19 "内发光"对话框

图15.20 添加内发光后的效果

17 选择"文件－置入"命令，在弹出的对话框中打开随书所附光盘中的文件"\第15章\15.1 花开富贵月饼包装设计-素材3.psd"，适当调整其大小后，置于圆环的上方，如图15.21所示。

18 复制前面制作的圆环图形，并向内进行缩小，再按照15~17步的方法，结合随书所附光盘中的文件"\第15章\15.1 花开富贵月饼包装设计-素材5.psd"，制作得到图15.22所示的效果。

19 按照第12步的方法，在中心绘制一个正圆，设置其填充色为E50011，描边色为无，然

后选择"效果－风格化－内发光"命令，设置弹出的对话框，如图15.23所示，其中色标的颜色值为3C0604，得到图15.24所示的效果。

图15.21 摆放图像的位置

图15.22 制作其他圆环及图像效果

图15.23 "内发光"对话框

20 使用直排文字工具 IT 在红圆的中心输入文字"中秋月饼"，并选择"效果－风格化－投影"命令，设置弹出的对话框，如图15.25所示，得到图15.26所示的效果。

21 下面来制作包装中的主体文字。选择"文件－置入"命令，在弹出的对话框中打开随书所附光盘中的文件"\第15章\15.1 花开富贵月饼包装设计-素材6.psd"，适当调整其大

小后，置于包装的左上方，如图15.27所示。

图15.24 添加内发光后的效果

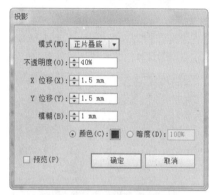

图15.25 "投影"对话框

图15.26 添加文字并设置投影后的效果

图15.27 置入素材图像

22 单击"控制"面板中的"图像描摹"按钮，再单击"扩展"按钮，并选中白色的图形将其删除，得到图15.28所示的矢量文字效果。

23 保持文字图形的选中状态，使用吸管工具单击下方渐变矩形，以吸取其颜色属性，得到图15.29所示的效果。

图15.28 转换为矢量图形后的效果

图15.29 吸取颜色后的效果

24 按照第20步的方法为文字添加投影，设置弹出的对话框，如图15.30所示，得到图15.31所示的效果。

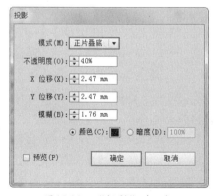

图15.30 "投影"对话框

25 最后，结合随书所附光盘中的文件"\第15章\15.1 花开富贵月饼包装设计-素材

7.psd"～"\第15章\15.1 花开富贵月饼包装设计-素材10.psd"，即可制作得到图15.32所示的效果。

图15.31　添加投影后的效果

图15.32　最终效果

15.2 jPhone手机广告设计

在本例中，将结合置入图像、混合对象及制作3D效果等功能，设计一款手机广告。在设计过程中，三维图像元素的运用是整个作品的关键，用户在实际工作过程中，可综合利用素材资源与Illustrator内置的3D功能，实现作品的三维化处理。本例的操作步骤如下。

01 按 Ctrl+N快捷键新建一个文档，设置弹出的对话框，如图15.33所示。

02 选择矩形工具■，沿着文档的出血边缘绘制一个矩形，并在"渐变"面板中设置其填充色，如图15.34所示，从左到右各色标的颜色值为C85 M15 Y0 K0和C85 M50 Y0 K70，再设置其描边色为无，得到图15.35所示的效果。

图15.33　"新建文档"对话框

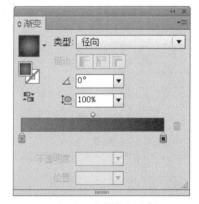

图15.34　"渐变"面板

03 使用渐变工具■，从文档的上半部分中间处向下拖动，直至得到类似图15.36所示的效果。

04 选择"文件—置入"命令，在弹出的对话框中打开随书所附光盘中的文件"\第15章\15.2 jPhone手机广告设计-素材1.psd"，适当调整其大小后，置于文档的上方，如图15.37所示。

05 在"透明度"面板中设置图像的混合模式为"叠加"，得到图15.38所示的效果。

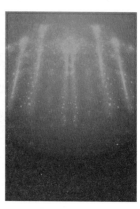

图15.35　创建得到的　　　　图15.36　重新绘制渐变　　　　图15.37　置入图像　　　　图15.38　设置混合模式
　　　　　渐变效果　　　　　　　　　　后的效果　　　　　　　　　　　　　　　　　　　　　　　　　后的效果

06 选择"文件—置入"命令，在弹出的对话框中打开随书所附光盘中的文件"\第15章\15.2 jPhone
手机广告设计-素材2.psd"，适当调整其大小后，置于文档的上方，如图15.39所示。

07 下面来制作三维文字效果。首先，使用文字工具 T 在文档上方输出文字，并适当进行格式化处
理，如图15.40所示。

图15.39　置入图像　　　　　　　　　　　　　　图15.40　输入文字

08 选中文字并选择"效果—3D—凸出和斜角"命令，设置弹出的对话框，如图15.41所示，得到图
15.42所示的三维文字效果。

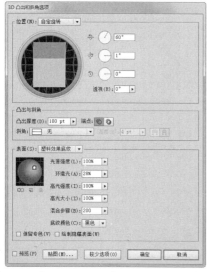

图15.41　"凸出与斜角"对话框　　　　　　　　　图15.42　三维文字效果

09 选中三维文字并按Ctrl+C快捷键进行复制，再按Ctrl+F快捷键将其粘贴到上方，并设置其混合模式为"滤色"，以提高文字的整体亮度，如图15.43所示。

10 下面来制作文字表面的图形。再次按Ctrl+F快捷键粘贴一次三维文字，然后选择"编辑—扩展外观"命令，从而将三维对象转换为普通图形。

11 保持选中扩展后的三维对象，按Ctrl+Shift+G快捷键2次以将其解组，选中文字厚度的部分，并按Delete键将其删除，再为剩余的文字表面设置渐变填充，如图15.44所示，得到图15.45所示的效果。

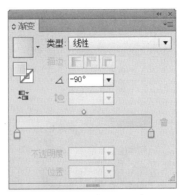

图15.43 设置混合模式后的效果 图15.44 "渐变"面板

12 选择"文件—置入"命令，在弹出的对话框中打开随书所附光盘中的文件"\第15章\15.2 jPhone手机广告设计-素材3.psd"，适当调整其大小后，置于文档的中间处，如图15.46所示。

图15.45 设置渐变后的效果 图15.46 摆放手机图像

13 选择"文件—置入"命令，在弹出的对话框中打开随书所附光盘中的文件"\第15章\15.2 jPhone手机广告设计-素材4.psd"，适当调整其大小后，置于手机图像的右侧，并按Ctrl+[快捷键向下调整其层次，直至得到图15.47所示的效果。

14 按照上一步的方法，再置入随书所附光盘中的文件"\第15章\15.2 jPhone手机广告设计-素材5.psd"和"\第15章\15.2 jPhone手机广告设计-素材6.psd"，调整为图15.48所示的效果。

15 选中第12~14步置入的3个图像，按Ctrl+G快捷键将其编组，再按Ctrl+C快捷键进行复制，再按Ctrl+F快捷键粘贴到前方，再在"变换"面板的菜单中选择"水平翻转"命令，然后将其拖动到手机的左侧，如图15.49所示。

16 结合随书所附光盘中的文件"\第15章\15.2 jPhone手机广告设计-素材7.psd"及输入文字并格式化处理等功能，即可制作得到图15.50所示的最终效果。

图15.47 摆放喇叭图像

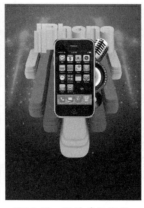

图15.48 摆放其他图像

图15.49 复制并调整图像
后的效果

图15.50 最终效果

15.3 图书《大学生心理健康理论与实训》封面设计

在本例中，将结合定义并应用图案、输入与格式化文字、创建与格式化图形等功能，设计图书《大学生心理健康理论与实训》的封面。由于目标属于年轻、有朝气的群体，且图书以心理健康教育为主题，因此在设计时以白色作为底色，绿色作为主色，配合精致的方形网络作为装饰，以及黄色、紫色的辅助，使整体看来自然、清爽、有朝气。

01 按Ctrl+N快捷键新建一个文档，设置弹出的对话框，如图15.51所示。在本例中，封面的开本尺寸为185×260mm，书脊为12.5mm，因此整个封面的宽度就是正封宽度+ 书脊宽度+ 封底宽度＝185mm+12.5mm+185mm=372.5mm。

图15.51 "新建文档"对话框

02 按Ctrl+R快捷键显示标尺，并拖动出2条参考线。分别选中两条参考线，在"控制"面板中分别设置其水平位置为185mm和197.5mm，以标示出书脊的位置，如图15.52所示。

图15.52 添加辅助线

03 首先，我们来处理一下封面整体的背景图案。在本例中，我们将自定义一个图案。选择矩形工具 ，在文档中单击，在弹出的对话框中设置其宽度和高度数值均为17.5mm左右，然后设置其填充色为白色，描边色为无。

04 按照上一步的方法，再创建一个2mm的正方形，并设置其填充色为黑色，描边色为无，再将其移至白色矩形的左上角，此时的效果如图15.53所示。

图15.53 绘制图案

05 选中黑、白矩形，直接将其拖至"色板"面板中，以创建自定义图案，此时的"色板"面板如图15.54所示。

图15.54 创建得到的图案

06 使用矩形工具□沿着文档的出血绘制一个矩形，设置其填充色为上一步定义的图案，设置其描边色为无，得到图15.55所示的效果。

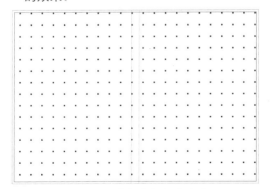

图15.55 填充图案后的效果

07 选中填充图案后的对象，在"透明度"面板中设置其不透明度数值为20%，得到图15.56所示的效果。

08 下面来设计正封下方的主体图形。选择圆角矩形工具□，在正封的下半部分绘制圆角矩形，在未释放鼠标左键前，可以按向上

或向下光标键调整圆角的大小，创建完成后设置圆角矩形的填充色为99C448，描边色为无，得到图15.57所示的效果。

图15.56 设置不透明度后的效果

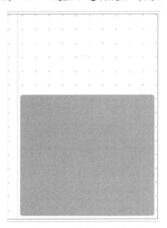

图15.57 绘制圆角矩形

09 打开随书所附光盘中的文件"\第15章\15.3图书《大学生心理健康理论与实训》封面设计-素材1.ai"，选中其中的素材图形，按Ctrl+C快捷键进行复制，返回封面设计文件中，按Ctrl+V快捷键进行粘贴，并修改其填充色为白色，适当调整其大小后，置于圆角矩形中，得到图15.58所示的效果。

图15.58 添加素材

10 下面来制作书名文字。首先，使用文字工具 ⊤ 分2行输入"大学生"和"心理健康理论与实训"，并设置其填充色为5F834F，得到图15.59所示的效果。

图15.59 输入文字

11 在本例中，书名文字要添加一个向外的描边效果，因此首先需要将文字转换为图形。选中上一步输入的文字，按Ctrl+Shift+O快捷组合键将其转换为图形，再设置其描边色为FDD000，再按照图15.60所示设置其描边属性，得到图15.61所示的效果。

图15.60 "描边"面板

图15.61 为文字设置描边后的效果

12 按照第10步的方法，输入拼音文字，得到图15.62所示的效果。

图15.62 输入书名拼音

13 下面来制作图书名称的副标题，首先需要为其绘制背景的装饰圆形。使用椭圆工具 ◉ ，按住Shift键绘制一个比书名单个文字略大一些的正圆，设置其填充色为E61D61，描边色为无，得到图15.63所示的效果。

图15.63 绘制正圆

14 使用选择工具，按住Alt+Shift快捷键向右侧拖动，以创建得到其副本，如图15.64所示。

图15.64 向右复制正圆

15 选中现有的2个圆形，按照上一步的方法，再向右侧复制2次，得到图15.65所示的效果。

图15.65 复制另外2组正圆

16 按照上述方法，再复制2个紫色圆形，将其缩小，并置于中间的空隙位置，如图15.66所示。

图15.66 添加小正圆

17 按照第10步的方法，在绘制好的大圆上输入相关的文字，得到图15.67所示的效果。

图15.67 添加文字

18 结合随书所附光盘中的文件"\第15章\15.3 图书《大学生心理健康理论与实训》封面设计-素材2.ai"，并输入相关的文字，得到图15.68所示的最终效果。

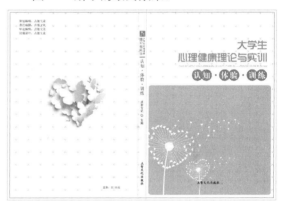

图15.68 最终效果

15.4 点智互联企业云产品宣传单设计

　　在本例中，将结合置入与调整图像、添加并结合字符样式、段落样式，以及剪切蒙版等功能，设计一款点智互联企业云产品的宣传单。在设计过程中，整体以蓝色作为主调，并配合具有科技感且不失稳定、大气的图像，以及简洁的排版风格，突显企业专业、稳重的形象的同时，还结合大量的文字内容，详细地宣传了企业的产品。本例的操作步骤如下。

01 按Ctrl+N快捷键新建一个文档，设置弹出的对话框，如图15.69所示。

02 打开随书所附光盘中的文件"\第15章\15.4 点智互联企业云产品宣传单设计-素材1.ai"，选中其中的素材，按Ctrl+C快捷键复制，返回宣传单设计文件中，按Ctrl+V快捷键粘贴，并适当调整其大小，使之能够沿着文档的出血线覆盖整个文档，如图15.70所示。

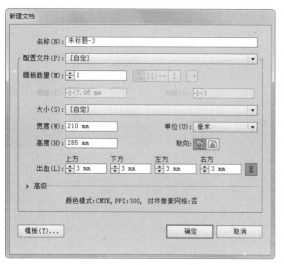

图15.69 "新建文档"对话框

图15.70 摆放背景图像

03 下面来使用矩形工具▣在文档的下半部分绘制一个矩形,设置其填充色为白色,描边色为无,从而定义出宣传单用于写入文字的位置,如图15.71所示。

图15.71 绘制白色矩形

04 下面来制作宣传单的标题文字。首先,使用文字工具T在白色矩形的上方输入2行文字,如图15.72所示。

图15.72 输入文字

05 为了给文字添加向外的描边效果,首先需要将其选中,然后按Ctrl+Shift+O快捷组合键将其转换为普通图形,然后在"描边"面板中设置其描边属性,如图15.73所示,再设置其描边颜色为0FA9DF,得到图15.74所示的效果。

图15.73 "描边"面板

图15.74 添加描边后的文字效果

06 选中文字对象,选择"效果—风格化—外发光"命令,设置弹出的对话框,如图15.75所示,其中颜色块的颜色值为62C5E7,得到图15.76所示的效果。

图15.75　"外发光"对话框

图15.76　添加外发光后的效果

07 按照第3步的方法，在文字下方绘制一个白色的矩形装饰条，得到图15.77所示的效果。

图15.77　绘制底部的装饰图形

08 选择"文件—置入"命令，在弹出的对话框中打开随书所附光盘中的文件"\第15章\15.4 点智互联企业云产品宣传单设计-素材2.psd"，适当调整其大小后，将其置于文字的上方，如图15.78所示。

09 下面来制作宣传文字内容，首先来制作其中的标题，在本例中，将使用一个简单的图形来突出标题。使用矩形工具▣在白色矩形内部绘制一个矩形，设置其填充色为036EB8，描边色为无，得到图15.79所示的效果。

图15.78　添加素材图像

图15.79　绘制横向矩形

10 选中上一步绘制的矩形，按Ctrl+C快捷键进行复制，再按Ctrl+F快捷键粘贴到前面，然后修改其填充为0FA9DF，并缩小其宽度，再使用倾斜工具⬚调整其倾斜角度，直至得到类似图15.80所示的效果。

图15.80　倾斜矩形

11 按照上一步的方法，再复制现有的一个图形，并结合直接选择工具▷调整其形态，并置于右侧，得到图15.81所示的效果。

12 下面在蓝色矩形中间偏右的位置添加一个装饰图形。首先，使用椭圆工具⬭，按住Shift键绘制一个白色小正圆，然后使用选择工具▶，按住Alt+Shift快捷键向左侧复制一份，并设置其不透明度为10%，得到类似图15.82所示的效果。

图15.81　编辑右侧的图形

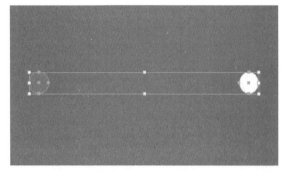

图15.82　绘制2个圆形

13 选中2个圆形，选择"对象－混合－建立"命令，以混合2个对象，然后在选中混合对象的情况下，选择"对象－混合－混合选项"命令，设置弹出的对话框，如图15.83所示，得到图15.84所示的效果，图15.85所示是调整好混合对象位置后的效果。

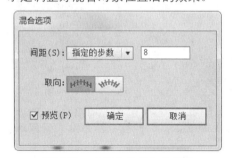

图15.83　"混合选项"对话框

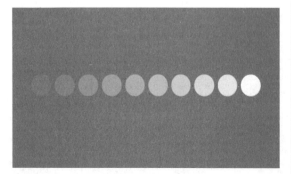

图15.84　混合后的效果

图15.85　摆放混合对像后的效果

14 下面来在蓝色矩形的左侧输入标题文字，其颜色为白色，其字符属性如图15.86所示，得到图15.87所示的效果。

图15.86　"字符"面板

图15.87　格式化后的文字

15 选中上一步输入的标题文字，在"段落样式"面板中依据选中的文字创建一个名为"小标题"的段落样式，以备后面制作其他标题时使用。

16 打开随书所附光盘中的文件"\第15章\15.4 点智互联企业云产品宣传单设计-素材3.txt",复制其中标题"服务挑战"下的文字内容,然后返回宣传单文件中,绘制一个文本框,并粘贴文字进去,其字符和段落属性设置分别如图15.88和图15.89所示,得到图15.90所示的效果。

图15.88 "字符"面板

图15.89 "段落"面板

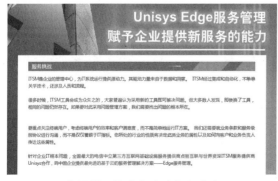

图15.90 格式化后的文字效果

17 按照第15步的方法,将前面设置的文字选中,并创建相应的段落样式,并将其命名为"正文"。

18 在选中文本框的情况下,选择"文字－区域文字选项"命令,在弹出的对话框中设置右侧"列"区域中的"数量"数值为2,如图15.91所示,得到图15.92所示的双栏文字效果。

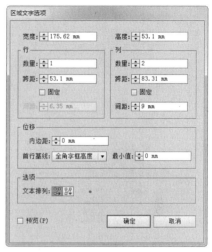

图15.91 "区域文字选项"对话框

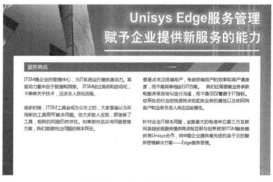

图15.92 分栏后的效果

19 复制前面制作好的放置标题的图形,并结合前面创建的"小标题"与"正文"样式,继续制作本页下半部分的文字内容,并添加相应的装饰线及标志,得到图15.93所示的效果。

20 在"画板"面板中新建一个画板得到"画板2",然后复制随书所附光盘中的文件"\第15章\15.4 点智互联企业云产品宣传单设计-素材3.ai"中的内容至新画板中作为背景,再复制"画板1"中的白色矩形,再结合前面讲解过的知识,在其中添加标题及正文,得到类似图15.94所示的效果。

图15.93 添加其他内容后的效果

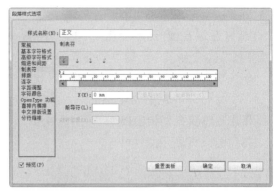

图15.95 设置制表符

图15.96 绘制矩形

图15.94 制作第2单页的基本效果

提示

由于在"画板2"中的文字带有项目符号，为了保证项目符号后面的距离相同，因此为其设置了一个3.7mm的制表符，此时可以双击"正文"段落样式，在弹出的对话框中设置其"制表符"参数，如图15.95所示；另外，为了让每个项目符号第一句话中冒号以前的内容拥有一个特殊颜色，在本例中，还创建了一个新的"项目符号"字符样式并应用于文字，其颜色值为C100 M55 Y0 K18，用户需要将该颜色保存在"色板"面板中，才可以在字符样式中调用。

21 下面来在顶部添加一个装饰图像。首先，选择矩形工具▢，绘制一个与下方白色矩形相同宽度的矩形，如图15.96所示，其填充色可任意设置。

22 选择"文件－置入"命令，在弹出的对话框中打开随书所附光盘中的文件"\第15章\15.4 点智互联企业云产品宣传单设计-素材5.psd"，适当调整其大小，然后置于文档的上方，如图15.97所示。

图15.97 摆放图像

23 选中图像并按Ctrl+X快捷键进行剪切，然后选中第21步绘制的矩形，并按Ctrl+B快捷键将其粘贴在矩形的后面，如图15.98所示。

24 同时选中矩形与下方的图像，按Ctrl+7快捷键创建剪切蒙版，得到图15.99所示的效果。最后，在宣传的右上方添加标志即可完成该页的设计，如图15.100所示。

图15.98　将图像粘贴到后面　　　图15.99　创建剪切蒙版后的效果　　　图15.100　最终效果

15.5 点智互联易拉宝设计

在本例中，将结合连续变换并复制、混合模式、不透明度及剪切蒙版等功能，来设计一个点智互联的易拉宝。要注意的是，本例易拉宝的尺寸为800mm×2000mm，但为了设计方便，在Illustrator中创建文档时，是以其1/10的大小创建的，即80×200mm，在最终以JPEG格式进行输出时，可根据既定的分辨率提高10倍进行输出。例如要以150ppi输出，则可以在导出JPEG图片时以1500ppi进行输出，然后在Photoshop中不改变像素尺寸的前提下缩小分辨率为150ppi即可。这样做的好处就在于可以使得在Illustrator中进行设计时，以很小的尺寸进行设计，避免占用系统资源过多，但要注意的是，要保证所添加的图像内容能够满足输出需求。若无法实现上述操作，也可以直接将尺寸设置为800mm×2000mm。本例的操作步骤如下。

01 按Ctrl+N快捷键新建一个文档，设置弹出的对话框，如图15.101所示。

02 使用矩形工具▣绘制一个覆盖整个画板的矩形，并在"渐变"面板中设置其填充色，如图15.102所示，从左到右各色标的颜色值分别为白色和C22 M0 Y2 K0，并使用渐变工具▣适当调整其渐变中心点，直至得到类似图15.103所示的效果。

图15.101　"新建文档"对话框

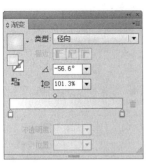

图15.102 "渐变"面板　图15.103 背景渐变效果

03 下面来为背景添加一个底纹效果。首先使用直线段工具 ∕，按住Shift键绘制一个倾斜45度的直线，设置其描边色为003A73，描边粗细为1pt，得到图15.104所示的效果。

04 使用选择工具 ▶，按住Alt+Shift快捷键向下拖动倾斜的线条，以移动一定距离并复制，然后连续按Ctrl+D快捷键多次，直至复制得到覆盖整个画板的线条，如图15.105所示。

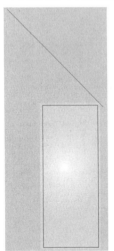

图15.104 绘制直线　　图15.105 复制得到多
条直线

05 选中所有的线条，按Ctrl+G快捷键将其编组，以便于管理，然后在"透明度"面板中设置其不透明度为6%，得到图15.106所示的效果。

06 打开随书所附光盘中的文件"\第15章\15.5 点智互联易拉宝设计-素材1.ai"，选中其中的素材，并按Ctrl+C快捷键进行复制，然后

返回易拉宝设计文件中，按Ctrl+V快捷键进行粘贴，适当调整其位置及大小，得到图15.107所示的效果。

图15.106 设置不透明度　图15.107 粘贴素材
后的效果

07 按照上一步的方法，打开随书所附光盘中的文件"\第15章\15.5 点智互联易拉宝设计-素材2.ai"，并将其复制到图15.108所示的位置。

08 选中上一步导入的素材，在"透明度"面板中设置其混合模式为"滤色"，得到图15.109所示的效果。

图15.108 粘贴另　　　图15.109 设置混合模式
一个素材　　　　　　后的效果

09 下面来在顶部添加主体文字。使用文字工具 T 在顶部输入2行文字，设置其填充色为007CC8，描边色为无，其基本的字符属性设置如图15.110所示，得到图15.111所示的效果。

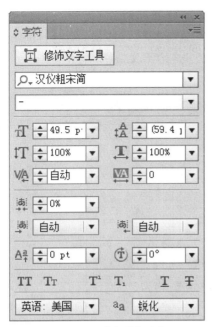

图15.110 "字符"面板

图15.111 输入的2行文字

10 使用直线段工具 ∕ 在文字下方按住Shift键绘制一个横向线条，并设置其描边色为007CC8，再设置其描边粗细为1pt，得到图15.112所示的效果。

图15.112 绘制直线

11 按照第9步的方法在横线的下方输入文字，如图15.113所示，然后使用选择工具 ▶，按住Alt+Shift快捷键向下复制，得到图15.114所示的效果。

图15.113 输入文字

图15.114 向下复制线条

12 下面来制作下方的二维码内容。使用圆角矩形工具 ▣ 按住Shift键在横线下方绘制一个正圆角矩形，然后在"渐变"面板中设置其填充色，如图15.115所示，从左到右各色标的颜色值分别为C100 M41 Y0 K17和C52 M0 Y0 K0，得到图15.116所示的效果。

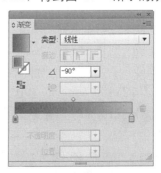

图15.115 "渐变"面板

13 选择"文件－置入"命令，在弹出的对话框中打开随书所附光盘中的文件"\第15章

\15.5 点智互联易拉宝设计-素材3.jpg",适当调整其大小，然后置于圆角矩形的内部，如图15.117所示。

键将圆角矩形粘贴在上方，再按住Shift键选中渐变图形，按Ctrl+7快捷键创建剪切蒙版，得到图15.122所示的效果。

图15.116 绘制得到的渐变矩形

图15.119 "渐变"面板

图15.117 置入素材

图15.120 创建得到的渐变效果

图15.118 绘制图形

14 下面来制作二维码上方的高光。使用钢笔工具以任意色绘制一个类似图15.118所示的图形，在"渐变"面板中设置其填充色，如图15.119所示，其中左侧色标的"不透明度"为60%，得到图15.120所示的效果。

15 在"透明度"面板中，设置渐变图形的不透明度为50%，得到图15.121所示的效果。

16 选中下方的圆角矩形，按Ctrl+C快捷键进行复制，再选中渐变图形，然后按Ctrl+F快捷

图15.121 设置不透明度后的效果

图15.122 创建剪切蒙版后的效果

17 按照前面讲解的绘制图形、输入文字等方法，结合随书所附光盘中的文件"\第15章\15.5 点智互联易拉宝设计-素材4.psd"，在易拉宝中添加相应的文字内容及图片，即可得到图15.123所示的最终效果。

图15.123 最终效果

> **提 示**
>
> 本章所用到的素材及效果文件位于随书所附光盘"\第15章"的文件夹内，其文件名与章节号对应。

附录
练习题答案

第1章

一、选择题

1	2	3	4	5	6	7			
ABCD	D	C	CD	ABCD	ABCD	ABC			

二、填空题

1	2	3
工具箱、面板	空格	Ctrl+Shift

三、上机题

（略）

第2章

一、选择题

1	2	3	4	5	6			
A	C	D	ACD	ABC	A			

2.填空题

1	2	3		
Ctrl+R	Shift	F7		

三、上机题

（略）

第3章

一、选择题

1	2	3	4	5	6	7	8	9	10
AB	A	D	A	D	ACD	D	C	A	CD

2.填空题

1	2	3	4	
Alt+Shift	转换锚点	钢笔	~	

三、上机题

（略）

第4章

一、选择题

1	2	3	4	5	6	7	8		
A	D	A	C	ABC	AD	AB	C		

二、填空题

1	2	3	4	
D	吸管	Alt	删除锚点	

三、上机题

（略）

第5章

一、选择题

1	2								
ABC	ABCD								

二、填空题

1	2			
对象－图案－建立	Ctrl+Shift+F8键			

三、上机题

（略）

第6章

一、选择题

1	2	3	4						
BD	ABC	A	D						

二、填空题

1	2	3		
紫色、蓝色	Ctrl+8、Ctrl+Alt+Shift+8	轮廓		

三、上机题

（略）

第7章

一、选择题

1	2	3	4	5	6	7	8	9	10
BD	BD	C	BD	C	ABCD	BC	ACD	A	C
11	12	13	14	15	16	17	18	19	20
C	D	B	C	D	C	D	C	B	D

二、填空题

1	2	3	4	5
Ctrl+B、编辑－贴在后面	Shift	顶对齐、水平居中分布	Ctrl+D	Ctrl+G、Ctrl+L

三、上机题

（略）

第8章

一、选择题

1	2	3	4	5					
C	CD	ABC	ABC	B					

二、填空题

1	2	3		
Enter	文字－文字方向－垂直	首行缩进		

三、上机题

（略）

第9章

一、选择题

1	2	3	4	5	6	7			
ABD	BCD	D	AC	ABCD	C	AB			

二、填空题

1	2	3		
Ctrl+Shift+O	直接选择	Ctrl+T		

三、上机题

（略）

第10章

一、选择题

1	2	3		
A	C	AB		

二、填空题

1	2	3	4	5
F5	Ctrl+Shift+F11	图案	符号着色器、符号缩放器	[、]

三、上机题

（略）

第11章

一、选择题

1	2	3	4						
C	C	D	ABD						

二、填空题

1	2			
转至链接	嵌入			

三、上机题

（略）

第12章

一、选择题

1	2	3	4			
D	CD	AC	B			

二、填空题

1	2	3		
透明度	剪切、不透明	变暗、正片叠底		

三、上机题

（略）

第13章

一、选择题

1	2	3	4			
D	ABD	BC	ABCD			

二、填空题

1	2	3		
2	Illustrator	描边、填色、不透明度		

三、上机题

（略）

第14章

一、选择题

1	2					
ABD	ABCD					

二、填空题

1	2			
字符样式	断开图形样式链接			

三、上机题

（略）